AS REGRAS DO
CONTÁGIO

ADAM KUCHARSKI

AS REGRAS DO CONTÁGIO

POR QUE AS COISAS SE DISSEMINAM — E POR QUE PARAM DE SE PROPAGAR

TRADUÇÃO DE
ALESSANDRA BONRRUQUER

1ª EDIÇÃO

EDITORA RECORD
RIO DE JANEIRO • SÃO PAULO
2020

CIP-BRASIL. CATALOGAÇÃO NA PUBLICAÇÃO
SINDICATO NACIONAL DOS EDITORES DE LIVROS, RJ

Kucharski, Adam
K97r As regras do contágio: por que as coisas se disseminam – e por que param de se propagar / Adam Kucharski; tradução Alessandra Bonrruquer. – 1ª ed. – Rio de Janeiro: Record, 2020.

Tradução de: The rules of contagion
Inclui índice
Inclui notas e leituras complementares
ISBN 978-65-5587-000-8

1. Doenças transmissíveis - Epidemiologia – Modelos matemáticos. 2. Doenças transmissíveis – Transmissão – Modelos matemáticos. I. Bonrruquer, Alessandra. II. Título.

20-64072 CDD: 614.42
CDU: 614.4:519.2

Meri Gleice Rodrigues de Souza – Bibliotecária – CRB-7/6439

Título original em inglês: The rules of contagion

Texto revisado segundo o novo Acordo Ortográfico da Língua Portuguesa.

Direitos exclusivos de publicação em língua portuguesa para o Brasil
adquiridos pela
EDITORA RECORD LTDA.
Rua Argentina, 171 – 20921-380 – Rio de Janeiro, RJ – Tel.: (21) 2585-2000,
que se reserva a propriedade literária desta tradução.

Impresso no Brasil

ISBN 978-65-5587-000-8

Sumário

Para Emily

Introdução

HÁ ALGUNS ANOS, acidentalmente causei um pequeno surto de desinformação. A caminho do trabalho, um amigo da área de tecnologia me enviou uma fotografia de arquivo mostrando um grupo inclinado sobre uma mesa, usando balaclavas. Costumávamos brincar sobre a maneira como as matérias que falavam de hacking frequentemente incluíam fotos ensaiadas de pessoas parecendo sinistras. Mas aquela foto, com uma manchete sobre mercados online ilícitos, levara as coisas muito mais longe: além das balaclavas, havia uma pilha de drogas e um homem aparentemente sem calça. Ela parecia surreal e inexplicável.

Decidi tuitá-la. "Esta foto de arquivo é fascinante de muitas maneiras", escrevi,[1] indicando todas as suas peculiaridades. Os usuários do Twitter pareceram concordar e, em questão de minutos, dezenas de pessoas curtiram e partilharam meu tuíte, entre eles vários jornalistas. Então, quando eu começava a me perguntar o quanto ele poderia se disseminar, alguns usuários indicaram que eu cometera um erro. Não se tratava de uma foto de arquivo, mas de uma imagem estática retirada de um documentário sobre tráfico de drogas nas mídias sociais. O que, em retrospecto, fazia muito mais sentido (com exceção da falta de calça). Meio constrangido, tuitei uma correção e o interesse logo se desvaneceu. Mas, mesmo naquele curto espaço de tempo, quase 50 mil pessoas haviam visto meu tuíte. Como meu trabalho envolve analisar surtos de doenças, fiquei curioso sobre o que acabara de acontecer.

Por que meu tuíte se disseminara tão rapidamente a princípio? A correção realmente o desacelerara? E se as pessoas tivessem demorado mais tempo para notar o erro?

Perguntas como essas surgem em uma vasta variedade de campos. Quando pensamos em contágio, tendemos a imaginar coisas como doenças infecciosas ou conteúdo online que se torna viral. Mas surtos costumam assumir várias formas. Podem envolver coisas prejudiciais, como malwares, violência ou crises financeiras, ou benéficas, como inovações e cultura. Alguns começam com infecções tangíveis, como patógenos biológicos e vírus de computador; outros com ideias e crenças abstratas. Às vezes crescem rapidamente; em outras ocasiões, levam muito tempo para crescer. Alguns criam padrões inesperados e, enquanto esperamos para ver o que acontecerá em seguida, esses padrões geram excitação, curiosidade e mesmo medo. Então, por que os surtos disparam — e declinam?

TRÊS ANOS E MEIO após o início da Primeira Guerra Mundial, surgiu uma nova ameaça à vida. Enquanto o Exército alemão iniciava a Ofensiva da Primavera na França, do outro lado do Atlântico as pessoas começaram a morrer em Camp Funston, uma agitada base militar no Kansas. A causa era um novo tipo de vírus influenza que potencialmente saltara dos animais para os seres humanos em uma fazenda próxima. Durante 1918 e 1919, a infecção se tornaria uma epidemia global — também conhecida como pandemia — e mataria mais de 50 milhões de pessoas. O número de mortos seria o dobro de toda a Primeira Guerra Mundial.[2]

No século seguinte, haveria mais quatro pandemias de gripe. Antes da eclosão do Covid-19, as pessoas às vezes me perguntavam como seria a próxima pandemia. Infelizmente, era difícil dizer, porque mesmo as pandemias de gripe anteriores tiveram ligeiras variações. Houve diferentes cepas de vírus e os surtos atingiram alguns lugares mais duramente que outros. De fato, há um ditado na minha área: "Quem viu uma pandemia, viu... uma pandemia."[3]

Enfrentamos o mesmo problema ao estudar a disseminação de uma doença, de uma tendência online ou de qualquer outra coisa: um surto não necessariamente se parece com outro. É preciso encontrar uma maneira de separar as características específicas de um surto particular dos princípios subjacentes ao contágio. Um modo de olhar para além das explicações simplistas e revelar o que realmente está por trás dos padrões de surto que observamos.

Este é o objetivo deste livro: ao explorar o contágio em diferentes áreas da vida, descobriremos o que faz com que as coisas se disseminem e por que os surtos são como são. Ao longo do caminho, veremos emergir conexões entre problemas aparentemente não relacionados: de crises bancárias, violência armada e *fake news* a evolução de doenças, vício em opioides e desigualdade social. Além das ideias que podem nos ajudar a lidar com os surtos, analisaremos situações incomuns que estão mudando a forma como pensamos sobre padrões de infecções, crenças e comportamentos.

Vamos começar com a forma do surto. Quando os pesquisadores de doenças ouvem falar de uma nova ameaça, uma das primeiras coisas que fazem é traçar o que chamamos de curva do surto: um gráfico demonstrando quantos casos surgiram ao longo do tempo. Embora a forma possa variar muito, ela tipicamente inclui quatro estágios principais: início, crescimento, pico e declínio. Em alguns casos, esses estágios surgem múltiplas vezes; quando a pandemia de "gripe suína" chegou ao Reino Unido em abril de 2009, ela cresceu rapidamente durante o verão e atingiu um pico em julho, depois voltou a crescer e teve outro pico no fim de outubro (mais adiante veremos por quê).

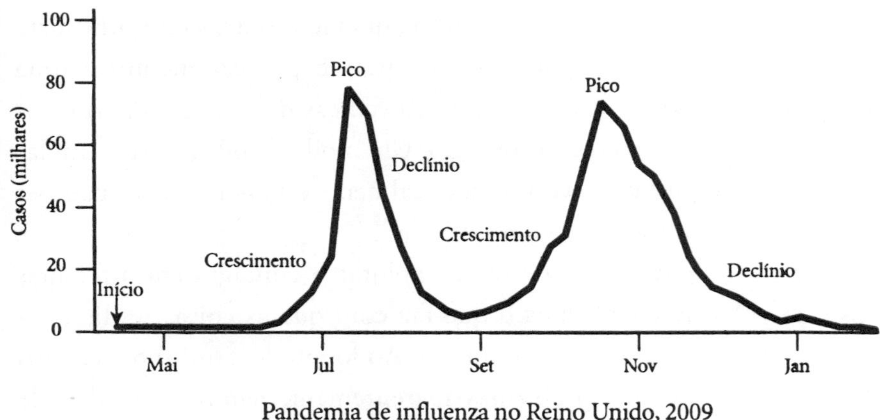

Pandemia de influenza no Reino Unido, 2009

Fonte: Saúde Pública da Inglaterra[4]

A despeito dos diferentes estágios de um surto, o foco frequentemente está no início. As pessoas querem saber por que a doença surgiu, como ela começou e quem foi responsável. Em retrospecto, é tentador conjurar explicações e narrativas, como se o surto fosse inevitável e pudesse acontecer da mesma maneira novamente. Mas, se simplesmente listarmos as características de infecções ou tendências bem-sucedidas, terminaremos com um retrato incompleto de como surtos realmente funcionam. Nem tudo se perpetua: para cada vírus influenza que salta de animais para seres humanos e se dissemina pelo mundo todo como pandemia, há milhões que não infectam ninguém. Para cada tuíte que se torna viral, há muitos outros que não se tornam.

Mesmo que um surto tenha início, esse é apenas o começo. Imagine a forma de um surto em particular. Pode ser uma doença epidêmica ou a disseminação de uma nova ideia. Quão rapidamente ele cresce? Por que cresce assim de forma tão acelerada? Quando atinge o pico? Há somente um pico? Quanto tempo dura a fase de declínio? Em vez de considerarmos somente o fato de os surtos terem ou não surgido, precisamos pensar em como mensurá-los e prevê-los. Veja a epidemia de ebola na África Ocidental em 2014. Depois de o vírus proveniente da Guiné se disseminar para Serra Leoa e Libéria, os casos começaram a aumentar acentuadamente. A análise inicial da nossa equipe sugeria que a epidemia dobrava a cada duas semanas nas áreas mais afetadas.[5] Isso significava que, se houvesse cem casos no presente, haveria duzentos dali a quinze dias e quatrocentos após um mês. Assim, as agências de saúde precisavam responder rapidamente: quanto mais esperassem para lidar com a epidemia, maiores seus esforços de controle precisariam ser. Em essência, abrir um novo centro de tratamento imediatamente equivaleria a abrir quatro um mês depois.

Alguns surtos crescem ainda mais rapidamente. Em maio de 2017, o vírus WannaCry atingiu computadores ao redor do mundo, incluindo sistemas cruciais do Serviço Nacional de Saúde do Reino Unido. Em seus estágios iniciais, o ataque dobrava de tamanho praticamente a cada hora, e o vírus afetou mais de 200 mil computadores em 150 países.[6] Outros tipos de tecnologia levaram muito mais tempo para se disseminar. Quando os videocassetes se tornaram populares, no início da década de 1980, o número de aquisições dobrava somente a cada 480 dias, mais ou menos.[7]

Assim como a velocidade, há a questão do tamanho: o contágio que se espalha muito rápido não necessariamente causa um grande surto geral. Então o que causa o pico? E o que acontece depois? Essa questão é relevante para muitas indústrias, das finanças e da política à tecnologia e à saúde. No entanto, nem todos têm a mesma atitude em relação aos surtos. Minha esposa trabalha com publicidade; enquanto a minha pesquisa visa interromper a transmissão de doenças, minha mulher quer que ideias e mensagens se disseminem. Embora essas perspectivas pareçam muito diferentes, é cada vez mais possível mensurar e comparar o contágio através das indústrias, usando ideias de uma área para nos ajudar a entender outra. Nos capítulos seguintes, veremos por que as crises financeiras são similares às infecções sexualmente transmissíveis, por que os pesquisadores de doenças acham tão fácil prever jogos como o desafio do balde de gelo e como ideias usadas para erradicar a varíola estão ajudando a pôr fim à violência armada. Também analisaremos as técnicas que podemos usar para desacelerar a transmissão ou — no caso do marketing — mantê-la a todo vapor.

Nosso entendimento do contágio avançou muito em anos recentes, e não somente em meu campo — a pesquisa de doenças. Com dados detalhados sobre interações sociais, os pesquisadores estão descobrindo como a informação pode evoluir para se tornar mais persuasiva e partilhável, por que alguns surtos têm picos — como a pandemia de gripe de 2009 — e como conexões do tipo "mundo pequeno" entre amigos distantes podem ajudar certas ideias a se disseminarem mais amplamente (mas dificultar a disseminação de outras). Ao mesmo tempo, estamos aprendendo mais sobre como os rumores surgem e se espalham, por que alguns surtos são mais difíceis de explicar que outros e como os algoritmos online influenciam vidas e invadem nossa privacidade.

Como resultado, ideias da ciência dos surtos estão ajudando a enfrentar ameaças em outras áreas. Os bancos centrais usam esses métodos para prevenir futuras crises financeiras, enquanto empresas de tecnologia constroem novas defesas contra os softwares prejudiciais. No processo, os pesquisadores estão desafiando compreensões muito antigas de como os surtos funcionam. Quando se trata de contágio, a história demonstrou que as ideias sobre como as coisas se disseminam nem sempre correspondem à realidade. As comunidades medievais, por exemplo, atribuíam a natureza esporádica dos surtos às influências astrológicas; influenza significa "influência" em italiano.[8]

As explicações populares para os surtos continuam a ser desmentidas pelas descobertas científicas. A pesquisa vem revelando os mistérios do contágio, mostrando-nos como evitar explicações simplistas e soluções inefetivas. Mas, a despeito desse progresso, a cobertura dos surtos ainda tende a ser vaga: simplesmente ouvimos que algo é contagioso ou se tornou viral. Raramente aprendemos por que cresceu tão rapidamente (ou lentamente), por que atingiu um pico ou o que deveríamos esperar da próxima vez. Se quisermos disseminar ideias e inovações ou acabar com os vírus e a violência, precisamos identificar o que realmente impulsiona o contágio. E, às vezes, isso significa repensar tudo o que acreditávamos saber sobre uma infecção.

1

Uma teoria dos acontecimentos

QUANDO EU TINHA 3 ANOS, perdi a habilidade de andar. Aconteceu gradualmente a princípio: uma dificuldade para me levantar aqui, uma falta de equilíbrio acolá. Mas as coisas se deterioraram rapidamente. Distâncias curtas se tornaram complicadas e declives e escadas passaram a ser quase impossíveis. Em uma tarde de sexta-feira, em abril de 1990, meus pais me levaram, com minhas pernas falhas, ao Royal United Hospital, em Bath. Na manhã seguinte, fui atendido por um especialista em neurologia. Suspeitava-se inicialmente de um tumor espinhal. Vários dias de testes se seguiram: raios X, exames de sangue, estimulação dos nervos e uma punção lombar para extrair líquido cefalorraquidiano. Quando chegaram os resultados, o diagnóstico mudou para uma rara condição conhecida como síndrome de Guillain-Barré (SGB). Nomeada em homenagem aos neurologistas franceses Georges Guillain e Jean Alexandre Barré, a SGB é resultado do mau funcionamento do sistema imunológico. Em vez de proteger meu corpo, ele começou a atacar os nervos, causando paralisia.

Às vezes, a síntese da sabedoria humana pode ser encontrada, como disse o escritor Alexandre Dumas, nas palavras "espere e tenha esperança".[1] E esse foi meu tratamento, esperar e ter esperança. Meus pais receberam uma língua de sogra multicolorida para testar a força da minha respiração (não havia equipamento doméstico pequeno o bastante para uma criança de 3 anos). Se eu soprasse e a língua de sogra não desenrolasse, a paralisia teria chegado aos músculos que bombeavam ar para meus pulmões.

Há uma foto em que apareço sentado no colo de meu avô por volta dessa época. Ele está em uma cadeira de rodas. Contraíra pólio na Índia aos 25 anos e fora incapaz de andar desde então. Eu já o conheci assim, com os braços fortes impulsionando pernas que não cooperavam. De certa maneira, isso emprestou familiaridade àquela situação pouco familiar. Mesmo assim, o que nos unia era o que nos separava. Partilhávamos um sintoma, mas a marca da pólio era permanente para ele, e a SGB, apesar de todo o sofrimento, era usualmente uma condição temporária.

Então esperamos e tivemos esperança. A língua de sogra nunca deixou de desenrolar e uma longa recuperação teve início. Meus pais me disseram que GBS [sigla em inglês para SGB] significava Getting Better Slowly [melhorando devagar]. Passaram-se doze meses antes que eu conseguisse andar e outros doze até que pudesse tentar algo parecido com uma corrida. Meu equilíbrio permaneceria precário por anos. Conforme meus sintomas se desvaneciam, o mesmo acontecia com minhas lembranças. Os eventos se tornaram distantes, deixados para trás em outra vida. Eu já não conseguia me lembrar de meus pais me dando pastilhas de chocolate antes das agulhadas. Ou de como subsequentemente passei a me recusar a comê-las — mesmo em dias normais —, temendo o que viria em seguida. Também se desvaneceu a lembrança das brincadeiras de pega-pega na escola primária, quando eu era sempre o "alvo" porque minhas pernas ainda permaneciam fracas demais para pegar os outros. Nos 25 anos que se seguiram à minha doença, jamais falei realmente sobre a SGB. Terminei o colégio, fui para a universidade, me tornei PhD. A SGB parecia rara e sem muito sentido para ser mencionada. Guillain o quê? Barré quem? A história, que jamais contei, terminara para mim.

Mas não totalmente. Em 2015, em Suva, capital das ilhas Fiji, reencontrei a SGB, dessa vez profissionalmente. Eu estava na cidade para ajudar a investigar uma recente epidemia de dengue.[2] Transmitido por mosquitos, o vírus da dengue causa surtos esporádicos em ilhas como Fiji. Embora os sintomas frequentemente sejam brandos, a dengue pode causar febre severa, potencialmente levando à hospitalização. Durante os primeiros meses de 2014, mais de 25 mil pessoas haviam recorrido aos centros de atendimento de Fiji com suspeita de infecção pelo vírus da dengue, sobrecarregando o sistema de saúde.

Se está imaginando um escritório com vista para uma praia ensolarada, você não está imaginando Suva. Ao contrário da divisão ocidental das ilhas Fiji, que é repleta de resorts, a capital é uma cidade portuária na região sudeste da ilha principal, Viti Levu. As duas ruas principais contornam a península, formando o desenho de uma ferradura, com a área do meio atraindo muita chuva. Os habitantes locais que estavam familiarizados com o clima britânico disseram que eu me sentiria em casa.

Uma memória doméstica ainda mais antiga também seria evocada em breve. Durante uma reunião introdutória, um colega da Organização Mundial da Saúde (OMS) mencionou que agrupamentos de casos de SGB vinham surgindo nas ilhas do Pacífico. Agrupamentos incomuns. A média anual para a doença era de um ou dois casos a cada 100 mil pessoas, mas, em alguns locais, eles haviam encontrado o dobro disso.[3]

Ninguém jamais descobriu por que eu tive SGB. Algumas vezes, ela se segue a uma infecção — tem sido associada à gripe e à pneumonia, assim como a outras doenças[4] —, mas, em outras, não há gatilho claro. No meu caso, a síndrome foi algo aleatório no grande esquema da saúde humana. Mas, no Pacífico, em 2014-2015, ela representou um sinal, assim como os defeitos congênitos seriam em breve na América Latina.

Por trás desses novos sinais, estava o vírus de zika, em referência à floresta de Zika, no sul de Uganda. Parente próximo do vírus da dengue, o zika foi identificado pela primeira vez em 1947, em mosquitos daquela floresta.[5] Na língua local, *zika* significa "vegetação que cresceu demais", e ele faria o mesmo, de Uganda para o Taiti, para o Rio de Janeiro e além. Esses sinais no Pacífico e na América Latina em 2014 e 2015 gradualmente se tornariam mais claros. Os pesquisadores encontraram cada vez mais evidências de uma ligação entre a infecção por zika e condições neurológicas: assim como a SGB, o zika parecia levar a complicações durante a gravidez. A principal preocupação era a microcefalia, na qual os bebês desenvolvem um cérebro menor que o usual, resultando em um crânio menor.[6] Isso pode causar vários problemas de saúde, incluindo convulsões e deficiências intelectuais.

Em fevereiro de 2016, em razão da possibilidade de o zika causar microcefalia,[7] a OMS anunciou que a infecção era uma Emergência de Saúde Pública de Âmbito Internacional [PHEIC em inglês, pronunciado do mesmo modo que *fake*, "falso"]. Estudos iniciais sugeriam que, a cada cem infecções por zika durante a gravidez, poderia haver entre um e vinte bebês com microcefalia.[8] Embora a microcefalia tenha se tornado a principal preocupação em relação ao zika, foi a SGB que fez com que as agências de saúde, e eu mesmo, focassem na infecção. Sentado em meu escritório temporário em Suva em 2015, percebi que a síndrome, que modelara tanto a minha infância, me era praticamente desconhecida. A maior parte da minha ignorância era autoinfligida, com a colaboração (inteiramente compreensível) de meus pais: eles haviam levado anos para me contar que a SGB podia ser fatal.

Ao mesmo tempo, o mundo da saúde enfrentava uma ignorância muito mais profunda. O zika gerava grande volume de perguntas, poucas das quais podiam ser respondidas. "Raramente os cientistas se engajaram em uma nova agenda de pesquisa com tal senso de urgência e a partir de uma base de conhecimento tão pequena", escreveu a epidemiologista Laura Rodrigues no início de 2016.[9] Para mim, o primeiro desafio era entender a dinâmica dos surtos. Quão facilmente a infecção se disseminava? Os surtos eram similares aos da dengue? Quantos casos deveríamos esperar?

Para responder a essas perguntas, nosso grupo de pesquisa começou a desenvolver modelos matemáticos dos surtos. Tais abordagens agora são comumente usadas em saúde pública, assim como em vários outros campos de pesquisa. Mas de onde esses modelos vieram originalmente? E como funcionam na realidade? Essa história começou em 1883, com um jovem cirurgião do Exército, um barril de água e um zangado oficial de Estado-Maior.

RONALD ROSS QUERIA ser escritor, mas seu pai o pressionou a cursar Medicina. Seus estudos no São Bartolomeu, em Londres, competiam com seus poemas, peças e músicas, e, quando Ross prestou os dois exames de qualificação em 1879, foi aprovado somente no de cirurgia. Isso significou que ele não pôde trabalhar no Serviço Médico Indiano, carreira preferida pelo pai.[10]

Incapaz de praticar medicina geral, Ross passou o ano seguinte navegando pelo Atlântico como cirurgião de navio. Finalmente, passou no exame médico remanescente e entrou no Serviço Médico Indiano em 1881. Após dois anos em Madras, mudou-se para Bangalore, a fim de assumir o posto de cirurgião de guarnição em setembro de 1883. Do seu confortável ponto de vista colonial, ele afirmou que Bangalore era um "retrato do prazer", uma cidade de sol, jardins e vilas com colunas. O único problema eram os mosquitos. Seu novo bangalô parecia atrair muito mais insetos que as outras acomodações do Exército. Ele suspeitava que isso tinha algo a ver com o barril de água em frente à sua janela, que ficava cercado de mosquitos.

A solução foi virar o barril, destruindo o espaço de reprodução dos mosquitos. Pareceu funcionar: sem a água estagnada, eles o deixaram em paz. Animado com esse experimento bem-sucedido, ele perguntou ao oficial de Estado-Maior se eles podiam remover a água dos outros barris. E, já que estavam fazendo isso, por que não se livrar dos vasos e latas em torno do refeitório? Se os mosquitos não tivessem onde se reproduzir, não teriam opção a não ser seguir em frente. O oficial não se interessou. Ross escreveu mais tarde: "Ele foi muito desdenhoso e se recusou a permitir que os homens lidassem com os mosquitos, dizendo que isso perturbaria a ordem natural, que os mosquitos haviam sido criados com algum propósito e que era nosso dever suportá-los."

O experimento seria o primeiro de uma vida analisando mosquitos. O segundo estudo ocorreria uma década depois, inspirado por uma conversa em Londres. Em 1894, Ross retornara à Inglaterra para um ano sabático. A cidade mudara muito desde sua última visita: a construção da Ponte da Torre fora terminada, o primeiro-ministro William Gladstone acabara de renunciar e o país estava prestes a inaugurar seu primeiro salão para exibição de filmes.[11] Mas, ao chegar, a mente de Ross estava focada em outros assuntos. Ele queria se atualizar nas mais recentes pesquisas sobre malária.

Na Índia, as pessoas adoeciam regularmente em função dessa doença, que costumava causar febre, vômito e, às vezes, levar à morte.

A malária é uma das mais antigas doenças conhecidas pela humanidade. De fato, ela pode ter estado conosco durante toda nossa história como espécie.[12] Mas seu nome vem da Itália medieval. Os que pegavam a febre frequentemente culpavam a *mala aria*, o ar ruim.[13] O nome pegou, assim como a culpa. Embora a doença tenha sido finalmente rastreada a um parasita chamado *Plasmodium*, quando Ross voltou à Inglaterra a causa da disseminação ainda era um mistério. Em Londres, ele visitou o biólogo Alfredo Kanthack no São Bartolomeu, esperando ouvir sobre desenvolvimentos que poderia ter perdido enquanto estava na Índia. Kanthack disse que, se Ross quisesse saber mais a respeito de parasitas como o da malária, deveria conversar com o médico Patrick Manson. Durante muitos anos, Manson pesquisara parasitas no sudeste da China. Lá, descobrira como as pessoas eram infectadas por uma família particularmente desagradável de vermes microscópicos chamados *filariae*. Esses parasitas eram pequenos o bastante para entrar na corrente sanguínea de uma pessoa e infectar seus nódulos linfáticos, fazendo com que fluídos se acumulassem no interior do corpo. Em vários casos, os membros podiam inchar e atingir várias vezes seu tamanho natural, em uma condição conhecida como elefantíase. Além de identificar como os *filariae* causavam doenças, Manson demonstrara que, quando mosquitos se alimentavam de sangue de seres humanos infectados, também podiam sugar os vermes.[14]

Manson levou Ross para ir até seu laboratório e ensinou-lhe como encontrar parasitas, como o da malária, em pacientes infectados. Ele também listou os artigos acadêmicos recentes que Ross não lera enquanto estava na Índia. "Eu o visitei frequentemente e aprendi tudo o que ele tinha a ensinar", lembrou Ross mais tarde. Certo dia, durante o inverno, enquanto caminhavam pela rua Oxford, Manson fez um comentário que transformaria a carreira de Ross: "Tenho a teoria de que os mosquitos carregam a malária do mesmo jeito que carregam *filariae*."

Outras culturas especularam durante muito tempo sobre a potencial ligação entre mosquitos e malária. O geógrafo britânico Richard Burton relatou que, na Somália, frequentemente se dizia que as picadas de mosquito causavam febres letais, embora o próprio Burton rejeitasse a ideia. "A superstição provavelmente deriva do fato de que os mosquitos e as febres aumentam ao mesmo tempo", escreveu ele em 1856.[15] Algumas pessoas chegaram até a desenvolver tratamentos para a malária, a despeito de não saberem o que a causava. No século IV, o acadêmico chinês Ge Hong descreveu como a planta qinghao [artemísia] podia reduzir febres. Extratos dessa planta agora formam a base dos tratamentos modernos contra malária.[16] (Outras tentativas foram menos eficazes: a palavra "abracadabra" surgiu como feitiço romano para afastar a doença.[17])

Ross conhecia as especulações ligando mosquitos e malária, mas o argumento de Manson foi o primeiro a convencê-lo. Manson achava que, assim como os mosquitos ingeriam aqueles minúsculos vermes ao se alimentarem de sangue humano, eles também podiam ingerir parasitas da malária. Esses parasitas então se reproduziam no interior do mosquito antes de retornarem, de algum modo, aos seres humanos. Manson sugeriu que a água potável podia ser a fonte de infecção. Quando Ross retornou à Índia, ele se dispôs a testar a ideia com um experimento que provavelmente não seria aprovado por um conselho de ética moderno.[18] Ele fez com que mosquitos se alimentassem de um paciente infectado e depositassem ovos em uma garrafa de água; quando os ovos eclodiram, ele pagou três pessoas para que bebessem a água. Para sua decepção, nenhuma delas contraiu malária. Então como os parasitas entravam nas pessoas?

Ross finalmente escreveu para Manson com uma nova teoria, sugerindo que a infecção podia se disseminar através de picadas de mosquito. Os mosquitos injetavam um pouco de saliva a cada picada; seria isso suficiente para permitir a entrada dos parasitas? Incapaz de recrutar voluntários suficientes para um novo estudo, Ross fez experimentos com pássaros. Primeiro, coletou alguns mosquitos e fez com que se alimentassem do sangue de um pássaro infectado. Então, deixou que esses mesmos mosquitos picassem pássaros saudáveis, que logo adoeceram. Finalmente, dissecou as glândulas salivares dos mosquitos infectados, onde encontrou parasitas da malária. Tendo descoberto a verdadeira rota de transmissão, Ross percebeu como eram absurdas as teorias anteriores. "Homens e pássaros não saem por aí comendo mosquitos mortos", disse ele a Manson.

Em 1902, Ross recebeu o segundo Prêmio Nobel de Medicina da história por seu trabalho sobre a malária. A despeito de ter contribuído para a descoberta, Manson não partilhou do prêmio. Ele só tomou conhecimento de que Ross fora agraciado quando viu a notícia em um jornal.[19] A amizade outrora próxima entre mentor e estudante gradualmente se transformou em forte animosidade. Embora fosse um cientista brilhante, Ross podia ser um colega desagregador. Ele participou de uma série de disputas com seus rivais, frequentemente envolvendo medidas legais. Em 1912, ameaçou processar Manson por difamação.[20] A infração? Manson escrevera uma carta de referência elogiosa para outro pesquisador, que estava assumindo uma cátedra que Ross deixara recentemente. Manson não respondeu à provocação, escolhendo se desculpar. "São necessários dois tolos para criar uma desavença", disse ele mais tarde.[21]

Ross continuaria o trabalho sobre malária sem Manson. No processo, encontraria uma nova válvula de escape para sua obstinada teimosia e um novo conjunto de oponentes. Tendo descoberto como a malária se disseminava, ele queria demonstrar que ela podia ser interrompida.

A MALÁRIA JÁ TEVE UM ALCANCE MUITO MAIS AMPLO que o atual. Durante séculos, a doença se estendeu pela Europa e pela América do Norte, de Oslo a Ontário. Mesmo quando a temperatura despencou durante a chamada Pequena Idade do Gelo, entre os séculos XVII e XVIII, o frio cortante do inverno seria seguido pela picada dos mosquitos no verão.[22] A malária era endêmica em muitos países temperados, com transmissão contínua e um fluxo regular de novos casos de um ano para outro. Oito das peças de Shakespeare incluem menções a *ague* [febre intermitente], um termo medieval para a febre causada pela malária. Os pântanos de sal de Essex, a nordeste de Londres, têm sido uma notória fonte da doença há séculos; quando Ronald Ross era estudante, ele tratou uma mulher que pegara malária em Essex.

Tendo feito a conexão entre insetos e infecções, Ross argumentou que remover os mosquitos era a chave para controlar a malária. Suas experiências na Índia — como o experimento com o barril de água em Bangalore — o haviam persuadido de que o número de mosquitos podia ser reduzido. Mas a ideia ia contra a sabedoria popular. Era impossível se livrar de todos os mosquitos, dizia o argumento, o que significava que sempre haveria alguns deles e, portanto, potencial para a disseminação da malária. Ross reconhecia que alguns mosquitos permaneceriam, mas acreditava que, mesmo assim, a transmissão da malária podia ser interrompida. De Freetown a Calcutá, suas sugestões foram ignoradas ou desdenhadas. "Em toda parte, minha proposta de reduzir os mosquitos nas cidades era tratada somente com escárnio", lembrou ele mais tarde.

Em 1901, Ross liderou uma equipe até Serra Leoa para tentar colocar em prática suas ideias de controle dos mosquitos. Eles limparam montes de latas e garrafas. Envenenaram a água parada na qual os mosquitos adoravam se reproduzir. E taparam buracos para que as "poças letais", como Ross as chamava, não se formassem nas ruas. Os resultados foram promissores: quando Ross retornou um ano depois, havia muito menos mosquitos. Mas ele avisou às autoridades de saúde que o efeito só duraria se as medidas de controle continuassem. O financiamento para a limpeza viera de um abastado doador de Glasgow. Quando o dinheiro acabou, o entusiasmo se desvaneceu e o número de mosquitos aumentou novamente.

Ross teve mais sucesso como conselheiro da Companhia do Canal de Suez no ano seguinte. Havia cerca de 2 mil casos de malária por ano na cidade egípcia de Ismaília. Após intenso esforço para reduzir os mosquitos, esse número caiu para menos de cem. O controle de mosquitos também se provou efetivo em outros lugares. Quando os franceses tentaram construir um canal no Panamá na década de 1880, milhares de trabalhadores morreram de malária e febre amarela, outra infecção transmitida por mosquito. Em 1905, com os americanos liderando o projeto, o coronel do Exército William Gorgas supervisionou uma intensa campanha de controle de mosquitos, tornando possível completar o canal.[23] Entrementes, mais para o sul, os médicos Oswaldo Cruz e Carlos Chagas lideravam programas antimalária no Brasil, ajudando a reduzir os casos entre operários da construção civil.[24]

A despeito desses projetos, muitos permaneciam céticos em relação ao controle de mosquitos. Ross precisaria de um argumento mais forte para persuadir seus pares. Para isso, ele finalmente recorreria à matemática. Durante os anos iniciais no Serviço Médico Indiano, ele estudara matemática sozinho, chegando a um nível bastante avançado. O artista que havia nele admirava a elegância do tema. "Uma proposição comprovada era como um retrato perfeitamente equilibrado", sugeriu ele mais tarde. "Uma série infinita desaparecia no futuro como as longas variações de uma sonata." Percebendo o quanto gostava do assunto, lamentou não o ter estudado adequadamente na escola. Agora sua carreira estava avançada demais para mudar de direção; que utilidade teria a matemática para alguém trabalhando com medicina? Como disse ele, tratava-se da "desafortunada paixão de um homem casado por uma dama bela, mas inacessível".

Ross abandonou o romance intelectual por algum tempo, mas retornou a ele após a descoberta sobre os mosquitos. Dessa vez, encontrou uma maneira de tornar o passatempo matemático útil para seu trabalho profissional. Havia uma pergunta vital que ele precisava responder: realmente era possível controlar a malária sem remover todos os mosquitos? Para descobrir, desenvolveu um simples modelo conceitual de transmissão. Começou calculando a média mensal de novas infecções humanas em determinada área geográfica. Isso significou dividir o processo de transmissão em componentes básicos. Para que a transmissão ocorra, raciocinou ele, precisa haver na área ao menos um ser humano infectado com malária. Como exemplo, escolheu um cenário contendo uma pessoa infectada em um vilarejo de mil pessoas. Para que a infecção passasse para outra pessoa, um mosquito *Anopheles* [mosquito-prego] teria de picar aquela pessoa infectada. Ross determinou que somente um em cada quatro mosquitos conseguiria picar alguém. Então, se houvesse 48 mil mosquitos na área, somente 12 mil picariam alguém. E como somente uma pessoa a cada mil estava inicialmente infectada, em média somente doze dos 12 mil mosquitos picariam uma pessoa infectada e ingeririam o parasita.

Leva algum tempo para que o parasita da malária se reproduza no interior dos mosquitos, então eles teriam de sobreviver por tempo suficiente para se tornarem infecciosos. Ross assumiu que somente um em cada três mosquitos sobreviveria tanto tempo, o que significava que, dos doze mosquitos com o parasita, somente quatro se tornariam infecciosos. Finalmente, esses mosquitos precisariam picar outro ser humano para passar adiante a infecção. Se, novamente, apenas um em cada quatro conseguisse se alimentar de sangue humano, isso deixaria um único mosquito infeccioso para transmitir o vírus. O cálculo demonstrou que, mesmo que houvesse 48 mil mosquitos na área, em média eles gerariam apenas uma nova infecção humana.

Se houvesse mais mosquitos ou mais seres humanos infectados, seria lógico esperar mais infecções por mês. No entanto, um segundo processo neutralizava esse efeito: Ross estimou que cerca de 20% dos seres humanos infectados com malária se recuperariam a cada mês. Para que a malária permanecesse endêmica na população, esses dois processos — infecção e recuperação — precisariam estar em equilíbrio. Se as recuperações superassem as novas infecções, o nível da doença declinaria até chegar a zero.

Esse foi um insight crucial. Não era necessário se livrar de todos os mosquitos para controlar a malária: havia uma densidade crítica de mosquitos e, quando a população de mosquitos atingia um patamar inferior a essa densidade, a doença desaparecia sozinha. Como disse Ross, "a malária só pode persistir em uma comunidade se os *Anophelines* forem tão abundantes que o número de novas infecções compense o número de recuperações".

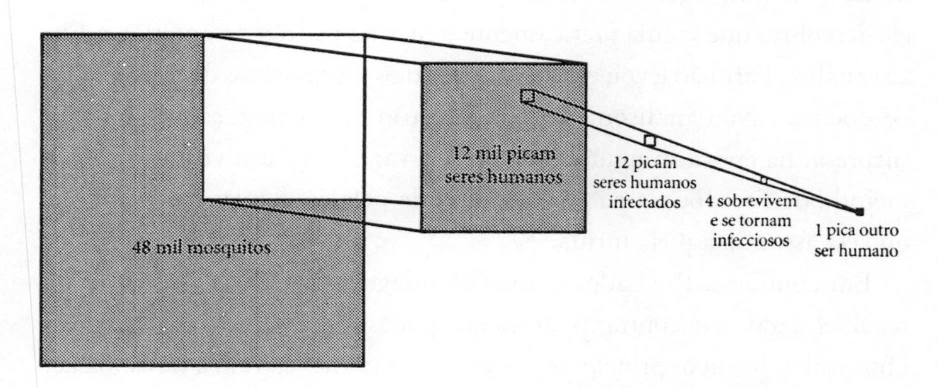

Ross calculou que, mesmo que houvesse 48 mil mosquitos em um vilarejo contendo alguém infectado com malária, isso poderia resultar em somente um caso adicional.

Quando registrou essa análise em seu livro de 1910, *The Prevention of Malaria* [A prevenção da malária], Ross reconheceu que os leitores poderiam não acompanhar todos os cálculos. Mesmo assim, acreditava que seriam capazes de compreender as implicações. "O leitor deve fazer um estudo cuidadoso dessas ideias", escreveu ele, "e acho que terá pouca dificuldade para entendê-las, embora possa ter esquecido a maior parte da matemática que aprendeu." Mantendo-se no tema matemático, chamou sua descoberta de "teorema do mosquito".

A análise mostrava como a malária podia ser controlada, mas também incluía um insight muito mais profundo, que revolucionaria a maneira como olhamos para o contágio. Na opinião de Ross, havia duas maneiras de abordar a análise de doenças. Vamos chamá-las de métodos "descritivo" e "mecanicista". Na era de Ross, a maioria dos estudos usava o raciocínio descritivo. Isso envolvia começar com dados da vida real e recuar até identificar padrões previsíveis. Veja a análise de um surto de varíola ocorrido em Londres no fim da década de 1830, feita por William Farr, que era estatístico do governo. Ele notou que a epidemia crescera rapidamente no início, mas esse crescimento desacelerara até atingir um pico e começar a declinar. O declínio fora quase uma imagem especular da fase de crescimento. Farr usou os dados sobre os casos para chegar ao desenho da forma geral da curva; quando outro surto irrompeu em 1840, ele descobriu que seguia praticamente o mesmo padrão do anterior.[25] Em sua análise, Farr não levou em consideração os mecanismos de transmissão de doenças. Não analisou taxas de infecção ou recuperação. Isso não é surpresa: na época, ninguém sabia que a varíola era um vírus. Assim, o método de Farr focava na forma assumida pela epidemia, e não em por que ela assumia aquela forma.[26]

Em contraste, Ross adotou uma abordagem mecanicista. Em vez de recolher dados e encontrar padrões que pudessem descrever as tendências observadas, listou os principais processos que influenciavam a transmissão. Usando seu conhecimento da malária, especificou como as pessoas eram infectadas, como infectavam outras e quão rapidamente se recuperavam. Em seguida, resumiu esse modelo conceitual de transmissão usando equações matemáticas e as analisou para chegar a conclusões sobre prováveis padrões para os surtos.

Como sua análise incluía hipóteses específicas sobre o processo de transmissão, Ross era capaz de ajustá-las para ver o que poderia acontecer se a situação mudasse. Que efeito a redução de mosquitos poderia ter? Quão rapidamente a doença desapareceria se a transmissão declinasse? Essa abordagem permitia que ele olhasse para o futuro e perguntasse "e se?", em vez de apenas buscar padrões nos dados existentes. Embora outros pesquisadores antes dele tenham feito tentativas cruas de chegar a esse tipo de análise, Ross reuniu suas ideias em uma teoria clara e compreensível.[27] Ele mostrou como examinar as epidemias de maneira dinâmica, tratando-as como séries de processos interativos, e não como conjuntos de padrões estáticos.

Em teoria, os métodos descritivo e mecanicista — um olhando para trás e o outro olhando para a frente — devem convergir para a mesma resposta. Veja a abordagem descritiva. Com suficientes dados da vida real, é possível estimar o efeito do controle de mosquitos: vire um barril de água ou remova os mosquitos de alguma outra maneira e observe o que acontece. Inversamente, o efeito previsto do controle de mosquitos na análise matemática de Ross deve, idealmente, corresponder ao impacto real de tais medidas. Se uma estratégia de controle genuinamente funciona, ambos os métodos devem dizer que ela o faz. A diferença é que, com a abordagem mecanicista de Ross, não precisamos derrubar barris para estimar o efeito que isso pode ter.

Modelos matemáticos como o de Ross frequentemente têm a reputação de serem opacos ou complicados. Mas, em essência, um modelo é somente uma simplificação do mundo, projetado para nos ajudar a entender o que pode acontecer em determinada situação. Os modelos mecanicistas são particularmente úteis para perguntas cujas respostas não podem ser obtidas através de experimentos. Se uma agência de saúde quer saber quão efetiva é sua estratégia de controle de doenças, ela não pode voltar atrás e reinstaurar a mesma epidemia sem essa estratégia. Do mesmo modo, se queremos saber como será uma pandemia futura, não podemos deliberadamente soltar um novo vírus e ver como ele se dissemina. Os modelos nos permitem examinar surtos sem interferir na realidade. Podemos explorar como a transmissão e a recuperação afetam a disseminação da infecção, por exemplo. Podemos introduzir diferentes medidas de controle — da remoção de mosquitos à vacinação — e ver quão efetivas elas podem ser em diferentes situações.

No início do século XX, essa abordagem era exatamente o que Ross precisava. Quando ele anunciara que os mosquitos *Anopheles* disseminavam malária, muitos de seus pares não haviam ficado convencidos de que o controle de mosquitos reduziria a doença. Isso tornara a análise descritiva problemática: é complicado avaliar uma medida de controle se ela não está sendo usada. Graças ao novo modelo, Ross estava convencido de que a redução dos mosquitos em longo prazo funcionaria. O desafio seguinte era convencer os outros.

Do ponto de vista moderno, pode parecer estranho ter havido tanta oposição às ideias de Ross. Embora a ciência da epidemiologia estivesse se expandindo e criando novas maneiras de analisar os padrões das doenças, a comunidade médica não via a malária da mesma maneira que Ross. Fundamentalmente, havia um choque de filosofias. A maioria dos médicos pensava na malária em termos de descrições: ao analisar surtos, eles se preocupavam com classificações, não cálculos. Mas Ross permanecia inflexível na afirmação de que os processos por trás das epidemias precisavam ser quantificados. "A epidemiologia é, na verdade, um assunto matemático", escreveu ele em 1911, "e menos erros absurdos seriam cometidos em relação a ela (por exemplo, aqueles rélacionados à malária) se mais atenção fosse dada a seu estudo matemático."[28]

Seriam necessários muitos anos para que o controle de mosquitos fosse adotado de forma generalizada. Ross não viveria para ver as reduções mais significativas nos casos de malária: a doença permaneceu na Inglaterra até a década de 1950 e só foi erradicada da Europa continental em 1975.[29] Embora suas ideias finalmente começassem a ser implementadas, ele lamentou o atraso: "O mundo precisa de, ao menos, dez anos para entender uma nova ideia, por mais importante ou simples que seja."

Não seriam somente os esforços práticos de Ross que se disseminariam com o tempo. Um dos membros da equipe da expedição a Serra Leoa em 1901 fora Anderson McKendrick, médico recém-qualificado de Glasgow. Ele obtivera nota máxima nos exames do Serviço Médico Indiano e começaria em seu novo emprego na Índia após a viagem para Serra Leoa.[30] No navio de retorno à Grã-Bretanha, McKendrick e Ross conversaram longamente sobre a matemática das doenças. A dupla continuou a trocar ideias nos anos seguintes. Finalmente, McKendrick aprenderia suficiente matemática para tentar expandir a análise de Ross. "Li sobre seu trabalho em seu livro capital", disse ele a Ross em agosto de 1911. "Estou tentando chegar às mesmas conclusões a partir de equações diferenciais, mas trata-se de um assunto muito elusivo, e estou sendo forçado a estender a matemática em novas direções. Duvido que seja capaz de conseguir o que quero, mas 'as aspirações de um homem devem exceder suas limitações'."[31]

McKendrick desenvolveria uma visão mordaz sobre estatísticos como Karl Pearson, que se baseavam intensamente na análise descritiva, em vez de adotar os métodos mecanicistas de Ross. "Os pearsonianos, como de costume, fizeram uma confusão medonha de tudo", disse ele a Ross após ler uma análise falha sobre infecções de malária. "Não tenho simpatia por eles ou seus métodos."[32] As abordagens descritivas tradicionais eram e ainda são parte importante da medicina, mas têm limitações quando se trata de entender o processo de transmissão. McKendrick acreditava que o futuro da análise de surtos estava em uma maneira mais dinâmica de pensar. Ross partilhava dessa visão. "Devemos terminar estabelecendo uma nova ciência", disse ele certa vez a McKendrick. "Mas primeiro vamos destrancar a porta e, então, qualquer um pode ir para onde quiser."[33]

CERTA NOITE, NO VERÃO DE 1924, o experimento de William Kermack explodiu, espirrando uma corrosiva solução alcalina em seus olhos. Químico profissional, Kermack investigava os métodos comumente usados para estudar o líquido cefalorraquidiano. Naquela noite, ele trabalhava sozinho no laboratório da Faculdade Real de Medicina de Edimburgo e passaria dois meses no hospital em razão de seus ferimentos. O acidente deixou o jovem de 26 anos completamente cego.[34]

Durante sua estada no hospital, Kermack pediu que amigos e enfermeiras lessem textos matemáticos. Sabendo que já não poderia ver, ele queria praticar uma nova maneira de obter informações. Ele tinha uma memória excepcional e solucionava problemas matemáticos mentalmente. "Foi incrível descobrir o quanto ele podia fazer sem ser capaz de anotar", observou William McCrea, um de seus colegas.

Ao deixar o hospital, Kermack continuou a trabalhar com ciência, mas mudou seu foco para outros tópicos. Deixou os experimentos químicos para trás e começou a desenvolver novos projetos. Em particular, começou a trabalhar em questões matemáticas com Anderson McKendrick, que se tornara chefe do laboratório de Edimburgo. Tendo servido na Índia por quase duas décadas, McKendrick deixara o Serviço Médico Indiano em 1920 e se mudara para a Escócia com a família.

Juntos, eles expandiram as ideias de Ross para as epidemias em geral. Focaram sua atenção em uma das mais importantes perguntas da pesquisa de doenças infecciosas: o que faz com que as epidemias cheguem ao fim? A dupla notou que havia duas explicações populares na época. A transmissão cessava porque já não havia pessoas suscetíveis para infectar ou porque o próprio patógeno se tornava menos infeccioso conforme a epidemia progredia. Como se veria, na maioria das situações, nenhuma das explicações estava correta.[35]

Como Ross, Kermack e McKendrick começaram desenvolvendo um modelo matemático de transmissão de doenças. Por uma questão de simplicidade, adotaram em seu modelo uma população aleatoriamente misturada. Como bolinhas de gude sendo sacudidas em uma jarra, todo mundo na população tinha a mesma chance de se encontrar com todos os outros. No modelo, a epidemia tinha início com certo número de pessoas infectadas e todas as outras suscetíveis à infecção. Quando alguém se recuperava da infecção, tornava-se imune à doença. Assim, era possível colocar a população em um de três grupos, com base no status da doença:

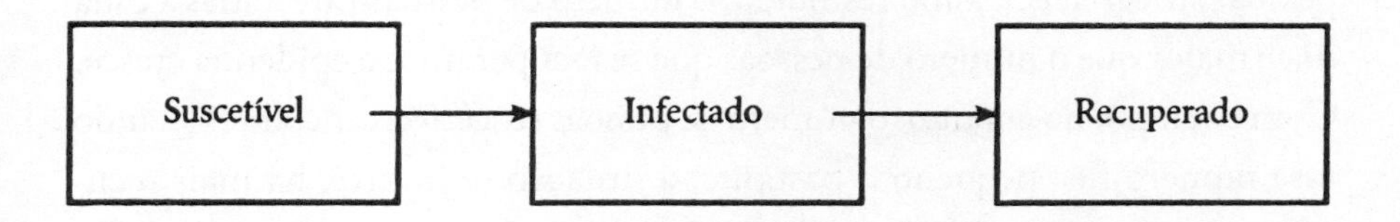

Dados os nomes dos três grupos, esse modelo é conhecido comumente como "SIR". Digamos que um único caso de influenza chegue a uma população de 10 mil pessoas. Se simularmos uma epidemia como a da gripe usando o modelo SIR, obteremos o seguinte padrão:

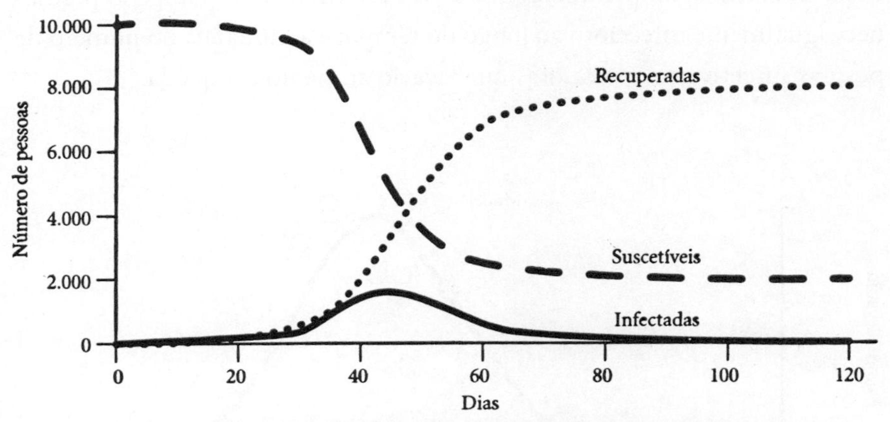

Surto simulado de influenza usando o modelo SIR

A epidemia simulada leva algum tempo para crescer porque somente uma pessoa está infectada no início, mas, mesmo assim, atinge o pico em cinquenta dias. E, após oitenta dias, praticamente chega ao fim. Note que, ao fim da epidemia, ainda há algumas pessoas suscetíveis. Se todo mundo tivesse sido infectado, todas as 10 mil pessoas teriam terminado no grupo de "recuperadas". O modelo de Kermack e McKendrick sugere que isso não acontece: surtos podem chegar ao fim antes que todo mundo contraia a infecção. "Uma epidemia, em geral, chega ao fim antes de a população suscetível ter sido exaurida."

Por que nem todo mundo é infectado? Por causa de uma transição que ocorre no meio do surto. Nos estágios iniciais de uma epidemia, há muitas pessoas suscetíveis. Como resultado, o número de pessoas infectadas a cada dia é maior que o número de pessoas que se recuperam, e a epidemia cresce. Com o tempo, no entanto, o número de pessoas suscetíveis encolhe. Quando esse número fica pequeno o bastante, a situação se inverte: há mais recuperações que novas infecções a cada dia, de modo que a epidemia começa a declinar. Ainda há pessoas suscetíveis que poderiam ser infectadas, mas tão poucas que alguém infectado tem mais probabilidade de se recuperar do que de encontrar uma delas.

Para ilustrar esse efeito, Kermack e McKendrick demonstraram como o modelo SIR podia reproduzir a dinâmica de um surto de peste bubônica em Bombaim (agora Mumbai) em 1906. No modelo, o patógeno permanece igualmente infeccioso ao longo do tempo; é a mudança no número de pessoas suscetíveis e infecciosas que leva ao aumento e à queda.

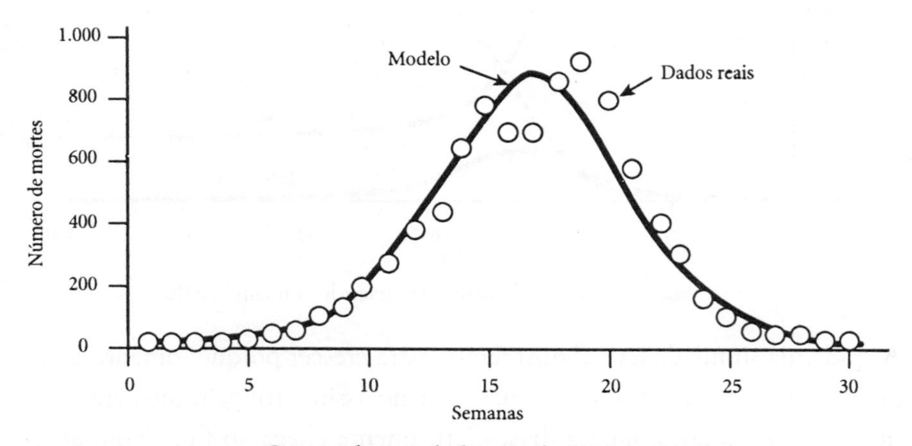

O surto de peste bubônica de 1906 em Bombaim, com o modelo SIR exibido em comparação aos dados reais

A mudança crucial ocorre no pico da epidemia. Nesse ponto, há tantas pessoas imunes — e tão poucas pessoas suscetíveis — que a epidemia não pode continuar a crescer. Assim, ela inverte seu sentido e começa a declinar.

Quando há pessoas imunes o bastante para evitar a transmissão, dizemos que a população adquiriu "imunidade de grupo". A expressão foi cunhada originalmente pelo estatístico Major Greenwood no início do século XX (Major era seu nome; sua patente no Exército era de capitão).[36] Anteriormente, psicólogos haviam usado "instinto de grupo" para descrever bandos que agiam como um coletivo, e não como indivíduos.[37] Do mesmo modo, a imunidade de grupo significava que a população como um todo podia bloquear a transmissão, mesmo que alguns indivíduos ainda fossem suscetíveis.

O conceito de imunidade de grupo adquiriria popularidade várias décadas depois, quando as pessoas percebessem que ela podia ser uma poderosa ferramenta para o controle de doenças. Durante uma epidemia, as pessoas naturalmente saem do grupo suscetível ao serem infectadas. Mas, em muitos casos, as agências de saúde podem retirá-las desse grupo deliberadamente, ao vaciná-las. Assim como Ross sugeriu que a malária podia ser controlada sem remover todos os mosquitos, a imunidade de grupo torna possível controlar as infecções sem vacinar toda a população. Frequentemente há pessoas que não podem ser vacinadas — como recém-nascidos ou aqueles com o sistema imunológico comprometido —, mas a imunidade de grupo permite que as pessoas vacinadas protejam os grupos não vacinados, que são vulneráveis, assim como a si mesmas.[38] E, se as doenças podem ser controladas através da vacinação, elas podem ser potencialmente eliminadas de uma população. Foi por isso que a imunidade de grupo encontrou seu caminho até o centro da teoria sobre epidemias. "O conceito tem uma aura especial", disse o epidemiologista Paul Fine certa vez.[39]

Além de pesquisar como as epidemias chegavam ao fim, Kermack e McKendrick estavam interessados na ocorrência aparentemente aleatória de surtos. Analisando seu modelo, eles descobriram que a transmissão era altamente sensível a pequenas diferenças nas características do patógeno ou da população humana. Isso explica por que grandes surtos podem surgir aparentemente do nada. De acordo com o modelo SIR, os surtos precisam de três coisas para ter início: um patógeno suficientemente infeccioso, muitas interações entre pessoas diferentes e uma quantidade suficiente de pessoas suscetíveis na população. Perto do patamar crítico da imunidade de grupo, uma pequena mudança em um desses três fatores pode ser a diferença entre um punhado de casos e uma epidemia importante.

O PRIMEIRO SURTO RELATADO de zika começou na ilha micronésia de Yap, no início de 2007. Até então, somente quatorze casos humanos de zika haviam sido registrados, espalhados por Uganda, Nigéria e Senegal. Mas o surto em Yap foi diferente. Ele foi explosivo, com a maioria da ilha sendo infectada, e completamente inesperado. O vírus pouco conhecido da floresta crescida demais aparentemente entrara em uma nova era. "Os oficiais de saúde pública devem estar conscientes do risco de uma nova expansão da transmissão do vírus de zika", concluíram o epidemiologista Mark Duffy e seus colegas no relatório sobre o surto.[40]

Em Yap, o zika foi uma curiosidade, não uma ameaça importante. A despeito de muitas pessoas terem febre ou erupções cutâneas, ninguém foi para o hospital. Isso mudou quando o vírus chegou às ilhas muito maiores da Polinésia Francesa no fim de 2013. Durante o surto resultante, 42 pessoas com síndrome de Guillain-Barré chegaram ao principal hospital da capital, Papete, na costa norte do Taiti. Os casos de SGB surgiram um pouco depois do surto principal de zika, como é de se esperar em uma síndrome que leva algumas semanas para surgir após uma infecção. Especulações sobre uma possível ligação foram confirmadas quando a cientista local Van-Mai Cao-Lormeau e seus colegas descobriram que quase todos os casos de SGB haviam sido infectados recentemente pelo zika.[41]

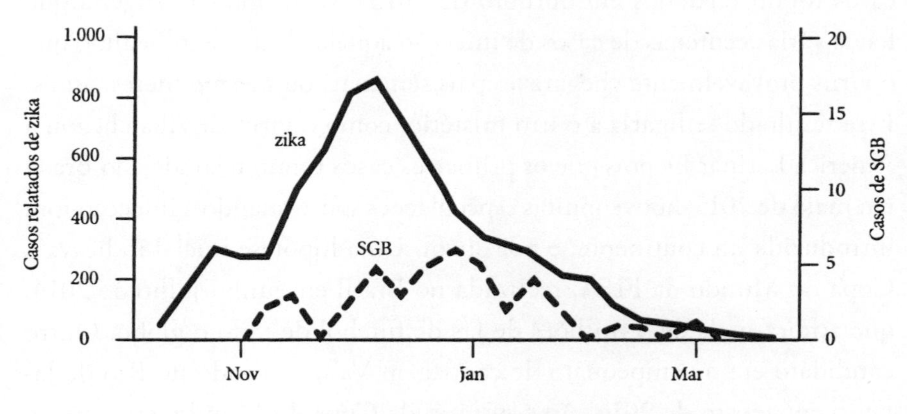

Casos de zika e síndrome de Guillain-Barré (SGB)
na Polinésia Francesa, 2013-2014

Fonte: Ministério da Saúde da Polinésia Francesa[42]

Como em Yap, o surto na Polinésia Francesa foi amplo, infectando a maioria da população. E, como em Yap, foi muito breve, com a maioria dos casos surgindo em algumas semanas. Como nossa equipe passara 2014-2015 desenvolvendo modelos matemáticos para analisar a dengue no Pacífico, decidimos voltar nossa atenção também para o zika. Ao contrário dos monocromáticos *Anophelines*, que podem voar quilômetros para disseminar a malária, a dengue e o zika são disseminados por mosquitos *Aedes*, conhecidos por serem listrados e preguiçosos (*aedes* significa "casa" em latim). Como resultado, a infecção geralmente se dissemina quando seres humanos se movem de um lugar para outro.[43]

Quando tentamos fazer com que as simulações de nosso modelo reproduzissem as dinâmicas do zika na Polinésia Francesa, percebemos que deveria ter havido uma alta taxa de disseminação, parecida com a da dengue, para gerar um surto tão explosivo.[44] A curta duração do surto se tornou ainda mais estranha quando consideramos os atrasos envolvidos no processo infeccioso. Durante cada ciclo de transmissão, o vírus tem de passar de um ser humano para um mosquito e então para outro ser humano.

Ao analisar as taxas de transmissão na Polinésia Francesa, também estimamos quantas pessoas já estavam infectadas quando os primeiros casos foram relatados em outubro de 2013. Nosso modelo sugeria que havia várias centenas de casos de infecção àquela altura, significando que o vírus provavelmente chegara ao país semanas, ou mesmo meses, antes. Esse resultado se ligaria a outro mistério: como o vírus de zika chegou à América Latina? Depois que os primeiros casos foram relatados no Brasil em maio de 2015, houve muitas especulações sobre quando a infecção fora introduzida no continente, e por quem. Uma hipótese inicial indicava a Copa do Mundo da FIFA, realizada no Brasil em junho-julho de 2014, que atraíra mais de 3 milhões de fãs de futebol de todo o globo. Outro candidato era o campeonato de canoagem Va'a, realizado no Rio de Janeiro em agosto de 2014. Ao contrário da Copa do Mundo, esse evento menor incluíra uma equipe da Polinésia Francesa. Que explicação era mais plausível?

De acordo com o biólogo evolucionista Nuno Faria e seus colegas, nenhuma das teorias parecia particularmente boa.[45] Com base na diversidade genética dos vírus de zika circulando pela América Latina em 2016, eles concluíram que a infecção fora introduzida muito antes do que se pensava. O vírus provavelmente chegara ao continente do meio para o fim de 2013. Embora fosse cedo demais para o campeonato de canoagem ou para a Copa do Mundo, esse período coincidia com a Copa das Confederações, um torneio regional de futebol realizado em junho de 2013. A Polinésia Francesa fora uma das competidoras.

Havia somente uma falha nessa teoria: a Copa das Confederações ocorrera cinco meses antes de os primeiros casos de zika serem relatados na Polinésia Francesa. Mas, se o surto na Polinésia Francesa tivesse começado antes de outubro de 2013 — como sugeria nossa análise —, era plausível que pudesse ter se disseminado para a América Latina durante aquele verão. (É claro, devemos ter cuidado ao tentar achar um prólogo esportivo para a história do zika: sempre há a chance de que uma pessoa aleatória no Pacífico tenha embarcado em um voo aleatório para o Brasil em algum momento de 2013.)

Além de analisar surtos passados, podemos usar os modelos matemáticos para analisar o que pode acontecer no futuro. Isso pode ser particularmente útil para agências de saúde confrontadas com decisões difíceis durante um surto. Uma dessas dificuldades surgiu em dezembro de 2015, quando o zika chegou à ilha caribenha de Martinica. Uma grande preocupação era a habilidade da ilha de lidar com casos de SGB: se os pulmões dos pacientes falhassem, eles precisariam ser colocados em respiradores. Na época, a Martinica só tinha oito respiradores para uma população de 380 mil pessoas. Seria suficiente?

Para descobrir, pesquisadores do Instituto Pasteur, em Paris, desenvolveram um modelo da transmissão do zika na ilha.[46] O dado crucial que queriam saber era a forma geral do surto. Os casos de SGB que requerem respiradores tipicamente permanecem neles por várias semanas, de modo que um surto curto com um pico acentuado poderia sobrecarregar o sistema de saúde, ao passo que um surto mais longo e plano não o faria. Como não houvera muitos casos no início do surto na Martinica, a equipe usou dados da Polinésia Francesa como ponto de partida. Dos 42 casos de SGB lá relatados em 2013-2014, doze haviam exigido respiradores. De acordo com o modelo do Pasteur, isso significava que poderia haver um grande problema. Se o surto na Martinica seguisse o mesmo padrão do ocorrido na Polinésia Francesa, a ilha provavelmente precisaria de nove respiradores, um a mais do que tinha disponível.

Felizmente, o surto na Martinica não seria o mesmo. Quando novos dados foram analisados, ficou claro que o vírus não se disseminava tão rapidamente quanto fizera na Polinésia Francesa. No pico do surto, os pesquisadores esperavam que houvesse três casos de SGB precisando de respiradores. Mesmo no pior cenário, eles estimavam que sete respiradores seriam necessários. Sua conclusão sobre esse limite superior se mostrou correta: durante o pico, houve cinco casos de SGB que exigiram respiradores. No cômputo geral, houve trinta casos de SGB durante o surto, com duas mortes. Sem instalações médicas adequadas, o resultado teria sido muito pior.[47]

Esses estudos sobre o zika são apenas algumas poucas ilustrações de como os métodos de Ross influenciaram nosso entendimento das doenças infecciosas. De prever a forma de um surto a avaliar as medidas de controle, os modelos mecanicistas se tornaram parte fundamental de como estudamos o contágio hoje. Os pesquisadores estão usando modelos para ajudar as agências de saúde a responder a uma grande variedade de surtos, de malária e zika a HIV e ebola, em locais que vão de ilhas remotas a zonas de conflito.

Ross, sem dúvida, ficaria feliz ao ver quão influentes foram suas ideias. A despeito de receber o Prêmio Nobel pela descoberta de que mosquitos transmitem malária, ele não a via como sua maior realização. "Em minha opinião, minha obra principal tem sido estabelecer as leis gerais das epidemias", escreveu ele certa vez.[48] E ele não se referia apenas às epidemias de doenças.

EMBORA KERMACK E MCKENDRICK tenham mais tarde estendido o teorema do mosquito a outros tipos de infecção, Ross tinha ambições mais amplas. "Como uma infecção é somente um de muitos tipos de eventos que podem ocorrer a tais organismos, lidaremos com 'acontecimentos' em geral", escreveu ele na segunda edição de *The Prevention of Malaria*. Ele propôs uma "teoria dos acontecimentos" para descrever como o número de pessoas afetadas por algo — uma doença ou outro evento — pode mudar com o tempo.

Ross sugeriu que há dois tipos principais de acontecimentos. O primeiro afeta as pessoas de maneira independente: se acontece com você, isso geralmente não aumenta ou diminui as chances de ocorrer com outra pessoa em seguida. Segundo Ross, isso pode incluir coisas como doenças não infecciosas, acidentes ou divórcios.[49] Por exemplo, suponha que uma nova condição possa afetar aleatoriamente qualquer um, mas, no início, ninguém a apresente na população. Se cada pessoa tem certa chance de ser afetada todo ano — e permanecer afetada daquele ponto em diante —, esperaríamos ver um padrão crescente com o tempo.

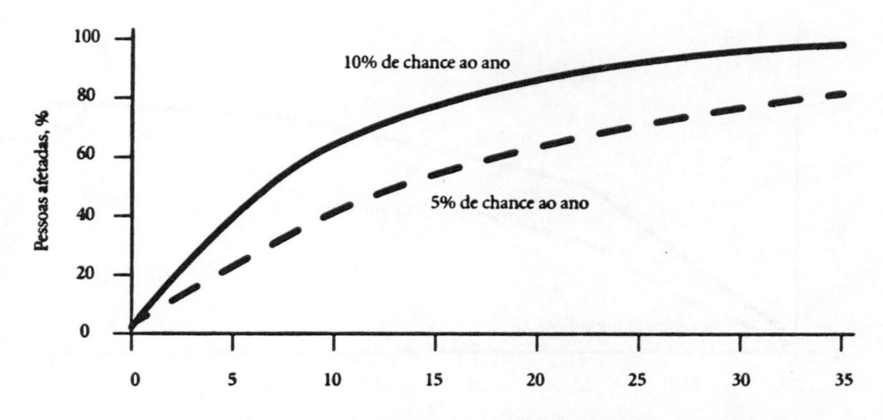

Crescimento do acontecimento independente ao longo do tempo.
O exemplo mostra o que aconteceria se todo mundo tivesse
entre 5% e 10% de chance ao ano de ser afetado

Mas a curva gradualmente se achata, porque o tamanho do grupo não afetado encolhe com o tempo. A cada ano, uma proporção de pessoas anteriormente não afetadas apresenta a condição, mas, como há cada vez menos pessoas com o passar do tempo, o total geral não cresce tanto mais tarde. Se a chance de ser afetado a cada ano é menor, a curva cresce mais lentamente no início, mas, mesmo assim, chega a um platô. Na realidade, a curva não se estabiliza necessariamente aos 100%; a quantidade final de pessoas afetadas depende de quem era inicialmente "suscetível" ao acontecimento.

Como exemplo, considere a propriedade de casas no Reino Unido. Das pessoas que nasceram em 1960, muito poucas eram proprietárias aos 20 anos, mas a maioria tinha comprado uma casa ao chegar aos 30 anos. Em contraste, as pessoas que nasceram em 1980 ou 1990 tiveram uma chance muito menor de se tornarem proprietárias durante cada ano entre seus 20 e seus 29 anos. Se considerarmos a proporção de pessoas que se tornaram proprietárias ao longo do tempo, veremos quão rapidamente a propriedade de casas cresce em diferentes grupos etários.

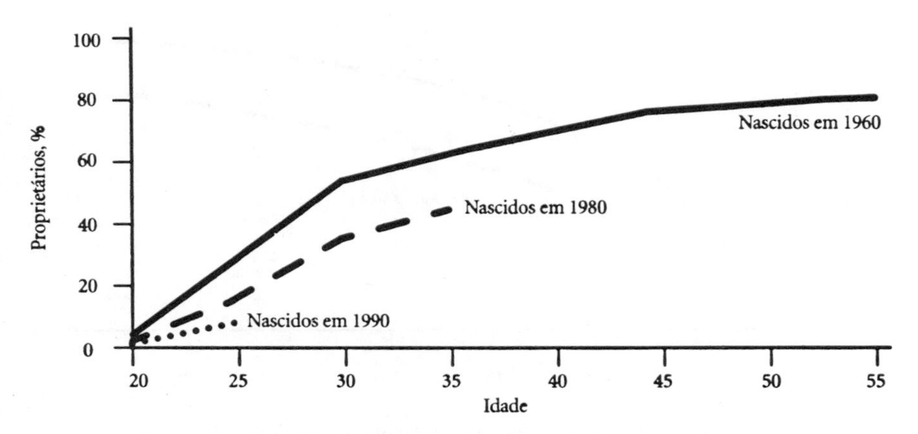

Porcentagem de proprietários de casas em certa idade, com base no ano de nascimento

Fonte: Council of Mortgage Lenders [Conselho de Credores Hipotecários][30]

É claro que a propriedade de casas não é completamente aleatória — fatores como herança influenciam a probabilidade de compra —, mas o padrão geral se alinha ao conceito de acontecimento independente de Ross. Em média, o fato de uma pessoa de 21 anos se tornar proprietária não tem muito efeito sobre a probabilidade de outra pessoa com a mesma idade se tornar proprietária. Desde que os eventos ocorram independentemente uns dos outros em uma taxa bastante consistente, esse padrão geral não tem muita variação. Se considerarmos a quantidade de pessoas que são proprietárias de casas em certa idade ou a chance de um ônibus chegar após determinado tempo de espera, teremos um retrato similar.

Os acontecimentos independentes são um ponto de partida natural, mas as coisas ficam mais interessantes quando os eventos são contagiosos. Ross chamou esses eventos de "acontecimentos dependentes", porque o que acontece a uma pessoa depende de quantas outras estão afetadas. O tipo mais simples de surto é aquele no qual as pessoas afetadas passam a condição para outras e, uma vez afetadas, permanecem afetadas. Nessa situação, o acontecimento permeia gradualmente toda a população. Ross observou que tais epidemias seguem o padrão de "uma letra S muito esticada". O número de pessoas afetadas cresce exponencialmente no início, com o número de novos casos aumentando cada vez mais rapidamente ao longo do tempo. Finalmente, o crescimento desacelera e estabiliza.

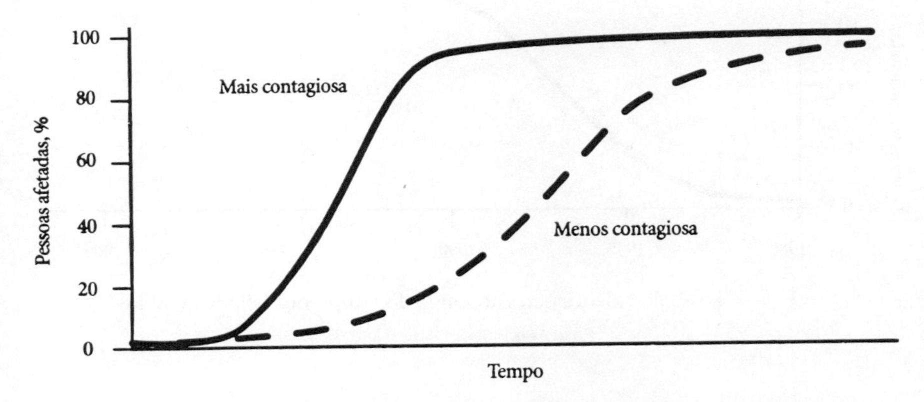

Exemplo ilustrativo do crescimento em forma de S de um acontecimento dependente, com base no modelo de Ross. As curvas mostram o crescimento de um acontecimento mais contagioso e de um acontecimento menos contagioso

A suposição de que as pessoas permanecem afetadas indefinidamente em geral não se aplica às doenças infecciosas, porque as pessoas podem se recuperar, receber tratamento ou morrer em decorrência da infecção. Mas pode capturar outros tipos de disseminação. A curva em S mais tarde se tornaria popular na sociologia, depois que Everett Rogers a apresentou em seu livro de 1962 *Diffusion of Innovations* [Difusão das inovações].[51] Ele notou que a adoção inicial de certas ideias e produtos geralmente seguia essa forma. Em meados do século XX, a difusão de produtos como rádios e refrigeradores tinha forma de S; mais tarde, televisões, micro-ondas e aparelhos celulares fariam o mesmo.

De acordo com Rogers, quatro tipos diferentes de pessoas são responsáveis pelo crescimento de um produto: a aceitação inicial parte dos "inovadores", seguidos pelos "adotantes iniciais", pela maioria da população e, por fim, pelos "retardatários". Sua pesquisa sobre inovações seguiu principalmente a abordagem descritiva, começando com a curva em S e tentando encontrar possíveis explicações.

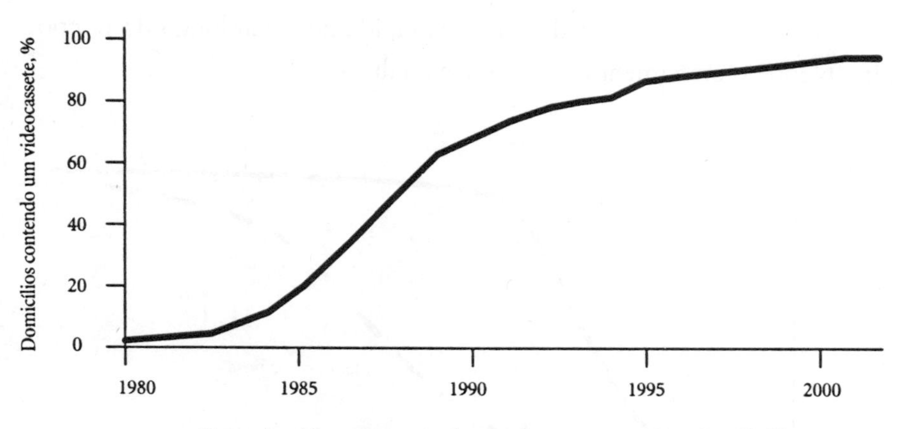

Posse de videocassetes ao longo do tempo nos Estados Unidos

Fonte: Associação de Consumidores de Eletrônicos

Ross trabalhara na direção oposta. Ele usara seu raciocínio mecanicista para derivar a curva a partir de zero, demonstrando que a disseminação de tais acontecimentos inevitavelmente levaria a esse padrão. O modelo de Ross também explica por que a adoção de novas ideias desacelera gradualmente. Quanto mais pessoas a adotam, mais difícil se torna encontrar alguém que ainda não tenha ouvido falar dela. Embora o número geral de adotantes continue a crescer, há cada vez menos pessoas a adotando em cada momento dado. O número de novas adoções, portanto, começa a cair.

Na década de 1960, o pesquisador de marketing Frank Bass desenvolveu o que era essencialmente uma versão estendida do modelo de Ross.[52] Ao contrário da análise descritiva de Rogers, Bass usou seu modelo para analisar o horizonte temporal e a forma geral da adoção. Ao pensar sobre a maneira como as pessoas podem adotar inovações, ele foi capaz de fazer predições sobre a adoção de novas tecnologias. Na curva de Rogers, os inovadores eram responsáveis pelos primeiros 2,5% das adoções, com todos os outros nos restantes 97,5%. Esses valores eram meio arbitrários: como Rogers empregava um método descritivo, ele precisava conhecer toda a forma da curva em S, e só era possível categorizar as pessoas depois que a ideia era totalmente adotada. Em contraste, Bass podia usar a forma inicial da curva de adoção para estimar os papéis relativos dos inovadores e de todos os outros, que ele chamou de "imitadores". Em um documento de trabalho de 1966, ele previu que as vendas dos novos aparelhos de tevê em cores — então ainda crescendo — atingiriam um pico em 1968. "As previsões da indústria foram muito mais otimistas que a minha", comentou Bass mais tarde,[53] "e talvez fosse de se esperar que minha previsão não tivesse boa recepção." Sua previsão não foi popular, mas se mostrou muito mais próxima da realidade. As novas vendas de fato desaceleraram e então chegaram a um pico, como o modelo sugerira que fariam.

Além de observar como o interesse chega a um platô, também podemos observar os estágios iniciais da adoção. Quando Everett Rogers publicou a curva em S no início da década de 1960, ele sugeriu que a nova ideia teria "decolado" quando entre 20% e 25% das pessoas a tivessem adotado. "Depois desse ponto", argumentou ele, "provavelmente é impossível impedir a disseminação de uma nova ideia, mesmo que se queira." Com base nas dinâmicas do surto, podemos chegar a uma definição mais precisa desse ponto de decolagem. Especificamente, podemos descobrir em que momento o número de novas adoções cresce mais rapidamente. Depois desse momento, a falta de pessoas suscetíveis começará a desacelerar a disseminação, fazendo com que o surto chegue a um platô. No modelo simples de Ross, o crescimento mais rápido ocorre assim que mais de 21% do público potencial adotou a ideia. Notavelmente, esse é o caso, independentemente de quão facilmente a inovação se dissemina.[54]

A abordagem mecanicista de Ross é útil porque mostra como diferentes tipos de acontecimentos podem ocorrer na vida real. Pense em como a curva de adoção do videocassete se compara à curva de propriedade de casas: ambas chegam a um platô, mas a curva do videocassete cresce exponencialmente no início. Os modelos simples de contágio usualmente preveem esse tipo de crescimento, porque cada nova adoção cria ainda mais adoções, ao passo que os modelos de acontecimentos independentes não o fazem. Isso não significa que o crescimento exponencial seja sempre um sinal de que algo é contagioso — pode haver outras razões para cada vez mais pessoas adotarem uma tecnologia —, mas demonstra como diferentes processos de infecção podem afetar a forma de um surto.

Se pensamos nas dinâmicas de um surto, também podemos identificar formas que seriam muito improváveis na realidade. Imagine uma epidemia de doença que cresce exponencialmente até que toda a população esteja afetada. O que seria necessário para gerar essa forma?

Em grandes epidemias, a transmissão geralmente desacelera porque já não há muitas pessoas suscetíveis para infectar. Para que a epidemia continuasse crescendo cada vez mais rapidamente, as pessoas infectadas teriam de começar a procurar ativamente as pessoas suscetíveis remanescentes em estágios posteriores da epidemia. Seria o equivalente a pegar uma gripe, encontrar todos os seus amigos que ainda não a pegaram e deliberadamente tossir sobre eles até que sejam infectados. Assim, o cenário mais familiar que poderia criar essa forma de surto é fictício: um grupo de zumbis caçando os últimos seres humanos sobreviventes.

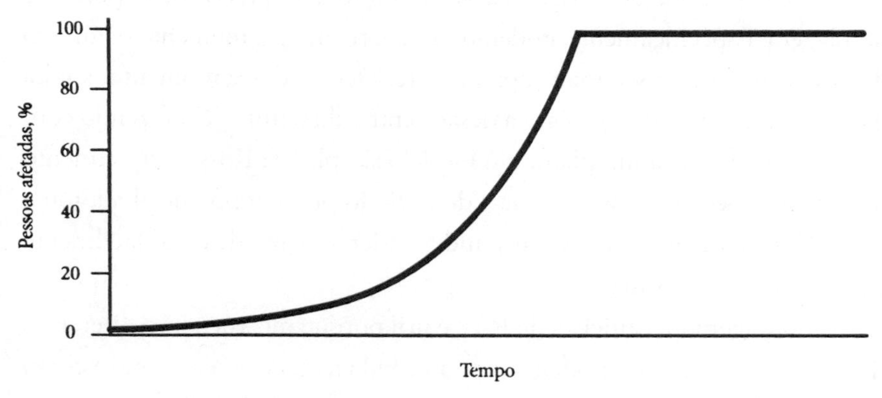

Ilustração de uma curva de surto que cresce exponencialmente até que todo mundo esteja afetado

De volta à vida real, algumas poucas infecções podem afetar seus hospedeiros de maneira a aumentar a transmissão. Os animais infestados com raiva frequentemente são mais agressivos, o que ajuda o vírus a se disseminar através de mordidas,[55] e pessoas com malária podem emitir um odor que as torna mais atraentes para os mosquitos.[56] Mas tais efeitos geralmente não são amplos o bastante para superar o número declinante de pessoas suscetíveis em estágios posteriores da epidemia. Além disso, muitas infecções têm efeito oposto sobre o comportamento, o que reduz o potencial de transmissão.[57] Das inovações às infecções, as epidemias quase inevitavelmente desaceleram quando os suscetíveis se tornam mais difíceis de encontrar.

RONALD ROSS PLANEJARA estudar uma grande variedade de surtos, mas, quando seus modelos se tornaram mais complicados, a matemática ficou mais difícil. Ele podia delinear os processos de transmissão, mas não conseguia analisar as dinâmicas resultantes. Foi quando procurou Hilda Hudson, uma palestrante do Instituto Técnico de West Ham, em Londres.[58] Filha de um matemático, Hudson publicara seu primeiro artigo de pesquisa aos 10 anos de idade, na revista *Nature*.[59] Mais tarde, ela estudou na Universidade de Cambridge, onde foi a única mulher de sua turma a obter notas máximas em matemática. Embora tenha obtido os mesmos resultados do estudante do sexo masculino que ficara em sétimo lugar, seu desempenho não foi incluído na listagem oficial (foi somente em 1948 que mulheres puderam receber diplomas em Cambridge).[60]

A perícia de Hudson permitiu expandir a teoria dos acontecimentos, visualizando os padrões que diferentes modelos podiam produzir. Alguns acontecimentos fervilhavam em banho-maria ao longo do tempo, gradualmente afetando a todos. Outros aumentavam drasticamente e, então, declinavam. Alguns causavam grandes surtos e então se estabilizavam em um nível endêmico mais baixo. Havia surtos que ocorriam em ondas constantes, crescendo e decrescendo com as estações, e surtos que recorriam esporadicamente. Ross e Hudson argumentaram que os métodos podiam cobrir a maioria das situações da vida real. "A ascensão e a queda das epidemias, até onde podemos ver no presente, podem ser explicadas pelas leis gerais dos acontecimentos", sugeriram eles.[61]

Infelizmente, a obra de Hudson e Ross sobre a teoria dos acontecimentos se limitaria a três artigos. Uma barreira foi a Primeira Guerra Mundial. Em 1916, Hudson foi chamada para ajudar a projetar aeronaves como parte do esforço de guerra britânico, um trabalho pelo qual mais tarde receberia a Ordem do Império Britânico.[62] Após a guerra, eles enfrentaram outra dificuldade, com os artigos sendo ignorados pelo público-alvo. "As 'autoridades de saúde' se interessaram tão pouco por eles que achei inútil continuar", escreveu Ross mais tarde.

Quando Ross começou a trabalhar na teoria dos acontecimentos, ele esperava que ela pudesse lidar "com questões conectadas a estatística, demografia, saúde pública, teoria da evolução e mesmo comércio, política e estadismo".[63] Tratava-se de uma visão grandiosa que, no fim das contas, transformaria nossa maneira de pensar sobre o contágio. No entanto, mesmo no campo da pesquisa de doenças infecciosas, várias décadas se passariam antes que os métodos se tornassem populares. E levaria ainda mais tempo para que as ideias chegassem a outras áreas da vida.

2

Pânicos e pandemias

"POSSO CALCULAR O MOVIMENTO dos corpos celestiais, mas não a loucura das pessoas." De acordo com a lenda, Isaac Newton disse isso após perder uma fortuna investindo na Companhia dos Mares do Sul. Ele comprara ações no fim de 1719 e vira seu investimento crescer, o que o persuadira a vender. Mas o preço das ações continuou a subir, e Newton — tendo se arrependido da venda precipitada — reinvestiu. Quando a bolha estourou alguns meses depois, ele perdeu 20 mil libras esterlinas, o equivalente a cerca de 20 milhões de libras esterlinas em valores atuais.[1]

Grandes mentes acadêmicas possuem históricos variados quando se trata de mercados financeiros. Alguns, como os matemáticos Edward Thorp e James Simons, criaram fundos de investimento bem-sucedidos, obtendo grandes lucros. Outros seguiram na direção oposta. Considere o fundo hedge Long Term Capital Management (LTCM), que sofreu perdas maciças depois das crises financeiras na Ásia e na Rússia em 1997 e 1998. Com dois economistas ganhadores do Prêmio Nobel em seu conselho e saudáveis lucros iniciais, a empresa era a inveja de Wall Street. Os bancos de investimento haviam lhe emprestado somas cada vez maiores para criar estratégias de trading cada vez mais ambiciosas, a ponto de, quando entrou em colapso em 1998, o fundo ter um passivo de mais de 100 bilhões de dólares.[2]

Durante meados da década de 1990, uma nova expressão se tornou popular entre os banqueiros. O "contágio financeiro" descrevia a disseminação de problemas econômicos de um país para outro. A crise financeira asiática foi um excelente exemplo.[3] Não foi a crise em si que atingiu fundos como o LTCM, mas as ondas de choque indiretas que se propagaram pelos mercados. E, como haviam emprestado tanto dinheiro ao LTCM, os bancos também se viram em risco. Quando alguns dos mais poderosos banqueiros de Wall Street se reuniram no décimo andar do Federal Reserve Bank de Nova York em 23 de setembro de 1998, foi o medo do contágio que os levou até lá. Para evitar que os problemas do LTCM se disseminassem para outras instituições, eles concordaram com um auxílio financeiro de 3,6 bilhões de dólares. Foi uma lição cara, mas, infelizmente, não aprendida. Quase dez anos depois, os mesmos bancos teriam conversas iguais àquela sobre contágio financeiro. Mas, dessa vez, ele seria muito pior.

PASSEI O VERÃO de 2008 pensando sobre como comprar e vender o conceito estatístico de correlação. Eu terminara meu penúltimo ano na universidade e fazia estágio em um banco de investimentos no Canary Wharf, em Londres. A ideia básica era bastante simples. A correlação mensura o quanto as coisas se movem paralelamente umas às outras: se um mercado de ações é altamente correlacionado, as ações tendem a subir e cair juntas; se é não correlacionado, algumas ações podem subir enquanto outras caem. Caso acredite que as ações vão se comportar similarmente no futuro, você precisa de uma estratégia de trading que lucre com essa correlação. Meu trabalho era ajudar a desenvolver tal estratégia.

A correlação não era somente um nicho para manter ocupado um estagiário interessado em matemática. Ela foi crucial para compreender por que 2008 terminaria em uma crise financeira total. E pode ajudar a explicar como o contágio se dissemina de modo mais geral, do comportamento social às infecções sexualmente transmissíveis. Como veremos, é uma ligação que colocou a análise de surtos no coração das finanças modernas.

Todas as manhãs, naquele verão, eu pegava o trem da Docklands Light Railway para o trabalho. Logo antes de chegar à minha parada em Canary Wharf, o trem passava por um arranha-céu no número 25 da Bank Street. O edifício era a sede do Lehman Brothers. Quando eu me candidatara ao estágio, no final de 2007, o Lehman era uma das opções mais cobiçadas pelos candidatos. Ele fazia parte da elite do *bulge bracket* [categoria de grande volume], que incluía também Goldman Sachs, JP Morgan e Merrill Lynch. O Bear Stearns fizera parte do clube até seu colapso em março de 2008.

O Bear, como os banqueiros o chamavam, afundara por causa de investimentos fracassados no mercado de hipotecas. Logo em seguida, o JP Morgan comprou o que havia restado por menos de um décimo do valor inicial. No verão, todo mundo na indústria especulava qual banco afundaria em seguida. O Lehman parecia estar no topo da lista.

Para os estudantes de matemática, um estágio em finanças era um caminho iluminado que desviava a atenção de todos os outros. Todo mundo que eu conhecia na faculdade, independentemente da carreira pretendida, seguiu esse caminho. Eu começara o estágio havia mais ou menos um mês quando mudei de ideia e decidi fazer PhD em vez de procurar emprego. Um fator que influenciou essa decisão foi o curso de epidemiologia que fizera mais cedo naquele ano. Eu ficara fascinado com a ideia de que os surtos de doenças não tinham de ser uma ocorrência misteriosa e imprevisível. Com os métodos certos, poderíamos desmembrá-los, descobrir o que realmente estava acontecendo e, com sorte, fazer algo a respeito.

Mas, primeiro, havia a questão do que se passava à minha volta em Canary Wharf. A despeito de ter escolhido outro caminho profissional, eu ainda queria entender o que estava acontecendo na indústria bancária. Por que fileiras de mesas de trading haviam sido esvaziadas de seus funcionários? Por que ideias financeiras celebradas estavam se desfazendo? E quão ruins as coisas podiam ficar?

Eu estagiava no departamento de ações, analisando preços, mas, nos anos anteriores, o dinheiro real estivera em investimentos baseados em crédito. Um deles se destacava: os bancos haviam reunido cada vez mais hipotecas e outros empréstimos em obrigações de dívida colateralizada (CDOs em inglês) — produtos que permitem que os investidores assumam parte do risco dos concessores de hipotecas e ganhem dinheiro em troca.[4] Tais abordagens costumam ser extremamente lucrativas. Sajid Javid, que em 2019 seria nomeado Chanceler do Tesouro do Reino Unido, supostamente ganhava em torno de 3 milhões de libras esterlinas ao ano negociando vários produtos de crédito, antes de deixar o setor bancário em 2009.[5]

Os CDOs se baseavam em uma ideia emprestada da indústria de seguros de vida. As seguradoras haviam notado que as pessoas tinham maior probabilidade de morrer após a morte do cônjuge, em um efeito social conhecido como "síndrome do coração partido". Em meados da década de 1990, elas desenvolveram uma maneira de levar esse efeito em consideração ao calcular os custos do seguro. Não levou muito tempo para que os banqueiros pegassem emprestada a ideia e encontrassem uma nova maneira de usá-la. Em vez de analisar as mortes, eles estavam interessados no que acontecia quando alguém deixava de pagar a hipoteca. Outros domicílios faziam o mesmo? Tal empréstimo de modelos matemáticos é comum nas finanças e em outros campos. "Os seres humanos têm uma capacidade limitada de previsão e grande imaginação", observou certa vez o matemático financeiro Emanuel Derman, "de modo que, inevitavelmente, um modelo será usado de maneiras jamais pretendidas por seu criador."[6]

Infelizmente, os modelos de hipoteca tinham algumas falhas graves. Talvez o maior problema fosse o fato de serem baseados nos preços históricos dos imóveis, que vinham aumentando havia praticamente duas décadas. Aquele período da história sugeria que o mercado de hipotecas não era particularmente correlacionado: se alguém deixasse de pagar na Flórida, por exemplo, isso não significava que alguém na Califórnia faria o mesmo. Embora alguns especulassem que o mercado imobiliário era uma bolha prestes a estourar, muitos permaneceram otimistas. Em julho de 2005, o canal de televisão CNBC entrevistou Ben Bernanke, que era presidente do

Conselho de Consultores Econômicos do presidente Bush e em breve se tornaria presidente do Sistema de Reserva Federal dos EUA. Qual era o pior cenário na opinião de Bernanke? O que aconteceria se os preços das casas despencassem em todo o país? "Isso é muito pouco provável", respondeu ele.[7] "Jamais tivemos um declínio nacional dos preços dos imóveis."

Em fevereiro de 2007, um ano antes do Bear Stearns entrar em colapso, a especialista em crédito Janet Tavakoli escreveu sobre o crescimento de produtos de investimento como os CDOs. Ela não ficara impressionada com os modelos usados para estimar correlações entre hipotecas. Ao fazer suposições tão distantes da realidade, esses modelos tinham criado uma ilusão matemática, uma maneira de fazer com que empréstimos de alto risco parecessem investimentos de baixo risco.[8] "O trading de correlação se disseminou pela psique dos mercados financeiros como um vírus altamente infeccioso", observou ela. "Até agora, houve poucas fatalidades, mas várias vítimas adoeceram e a mazela se espalha rapidamente."[9] Outros partilhavam de seu ceticismo, vendo os métodos populares de correlação como um modo excessivamente simplista de analisar os produtos baseados em hipotecas. Um importante fundo hedge supostamente mantinha um ábaco em sua sala de conferências, com uma etiqueta que dizia "modelo de correlação".[10]

A despeito dos problemas com esses modelos, os produtos baseados em hipotecas permaneceram populares. Então a realidade se impôs e os preços das casas começaram a cair. Durante aquele verão de 2008, cheguei à conclusão de que muitos estavam conscientes das potenciais implicações. O valor dos investimentos despencava dia a dia, mas isso parecia não importar, desde que ainda houvesse investidores ingênuos dispostos a comprá-los. Era como carregar um saco de dinheiro sabendo que havia um grande buraco no fundo, mas não se importar porque havia muito mais dinheiro entrando pela boca.

Essa estratégia, contudo, estava furada. Em agosto de 2008, especulava-se sobre quão vazios estavam os sacos de dinheiro. Em toda a cidade, os bancos buscavam injeções de capital, competindo para cortejar fundos de riqueza soberana no Oriente Médio. Lembro-me de corretores agarrando estagiários que passavam para indicar a última queda no preço das ações do Lehman. Eu caminhava por entre mesas vazias que outrora abrigavam lucrativas equipes de CDO. Alguns de meus colegas ficavam nervosos sempre que alguém da segurança se aproximava, especulando se seriam os próximos. O medo se disseminava. Então veio a quebra.

A ASCENSÃO DOS PRODUTOS FINANCEIROS COMPLEXOS — e a queda de fundos como o Long Term Capital Management — haviam persuadido os bancos centrais de que eles precisavam entender a emaranhada rede de trading financeiro. Em maio de 2006, o Federal Reserve Bank de Nova York organizara uma conferência para discutir o "risco sistêmico". Eles queriam identificar fatores que pudessem afetar a estabilidade da rede financeira.[11]

Os participantes da conferência faziam parte de vários campos científicos. Um deles era o ecologista George Sugihara. Seu laboratório em San Diego focava na preservação marinha, usando modelos para entender as dinâmicas das populações de peixes. Sugihara também estava familiarizado com o mundo das finanças, tendo trabalhado quatro anos para o Deutsche Bank no fim da década de 1990. Durante aquele período, os bancos expandiam rapidamente suas equipes, buscando pessoas com experiência em modelos matemáticos. Em uma tentativa de recrutar Sugihara, o Deutsche Bank o levara em uma luxuosa viagem a uma propriedade rural britânica. Diz a história que, durante o jantar, um importante banqueiro escreveu uma alta oferta salarial em um guardanapo. Um atônito Sugihara não soube o que dizer. Tomando seu silêncio por desdém, o banqueiro escreveu um número ainda mais alto no guardanapo. Houve outra pausa, seguida por outro número. Então Sugihara aceitou a oferta.[12]

Aqueles anos no Deutsche Bank haviam sido altamente lucrativos para ambas as partes. Embora os dados envolvessem títulos financeiros, e não cardumes, a experiência de Sugihara com modelos preditivos se transferira com sucesso para o novo campo. "Basicamente, eu criava modelos do medo e da cobiça dos corretores", disse ele mais tarde à *Nature*.[13]

Outra pessoa a participar das discussões do Federal Reserve foi Robert May, que anteriormente supervisionara o PhD de Sugihara. Ecologista profissional, May trabalhara extensivamente na análise de doenças infecciosas.

Embora tivesse sido atraído para a pesquisa financeira por acidente, ele viria a publicar vários estudos sobre o contágio nos mercados financeiros. Em um artigo de 2013 para o jornal médico *The Lancet*, comentou a aparente similaridade entre os surtos de doenças e as bolhas financeiras. "O recente crescimento dos ativos financeiros e sua subsequente quebra têm precisamente a mesma forma do típico aumento e declínio de casos em um surto de sarampo ou outras infecções", escreveu ele. May ressaltou que, quando uma epidemia de doença infecciosa aumenta, isso é uma má notícia; mas, quando diminui, é uma boa notícia. Em contraste, geralmente se vê como positivo quando os preços financeiros sobem e como negativo quando caem. Mas ele argumentou que essa é uma falsa distinção, pois o aumento dos preços nem sempre é bom sinal: "Quando algo sobe sem uma explicação convincente sobre por que está subindo, isso é um retrato da tolice das pessoas."[14]

Uma das bolhas históricas mais conhecidas é a "mania por tulipas" que acometeu a Holanda na década de 1630. Na cultura popular, trata-se de uma história clássica de loucura financeira. Ricos e pobres despejaram cada vez mais dinheiro nas flores, a ponto de os bulbos de tulipa custarem o preço de uma casa. Um marinheiro que confundiu um bulbo com uma saborosa cebola terminou na cadeia. A lenda diz que, quando o mercado quebrou em 1637, a economia sofreu e algumas pessoas cometeram suicídio se atirando nos canais.[15] Todavia, de acordo com Anne Goldgar, do King's College de Londres, não houve realmente uma bolha dos bulbos. Ela não conseguiu encontrar qualquer registro de que alguém tivesse sido arruinado pela quebra. Somente um pequeno grupo de pessoas abastadas esbanjou nas tulipas mais caras. A economia não foi prejudicada. Ninguém se afogou.[16]

Outras bolhas tiveram impacto muito mais amplo. A primeira vez que as pessoas usaram a palavra "bolha" para descrever investimentos superinflados foi durante a bolha dos Mares do Sul.[17] Fundada em 1711, a Companhia dos Mares do Sul controlava vários contratos de comércio e escravidão nas Américas. Em 1719, ela conseguiu um lucrativo acordo financeiro com o governo britânico. No ano seguinte, o preço de suas ações disparou, aumentando quatro vezes em questão de semanas, antes de cair de modo igualmente acentuado alguns meses depois.[18]

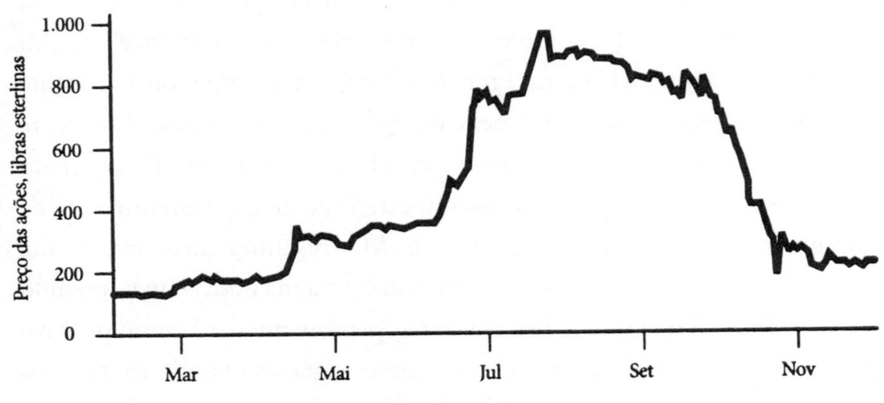

Preço das ações da Companhia dos Mares do Sul em 1720

Fonte: Frehen et al., 2013[19]

Isaac Newton vendera a maior parte de suas ações durante a primavera de 1720, somente para reinvestir durante o pico de verão. De acordo com o matemático Andrew Odlyzko, "Newton não teve somente um gostinho da loucura da bolha; ele bebeu profundamente dela". Algumas pessoas controlaram melhor o timing de seus investimentos. O livreiro Thomas Guy, um investidor inicial, saiu antes do pico e usou os lucros para criar o Guy's Hospital em Londres.[20]

Houve muitas outras bolhas desde então, da mania pelas ferrovias na década de 1840 à bolha americana da internet no fim da década de 1990. Elas geralmente envolvem uma situação na qual os investidores se aglomeram, levando ao rápido aumento dos preços, seguido por uma queda quando a bolha estoura. Odlyzko as chama de "belas ilusões", atraindo os investidores para longe da realidade. Durante uma bolha, os preços costumam subir muito acima dos valores que podem ser logicamente justificados. Às vezes, as pessoas investem simplesmente com base na suposição de que outras pessoas investirão mais tarde, aumentando o valor de seu investimento.[21] Isso pode levar ao que é conhecido como "teoria do mais tolo": as pessoas podem saber que é tolice comprar algo caro, mas acreditam que existe alguém mais tolo que, posteriormente, comprará delas por um preço mais alto.[22]

Um exemplo extremo da teoria do mais tolo são as pirâmides. Esses esquemas surgem em várias formas, mas todas apresentam a mesma premissa básica: os recrutadores encorajam as pessoas a investirem no esquema, com a promessa de que receberão uma parte do total se recrutarem um número suficiente de novos participantes. Como as pirâmides seguem um formato rígido, elas são relativamente fáceis de analisar. Suponha que um esquema comece com dez pessoas e cada uma delas tenha de recrutar outras dez para receber seu pagamento. Se todas conseguirem atrair mais dez, isso significará cem novas pessoas. Cada um dos novos recrutas precisará persuadir outros dez, o que fará com que o esquema aumente em mais mil. Expandir mais um passo requer 10 mil pessoas, depois 100 mil, depois 1 milhão. Não leva muito tempo para ficar claro que, nos estágios posteriores do esquema, simplesmente não há pessoas suficientes a persuadir e a bolha provavelmente estoura após algumas rodadas de recrutamento. Se soubermos quantas pessoas são suscetíveis à ideia e podem plausivelmente participar, seremos capazes de prever quão rapidamente a pirâmide ruirá.

Dada sua natureza insustentável, as pirâmides geralmente são ilegais. Mas o potencial de crescimento rápido e o dinheiro que gera para as pessoas no topo fazem com que permaneçam uma opção popular entre os golpistas, particularmente se houver um grande número de participantes potenciais. Na China, algumas pirâmides — ou "cultos empresariais", como as autoridades as chamam — chegam a grandes escalas. Desde 2010, vários esquemas conseguiram recrutar mais de 1 milhão de investidores cada.[23]

Ao contrário das pirâmides, que seguem uma estrutura rígida, as bolhas financeiras podem ser mais difíceis de analisar. Mesmo assim, o economista Jean-Paul Rodrigue sugere que podemos dividi-las em quatro estágios principais. Primeiro, há a fase invisível, na qual investidores especializados colocam dinheiro em uma nova ideia. Em seguida vem a fase da consciência, com o envolvimento de uma variedade mais ampla de investidores. Pode haver um *sell-off* nesse período, conforme investidores iniciais vendem ações, como fez Newton nos primeiros estágios da bolha dos Mares do Sul. Quando a ideia se torna popular, a mídia e o público aderem a ela, fazendo com que os preços subam cada vez mais, em uma fase de euforia. Finalmente, a bolha chega a um pico e começa a declinar durante a fase do estouro, talvez com alguns pequenos picos secundários enquanto investidores otimistas torcem por outra subida. Esses estágios da bolha são análogos aos quatro estágios de um surto: início, crescimento, pico e declínio.[24]

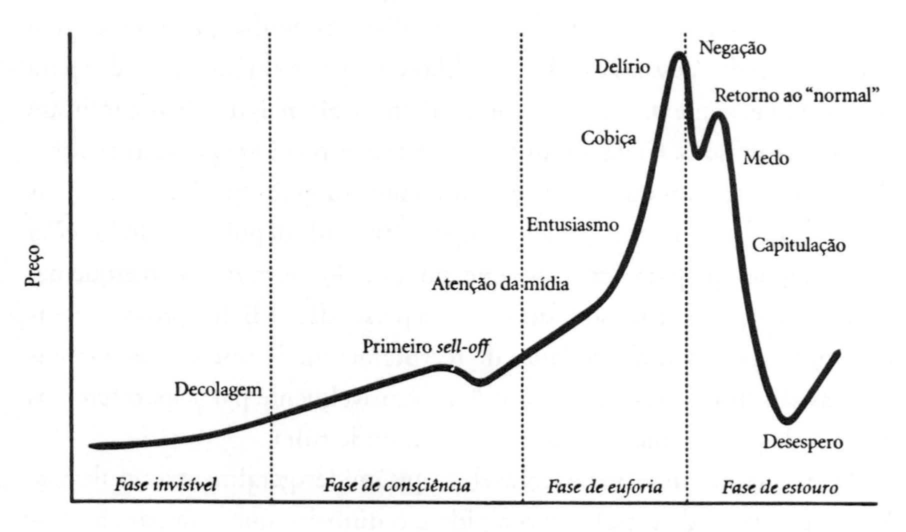

As quatro fases de uma bolha
Adaptado do gráfico original de Jean-Paul Rodrigue

Uma característica distintiva das bolhas é o fato de crescerem rapidamente, com a taxa de compra aumentando ao longo do tempo. Elas frequentemente apresentam o que é conhecido como crescimento "superexponencial":[25] não somente a compra se acelera, como a própria aceleração se acelera. A cada aumento de preço, mais investidores entram, empurrando os preços ainda mais para cima. E, como uma infecção, quanto mais rapidamente uma bolha cresce, mais aceleradamente ela exaure a população de pessoas suscetíveis.

Infelizmente, pode ser difícil saber quantas pessoas ainda são suscetíveis. Esse é um problema comum ao analisarmos um surto: durante a fase de crescimento inicial, é difícil determinar em que ponto do processo estamos. Quando se trata de doenças infecciosas, muito depende de quantas ocorrências são registradas. Suponha que a maioria não o seja. Isso significa que, para cada caso que vemos, há muitas outras novas infecções, reduzindo o número de pessoas ainda suscetíveis. Por outro lado, se a maior parte dos casos é reportada, ainda podem existir muitas pessoas em risco de infecção. Uma maneira de contornar esse problema é coletar e testar amostras de sangue da população. Se a maioria das pessoas já tiver sido infectada e desenvolvido imunidade contra a doença, é improvável que o surto possa continuar por muito mais tempo. Claro que nem sempre é possível coletar muitas amostras em um curto período. Mesmo assim, ainda podemos dizer algo sobre o tamanho máximo do surto. Por definição, é impossível ter mais infecções que pessoas na população.

As coisas não são tão simples no caso das bolhas financeiras. As pessoas podem alavancar suas transações, pegando empréstimos para cobrir investimentos adicionais. Isso torna muito mais difícil estimar quanta suscetibilidade existe e, consequentemente, em que fase da bolha estamos. Mesmo assim, às vezes é possível localizar sinais de crescimento insustentável. Conforme a bolha da internet crescia no fim da década de 1990, uma justificativa comum para os preços em alta era a alegação de que o tráfego na internet dobrava a cada cem dias. Isso explicava por que empresas de infraestrutura eram avaliadas em centenas de bilhões de dólares e os investidores despejavam dinheiro em provedores de internet como WorldCom. Mas essa alegação era sem sentido. Em 1998, Andrew Odlyzko, então pesquisador dos laboratórios da AT&T, percebeu que a internet crescia em uma taxa muito mais lenta, levando cerca de um ano para dobrar de tamanho.[26] Em um comunicado de imprensa, a WorldCom alegara que a demanda dos usuários crescia 10% por semana. Para que esse crescimento fosse sustentável, no período de mais ou menos um ano todo mundo precisaria ter estado online 24 horas ao dia.[27] Simplesmente não havia um número suficiente de pessoas suscetíveis.

Provavelmente a maior bolha de anos recentes tem sido o Bitcoin, que usa um registro partilhado de transações públicas para criar uma moeda digital descentralizada. Ou, como descreveu o comediante John Oliver: "tudo que você não entende sobre dinheiro combinado a tudo que você não entende sobre computadores."[28] O preço de um Bitcoin chegou a quase 20 mil dólares em dezembro de 2017, antes de cair para menos de um quinto desse valor um ano depois.[29] Foi a última de uma série de minibolhas; os preços do Bitcoin subiram e despencaram várias vezes desde que a moeda emergiu em 2009. (Os preços começariam a subir novamente em meados de 2019.)

Cada bolha do Bitcoin envolveu um grupo maior de pessoas suscetíveis, como um surto gradualmente abrindo caminho por um vilarejo, uma cidadezinha e, finalmente, uma grande cidade. No início, um pequeno grupo de investidores iniciais se envolveu; eles entendiam a tecnologia Bitcoin e acreditavam em seu valor subjacente. Então chegou uma variedade mais ampla de investidores, trazendo mais dinheiro e preços mais altos. Finalmente, o Bitcoin atingiu o mercado de massa, estampando as primeiras páginas dos jornais e os anúncios no transporte público. O longo intervalo entre cada pico histórico do Bitcoin sugere que a ideia não se disseminou muito eficientemente entre esses diferentes grupos. Se as populações suscetíveis estão fortemente conectadas, a epidemia entre elas geralmente atinge o pico ao mesmo tempo, e não em uma série de pequenos surtos.

De acordo com Jean-Paul Rodrigue, ocorre uma mudança dramática durante a fase principal de crescimento de uma bolha. A quantidade de dinheiro disponível aumenta, ao passo que a base de conhecimento médio diminui. "O mercado gradualmente se torna mais exuberante conforme 'investidores' ganham 'fortunas de papel' e a cobiça se instala", sugeriu ele.[30] O economista Charles Kindleberger, que, juntamente com Robert Aliber, escreveu em 1978 o livro de referência *Manias, pânicos e crises*, enfatizou o papel do contágio social durante essa fase da bolha: "Não há nada tão perturbador para o bem-estar e o discernimento de alguém quanto ver um amigo ficar rico."[31] O desejo dos investidores de fazer parte de uma tendência crescente faz com que as advertências contra a bolha saiam pela culatra. Durante a mania britânica pelas ferrovias na década de 1840, jornais como o *Times* argumentaram que o investimento em ferrovias crescia rápido demais, podendo colocar em risco outras partes da economia. Mas isso somente encorajou os investidores, que viram o fato como evidência de que os preços das ações daquelas empresas continuariam a subir.[32]

Nos últimos estágios de uma bolha, o medo pode se disseminar tão rapidamente quanto o entusiasmo. A primeira ondulação na bolha das hipotecas de

2008 surgiu em abril de 2006, quando os preços das casas americanas chegaram a um pico.[33] Isso gerou a ideia de que os investimentos em hipotecas eram muito mais arriscados do que as pessoas pensavam, crença que se disseminou pela indústria, derrubando bancos inteiros no processo. O Lehman Brothers entraria em colapso em 15 de setembro de 2008, mais ou menos uma semana depois de eu ter concluído meu estágio em Canary Wharf. Diferentemente do caso do LTCM, resgatado pelos bancos, desta vez não haveria salvador. O colapso do Lehman gerou o medo de que todo o sistema financeiro global pudesse ruir. Nos EUA e na Europa, governos e bancos centrais forneceram mais de 14 trilhões de dólares para amparar a indústria. A escala da intervenção refletiu o quanto os investimentos dos bancos haviam se expandido nas décadas precedentes. Entre as décadas de 1880 e 1960, os ativos dos bancos britânicos costumavam ficar em torno de metade da economia do país. Em 2008, eles eram mais de cinco vezes maiores que ela.[34]

Eu não percebi isso na época, mas, quando saí das finanças para iniciar uma carreira na epidemiologia, em outra parte de Londres os dois campos estavam se unindo. Na rua Threadneedle, o Banco da Inglaterra lutava para limitar os efeitos colaterais do colapso do Lehman.[35] Mais que nunca, estava claro que muitos haviam superestimado a estabilidade da rede financeira. As suposições populares de robustez e resiliência não resistiram; o contágio era um problema muito maior do que as pessoas pensavam.

Foi nesse momento que entraram os pesquisadores de doenças. Após a conferência de 2006 no Federal Reserve, Robert May começou a discutir o problema com outros cientistas. Um deles era Nim Arinaminpathy, um colega da Universidade de Oxford. Arinaminpathy lembrou que, antes de 2007, era incomum estudar o sistema financeiro como um todo. "Havia muita fé no poder de autocorreção daquele vasto e complexo sistema financeiro", disse ele. "A atitude era de 'não queremos saber como o sistema funciona; queremos nos concentrar nas instituições individuais'."[36] Infelizmente, os eventos de 2008 revelariam a falha dessa abordagem. Tinha de haver uma maneira melhor.

Durante o fim da década de 1990, May fora cientista-chefe do governo do Reino Unido. Nessa função, conhecera Mervyn King, que mais tarde seria diretor do Banco da Inglaterra. Durante a crise de 2008, May sugeriu que eles analisassem mais detalhadamente a questão do contágio. Se um banco sofresse um choque, como o problema poderia se propagar por todo o sistema financeiro? May e seus colegas estavam bem posicionados para lidar com a questão. Nas décadas precedentes, eles haviam estudado uma variedade de infecções — do sarampo ao HIV — e desenvolvido novos métodos para guiar os programas de controle de doenças. Essas ideias revolucionariam a abordagem do contágio financeiro pelos bancos centrais. Mas, para entender como eles funcionam, precisamos primeiro analisar uma questão mais fundamental: como descobrimos se uma infecção — ou crise — vai ou não se disseminar?

DEPOIS QUE WILLIAM KERMACK e Anderson McKendrick publicaram sua obra sobre a teoria das epidemias na década de 1920, o campo guinou acentuadamente para a matemática. Embora as pessoas continuassem a se dedicar à análise dos surtos, o trabalho se tornou mais abstrato e técnico. Pesquisadores como Alfred Lotka publicaram longos e complicados artigos, afastando o campo das epidemias da vida real, e encontraram maneiras de estudar surtos hipotéticos envolvendo eventos aleatórios, intricados processos de transmissão e múltiplas populações. O surgimento dos computadores ajudou a impulsionar esses desenvolvimentos técnicos; modelos difíceis de analisar manualmente agora podiam ser simulados.[37]

Então o progresso sofreu um solavanco. O obstáculo foi um compêndio de 1957, escrito pelo matemático Norman Bailey. Continuando no tema dos anos anteriores, o livro era quase inteiramente teórico, com pouquíssimos dados da vida real. O texto era um impressionante levantamento da teoria das epidemias e atrairia muitos jovens pesquisadores para esse campo. Mas havia um problema: Bailey deixara de fora uma ideia crucial, que se revelaria um dos mais importantes conceitos da análise de surtos.[38]

A ideia em questão se originara com George MacDonald, um pesquisador da malária vinculado ao Instituto Ross da Escola de Higiene e Medicina Tropical de Londres. No início da década de 1950, MacDonald refinara o modelo de Ronald Ross, tornando possível incorporar dados da vida real sobre coisas como a expectativa de vida e a frequência de alimentação dos mosquitos. Ao adaptar o modelo aos cenários atuais, MacDonald foi capaz de determinar que parte do processo de transmissão era mais vulnerável às medidas de controle. Enquanto Ross focara nas larvas de mosquito que viviam na água, MacDonald percebeu que, para vencer a malária, seria melhor que as agências atacassem os mosquitos adultos. Eles eram o elo mais fraco na cadeia de transmissão.[39]

Em 1955, a Organização Mundial da Saúde anunciou planos para erradicar uma doença pela primeira vez. Inspirada pela análise de MacDonald, escolheu a malária. A erradicação significava se livrar de todas as infecções globalmente, algo que se provaria mais difícil que o esperado: alguns mosquitos haviam se tornado resistentes aos pesticidas e as medidas de controle relacionadas a eles eram menos efetivas em algumas áreas. Como resultado, a OMS mais tarde mudaria seu foco para a varíola, erradicando a doença em 1980.[40]

A ideia de focar nos mosquitos adultos fora uma parte crucial da pesquisa, mas não a que Bailey omitira em seu compêndio. A ideia verdadeiramente revolucionária estava discretamente localizada no apêndice do artigo de MacDonald.[41] Quase como uma lembrança tardia, ele propusera uma nova maneira de pensar sobre as infecções. Em vez de olhar para as densidades críticas de mosquitos, ele sugeriu refletir sobre o que aconteceria se uma única pessoa infectada chegasse à população. Quantas infecções se seguiriam?

Vinte anos depois, o matemático Klaus Dietz finalmente retomaria a ideia do apêndice de MacDonald. Ao fazer isso, ajudaria a tirar a teoria das epidemias de seu nicho matemático e lançá-la no mundo mais amplo da saúde pública. Dietz delineou uma quantidade que ficaria conhecida como "número de reprodução", ou R, representando o número de novas infecções, em média, geradas por uma pessoa infectada típica.

Em contraste com as taxas e os limites usados por Kermack e McKendrick, essa é uma maneira mais intuitiva — e geral — de pensar sobre o contágio, por meio de uma simples pergunta: quantos indivíduos uma pessoa infectada pode contaminar? Como veremos em capítulos posteriores, essa é uma ideia que podemos aplicar a uma vasta gama de surtos, da violência armada aos memes da internet.

Encontrar o valor de R é particularmente útil porque nos diz se devemos ou não esperar um grande surto. Se R for menor que 1, cada pessoa infectada gerará, em média, menos de uma infecção adicional. Assim, esperamos um declínio no número de casos com o tempo. Mas se R for maior que 1, o nível de infecção aumentará, em média, criando o potencial para uma grande epidemia.

Algumas doenças têm R relativamente baixo. Na gripe pandêmica, R geralmente está em torno de 1-2, mais ou menos o mesmo que o ebola durante os estágios iniciais da epidemia na África Ocidental em 2013-2016. Em média, cada caso de ebola passou o vírus para duas outras pessoas. Outras infecções podem se disseminar com mais facilidade. O vírus SARS, que causou surtos na Ásia no início de 2003, inicialmente teve R de 2-3. Seu primo, o Covid-19, que se disseminou amplamente no início de 2020, também teve R de 2-3 enquanto medidas de controle não foram implementadas.[42] A varíola, que ainda é a única infecção humana a ter sido erradicada, tinha R de 4-6 em uma população inteiramente suscetível. A catapora tem o R ligeiramente mais alto, em torno de 6-8 se todo mundo for suscetível. Mas esses números são baixos em comparação ao sarampo. Em uma comunidade totalmente suscetível, um único caso de sarampo pode gerar uma média de mais de vinte novas infecções.[43] Muito disso se deve ao incrível poder de sobrevivência do vírus do sarampo: se você estiver infectado e espirrar em um cômodo, ainda haverá vírus flutuando no ar algumas horas depois.[44]

Além de mensurar a transmissão a partir de uma única pessoa infectada, o valor de R pode nos dar pistas sobre quão rapidamente a epidemia crescerá. Pense em como o número de pessoas em uma pirâmide aumenta a cada passo. Usando R, podemos aplicar a mesma lógica aos surtos de doenças. Se R = 2, uma pessoa infectada inicial gerará em média dois novos casos. Esses dois novos casos gerarão em média dois novos casos cada, e assim por diante. Se os números continuarem a dobrar, na quinta geração do surto esperaremos 32 casos e, na décima, 1.024 casos, em média. Como os surtos muitas vezes crescem exponencialmente no início, uma pequena mudança em R pode ter grande efeito no número esperado de casos após algumas gerações. Acabamos de ver que, com R = 2, esperaríamos 32 novos casos na quinta geração do surto. Com R = 3, esperaríamos 243.

Uma das razões para R ter se tornado tão popular é o fato de poder ser estimado a partir de dados da vida real. Do HIV ao ebola, R permite quantificar e comparar a transmissão de diferentes doenças. Muito de sua popularidade se deve a Robert May e seu colaborador de longa data, Roy Anderson. No fim da década de 1970, os dois ajudaram a levar a pesquisa sobre epidemias a novos públicos. Ambos tinham histórico na área de ecologia, o que lhes dava uma visão mais prática que a dos matemáticos que os haviam precedido. Eles estavam interessados em dados e em como os modelos podiam se aplicar a situações da vida real. Em 1980, May leu o esboço de um artigo escrito por Paul Fine e Jacqueline Clarkson, do Instituto Ross, que usava a abordagem do número de reprodução para analisar as epidemias de sarampo.[45] Percebendo seu potencial, May e Anderson rapidamente aplicaram a ideia a diferentes problemas, encorajando outros a fazerem o mesmo.

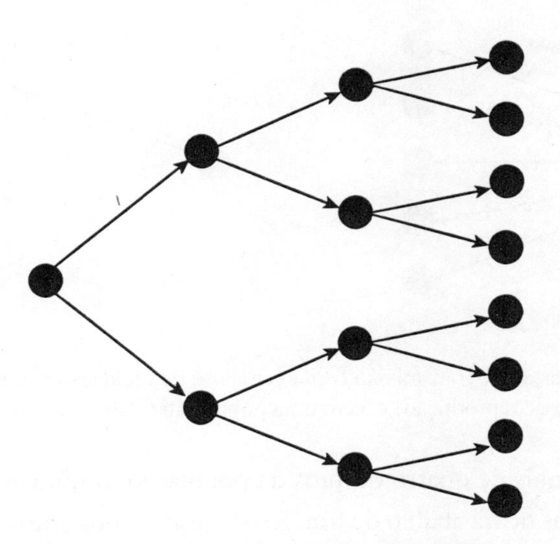

Exemplo de um surto no qual cada caso infecta duas outras pessoas. Os círculos são os casos e as setas mostram a rota de transmissão

Logo ficou claro que o número de reprodução podia variar muito entre diferentes populações. Por exemplo, doenças como o sarampo podem se disseminar para muitas pessoas se atingirem uma comunidade com imunidade limitada, mas raramente vemos surtos em países com altos níveis de vacinação. O R do sarampo pode ser 20 em populações nas quais todo mundo está em risco, mas, em populações altamente vacinadas, cada pessoa infectada gera, em média, menos de um caso secundário. Em outras palavras, R fica abaixo de 1 nesses lugares.

Isso posto, podemos usar o número de reprodução para descobrir quantas pessoas precisamos vacinar a fim de controlar uma infecção. Suponha que uma infecção tenha R = 5 em uma população totalmente suscetível, como era o caso da varíola, e que vacinamos quatro em cada cinco pessoas. Antes da vacinação, esperaríamos que uma pessoa infectada típica contaminasse outras cinco. Se a vacina for 100% efetiva, em média quatro dessas pessoas passarão a ser imunes. Assim, esperamos que cada pessoa infectada dê origem a somente um caso adicional.

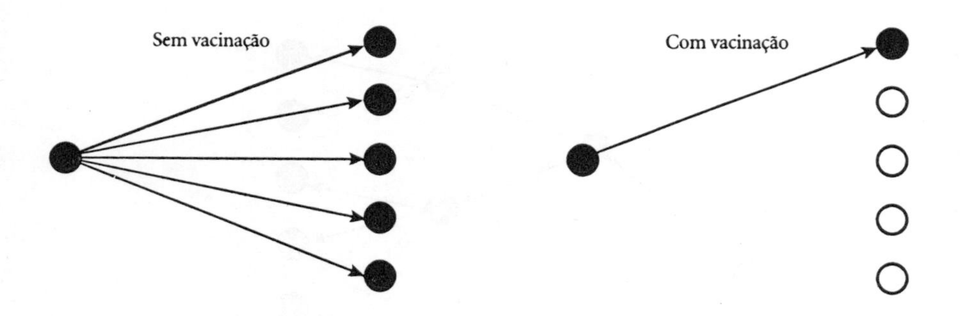

Comparação de transmissão com e sem 80% de vacinação quando R (número de reprodução) é 5 em uma população totalmente suscetível

Se vacinarmos mais de quatro quintos da população, o número médio de casos secundários ficará abaixo de um. Assim, esperamos que o número de infecções reduza com o tempo, o que colocará a infecção sob controle. Podemos usar a mesma lógica para descobrir os objetivos de vacinação em outras infecções. Se R = 10 em uma população totalmente suscetível, precisamos vacinar ao menos nove em cada dez pessoas. Se R = 20, como pode ser no caso do sarampo, precisamos vacinar dezenove em cada vinte pessoas, ou mais de 95% da população, para interromper os surtos. Essa porcentagem é comumente conhecida como "limiar da imunidade de grupo". A ideia foi retirada da obra de Kermack e McKendrick: quando esse número de pessoas é imune, a infecção não é capaz de se disseminar efetivamente.

Reduzir a suscetibilidade de uma população talvez seja a maneira mais óbvia de reduzir o número de reprodução, mas não é a única. Quatro fatores influenciam o valor de R, e desvendá-los é a chave para entender como funciona o contágio.

EM 19 DE ABRIL DE 1987, a princesa Diana inaugurou uma nova unidade de tratamento no Hospital Middlesex, em Londres. Enquanto estava lá, ela fez algo que surpreendeu os representantes da mídia que a acompanhavam e até mesmo a equipe do hospital: ela segurou a mão de um paciente. A unidade era a primeira do país especificamente construída para cuidar de pessoas com aids. O aperto de mão foi significativo porque, a despeito das evidências científicas de que a doença não se disseminava por meio do toque, ainda havia a crença comum de que isso podia acontecer.[46]

O crescimento do HIV/aids na década de 1980 criou a necessidade urgente de descobrir como a epidemia se disseminava. Que características da doença impulsionavam a transmissão? Um mês antes de Diana visitar o Hospital Middlesex, Robert May e Roy Anderson publicaram um artigo explicando o número de reprodução do HIV.[47] Eles comentaram que R é influenciado por muitas coisas. Primeiro, ele depende de há quanto tempo uma pessoa está infectada: quanto mais recente a infecção, menos tempo houve para que ela tenha sido transmitida a alguém. Além disso, R depende da quantidade de pessoas com as quais alguém interage depois de ser infectado. Se o indivíduo contaminado tem muito contato com terceiros, há muitas oportunidades para a infecção se disseminar. Finalmente, R depende da probabilidade de a infecção ser transmitida durante cada um desses encontros, assumindo-se que a outra pessoa seja suscetível.

Consequentemente, R depende de quatro fatores: a *duração* da infecção; o número médio de *oportunidades* que a pessoa infectada teve de disseminar a infecção a cada dia; a probabilidade de que uma oportunidade resulte em *transmissão*; e a *suscetibilidade* média da população. Gosto de chamar esses fatores de DOTS. Seu produto nos dá o valor do número de reprodução:

R = Duração x Oportunidades x Probabilidade de Transmissão x Suscetibilidade

Ao decompor o número de reprodução em seus componentes DOTS, podemos ver como diferentes aspectos da transmissão se relacionam uns com os outros. Isso pode nos ajudar a descobrir a melhor maneira de controlar uma epidemia, porque alguns aspectos do número de reprodução serão mais fáceis de mudar que outros. Por exemplo, a abstinência sexual generalizada reduziria o número de *oportunidades* para a transmissão do HIV, mas não é uma opção atraente ou prática para a maioria das pessoas. Assim, as agências de saúde focaram no uso de preservativos, que reduz a probabilidade de *transmissão* durante o sexo. Em anos recentes, também houve muito sucesso com a chamada profilaxia pré-exposição (PrEP), na qual pessoas HIV negativas tomam drogas anti-HIV para reduzir sua *suscetibilidade* à infecção.[48]

O tipo de oportunidade de transmissão na qual estamos interessados depende da infecção. No caso do influenza ou da varíola, a transmissão pode ocorrer durante conversas cara a cara, ao passo que infecções como HIV e gonorreia se disseminam principalmente por meio de encontros sexuais. A relação entre os DOTS significa que, se alguém foi infectado há duas vezes mais tempo, em termos de transmissão isso equivale a ter feito duas vezes mais contatos com outras pessoas. No passado, tanto a varíola quanto o HIV já tiveram R em torno de 5.[49] Porém, no caso da varíola as pessoas geralmente permanecem infectadas por um período mais curto, o que significa que, para compensar, é preciso haver mais oportunidades de disseminar a infecção por dia ou maior probabilidade de transmissão durante cada oportunidade.

O número de reprodução se tornou parte crucial da pesquisa moderna de surtos, mas há outra característica do contágio que também precisamos considerar: como R está relacionado ao nível médio de transmissão, ele não captura alguns eventos incomuns que podem surgir durante os surtos. Um desses eventos ocorreu em março de 1972, quando um professor sérvio chegou ao principal hospital de Belgrado com uma mistura pouco usual de sintomas. Ele recebera penicilina em seu centro médico local para tratar uma erupção cutânea, mas várias hemorragias haviam se seguido. Dezenas de estudantes e a equipe do hospital se reuniram para observar o que presumiram ser uma estranha reação à droga. Mas não se tratava de uma alergia. Depois que o irmão do professor também ficou doente, a equipe percebeu qual era o real problema e a que eles haviam se exposto. O homem fora infectado com varíola e haveria outros 38 casos — todos rastreáveis até ele — antes que as infecções em Belgrado diminuíssem.[50]

Embora a varíola só fosse ser globalmente erradicada em 1980, ela já desaparecera da Europa, sem nenhum caso reportado na Sérvia desde 1930. O professor provavelmente pegara a doença de um clérigo local que voltara recentemente do Iraque. Várias incidências similares haviam ocorrido na Europa durante as décadas de 1960 e 1970, a maioria relacionada a viagens. Em 1961, uma garota retornara de Carachi, no Paquistão, para Bradford, na Inglaterra, trazendo consigo o vírus da varíola e involuntariamente infectando dez pessoas. Um surto em Meschede, na Alemanha, em 1969, também começara com um visitante de Carachi. Dessa vez, tratava-se de um eletricista alemão que viajara para lá; ele passaria a infecção para dezessete pessoas.[51] No entanto, esses eventos não eram típicos: a maioria dos casos que retornara à Europa não infectara ninguém.

Em uma população suscetível, a varíola tem um número de reprodução em torno de 4-6. Isso representa o número de casos secundários que esperamos ver, mas é somente um valor médio: na realidade, pode haver muita variação entre indivíduos e surtos. Embora o número de reprodução forneça uma síntese útil da transmissão geral, ele não nos diz quanto dessa transmissão vem do que alguns epidemiologistas chamam de eventos "superdisseminadores".

Uma concepção errônea, mas comum sobre os surtos de doenças é a de que eles crescem constantemente geração após geração, com cada caso infectando um número similar de pessoas. Se uma infecção se dissemina de pessoa a pessoa, criando uma cadeia de casos, chamamos isso de "transmissão propagada". Mas os surtos propagados não necessariamente seguem o padrão regular do número de reprodução, crescendo exatamente o mesmo montante a cada geração. Em 1997, um grupo de epidemiologistas propôs a "regra 20/80" para descrever a transmissão de doenças. Para doenças como HIV e malária, eles descobriram que 20% dos casos eram responsáveis por cerca de 80% da transmissão.[52] Mas, como a maioria das regras biológicas, também havia algumas exceções à regra 20/80 de transmissão. Os pesquisadores focaram em infecções sexualmente transmissíveis e infecções por picadas de mosquito. Outros surtos nem sempre seguiam esse padrão. Após a epidemia de SARS em 2003 — que envolveu várias instâncias de infecção em massa —, houve interesse renovado na noção de superdisseminação. No caso da SARS, ela parecia particularmente importante: 20% dos casos causaram quase 90% da transmissão. Em contraste, doenças como a peste bubônica apresentam menos eventos de superdisseminação, com 20% de casos sendo responsáveis por somente 50% da transmissão.[53]

Em outras situações, um surto pode não ser propagado. Ele pode ser resultado de uma "fonte comum de transmissão", com todos os casos vindo do mesmo lugar. Um exemplo é a intoxicação alimentar: os surtos frequentemente podem ser traçados a uma refeição ou pessoa específicas. O caso mais infame foi o de Mary Mallon — frequentemente chamada de "Maria Tifoide" —, que tinha febre tifoide sem apresentar sintomas. No início do século XX, Mallon foi contratada como cozinheira por várias famílias da cidade de Nova York, levando a múltiplos surtos da doença e várias mortes.[54]

Durante um surto de fonte comum, os casos frequentemente surgem em um curto período. Em maio de 1916, houve um surto de febre tifoide na Califórnia alguns dias após um piquenique escolar. Como Mallon, a cozinheira que preparara o sorvete para o piquenique estava infectada sem saber.

Assim, podemos pensar na transmissão de doenças como um *continuum*. Em uma ponta, temos uma situação na qual uma única pessoa — como Mary Mallon — gera todos os casos. Esse é o mais extremo exemplo de superdisseminação, com uma única fonte sendo responsável por 100% da transmissão. Na direção oposta, temos uma epidemia regular na qual cada caso gera exatamente o mesmo número de casos secundários. Na maioria das vezes, um surto estará em algum ponto entre esses dois extremos.

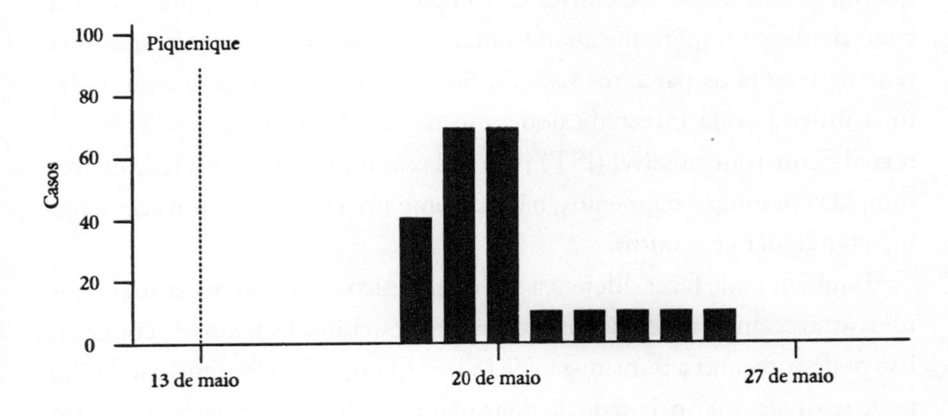

Surto de febre tifoide após um piquenique na Califórnia, 1916[55]

Se há potencial para eventos de superdisseminação durante um surto, isso indica que alguns grupos de pessoas podem ser particularmente importantes. Quando os pesquisadores perceberam que 80% das transmissões de HIV vinham de 20% dos casos, eles sugeriram que as medidas de controle focassem nos "grupos centrais". Mas, para que tais abordagens sejam efetivas, precisamos pensar em como os indivíduos estão conectados em rede e por que alguns deles podem estar mais em risco que outros.

O MAIS PROLÍFICO MATEMÁTICO da história foi um acadêmico nômade. Paul Erdős passou a carreira viajando pelo mundo, com duas malas meio vazias e sem cartão de crédito ou talão de cheques. "A propriedade é uma chateação", disse ele. Mas, longe de ser um recluso, ele usou suas viagens para acumular uma vasta rede de colaboradores de pesquisa. Energizado pelo café e pelas anfetaminas, ele aparecia na casa dos colaboradores anunciando: "Meu cérebro está aberto." Ao morrer em 1996, ele publicara cerca de 1.500 artigos com mais de 8 mil coautores.[56]

Além de construir redes, Erdős estava interessado em pesquisá-las. Juntamente com Alfréd Rényi, ele foi pioneiro na maneira de analisar redes nas quais os "nodos" individuais estão ligados aleatoriamente. Ambos estavam particularmente interessados em descobrir quais as chances de essas redes terminarem totalmente conectadas — com uma rota possível entre quaisquer dois nodos —, em vez de rompidas em segmentos distintos. Tal conectividade é importante quando analisamos os surtos. Suponha que uma rede represente os parceiros sexuais. Se ela estiver totalmente conectada, uma única pessoa infectada pode, em teoria, disseminar uma infecção sexualmente transmissível (IST) para todas as outras. Mas se a rede estiver rompida em muitos segmentos, não há como uma pessoa em um segmento infectar alguém em outro.

Também pode fazer diferença se há um único caminho ou vários caminhos atravessando a rede. Caso ela contenha circuitos fechados de contatos, isso pode aumentar a transmissão de ISTs.[57] Quando há circuitos, a infecção pode se disseminar pela rede de duas maneiras diferentes; mesmo que um dos elos sociais se rompa, permanece outra rota. No caso das ISTs, portanto, os surtos têm mais probabilidade de se disseminar se houver vários circuitos presentes na rede.

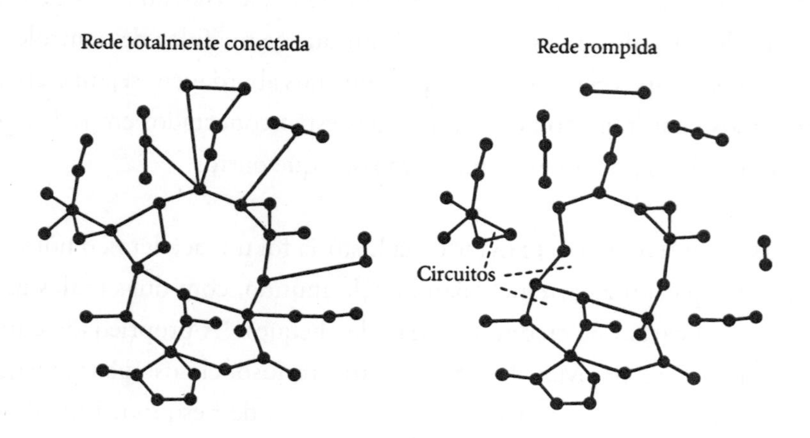

Ilustração de redes de Erdős-Rényi
totalmente conectadas e rompidas

Embora a aleatoriedade das redes de Erdős—Rényi seja conveniente do ponto de vista matemático, a vida real pode ser bem diferente. Amigos se agrupam. Pesquisadores colaboram com o mesmo grupo de coautores. As pessoas frequentemente têm apenas um parceiro sexual de cada vez. Também há elos que vão além de tais agrupamentos. Em 1994, as epidemiologistas Mirjam Kretzschmar e Martina Morris modelaram como as ISTs podem se disseminar se algumas pessoas tiverem múltiplos parceiros sexuais ao mesmo tempo. Talvez sem surpresa, elas descobriram que essas parcerias podem levar a um surto muito mais rápido, porque criam elos entre segmentos muito diferentes da rede.

O modelo Erdős—Rényi podia capturar conexões de longo alcance ocasionais que ocorriam nas redes reais, mas não podia reproduzir o agrupamento de interações. Essa discrepância foi resolvida em 1998, quando os matemáticos Duncan Watts e Steven Strogatz desenvolveram o conceito de rede de "mundo pequeno", na qual a maioria dos elos é local, mas alguns são de longo alcance. Eles descobriram que tais redes surgem em todos os lugares: a rede elétrica, os neurônios do cérebro de vermes, coprotagonistas em elencos de filmes e mesmo colaborações acadêmicas de Erdős.[58] Foi uma descoberta notável, e outras se seguiriam a ela.

A ideia de mundo pequeno lidara com a questão do agrupamento e dos elos de longo alcance, mas os físicos Albert-László Barabási e Réka Albert notaram outra coisa incomum nas redes da vida real. De colaborações em filmes à internet, eles observaram que alguns modelos de rede tinham grande número de conexões — muito mais do que aquelas que tipicamente apareciam nas redes Erdős—Rényi ou de mundo pequeno. Em 1999, eles propuseram um mecanismo simples para explicar essa variabilidade extrema de conexões: os novos nodos que se unem à rede se ligam preferencialmente aos nodos já populares.[59] É um caso de "ricos ficando mais ricos".

No ano seguinte, uma equipe da Universidade de Estocolmo demonstrou que o número de parceiros sexuais na Suécia também parecia seguir essa regra: a vasta maioria das pessoas dormira com ao menos uma pessoa no ano anterior, ao passo que algumas relataram dezenas de parceiros. Desde então, os pesquisadores encontraram padrões similares de comportamento sexual em países que vão de Burkina Faso ao Reino Unido.[60]

Qual o efeito sobre os surtos da extrema variabilidade no número de parceiros sexuais? Na década de 1970, o matemático James Yorke e seus colegas notaram que havia um problema na continuada epidemia de gonorreia no Reino Unido. Na verdade, ela não parecia possível. Para que a doença continuasse a se disseminar, o número de reprodução precisava ser maior que 1. Isso significava que as pessoas infectadas tinham de ter tido, em média, ao menos dois parceiros sexuais recentes: um que as infectara e outro que elas haviam infectado. Mas um estudo dos pacientes com gonorreia descobrira que eles haviam tido em média 1,5 parceiros.[61] Mesmo que a probabilidade de transmissão durante o sexo fosse muito alta, isso sugeria que simplesmente não houvera encontros suficientes para que a doença persistisse. O que estava acontecendo?

Se consideramos somente o número médio de parceiros, ignoramos o fato de que nem todos têm a mesma vida sexual. Essa variabilidade é importante: se alguém tem muitos parceiros, esperamos que apresente mais probabilidade de ser infectado e infectar alguém. Assim, precisamos levar em conta o fato de que essa pessoa pode contribuir para a transmissão de duas maneiras diferentes. Yorke e seus colegas argumentaram que isso pode explicar por que havia uma epidemia de gonorreia, a despeito de as pessoas terem poucos parceiros em média: indivíduos com muitos contatos podiam estar contribuindo desproporcionalmente para a disseminação, empurrando o número de reprodução para um valor maior que 1. Anderson e May mais tarde demonstrariam que, quanto maior a variação no número de parceiros, mais alto devemos esperar que seja o número de reprodução.

Identificar as pessoas com risco mais elevado — e encontrar maneiras de reduzi-lo — pode ajudar a interromper um surto em seus estágios iniciais. No fim da década de 1980, Anderson e May sugeriram que, no início, as ISTs se disseminariam rapidamente entre esses grupos de alto risco, mesmo que o surto geral se mostrasse menor do que esperaríamos se todo mundo estivesse misturado de forma aleatória.[62]

Ao decompormos o contágio em seus componentes DOTS básicos — duração, oportunidades, probabilidade de transmissão, suscetibilidade — e pensarmos como a estrutura da rede afeta o contágio, também podemos estimar o risco apresentado por uma nova IST. Em 2008, um cientista americano voltou para casa, no Colorado, após um mês trabalhando no Senegal. Uma semana depois, ficou doente, sentindo dor de cabeça e cansaço extremo e apresentando uma erupção cutânea no torso. Logo em seguida, sua mulher — que não viajara — passou a apresentar os mesmos sintomas. Testes laboratoriais subsequentes indicaram que ambos haviam sido expostos ao vírus zika. As pesquisas anteriores sobre a doença haviam focado na transmissão a partir de mosquitos, mas o incidente no Colorado sugeriu que o vírus tinha acesso a outra rota: ele podia infectar as pessoas durante os encontros sexuais.[63] Quando o zika se disseminou pelo globo em 2015-2016, mais relatos de transmissão sexual se seguiram, gerando especulações sobre um novo tipo de surto. "Zika: a IST dos millenials?", perguntava um artigo de opinião publicado no *New York Times* em 2016.[64]

Com base no DOTS para o zika, nosso grupo de pesquisa estimou que seu número de reprodução para transmissão sexual ficava abaixo de 1; o vírus provavelmente não causaria uma epidemia de IST. O zika tinha potencial para causar pequenos surtos em grupos com muitos contatos sexuais, mas era improvável que apresentasse um grande risco em áreas sem mosquitos.[65] Infelizmente, o mesmo não tem se mostrado verdadeiro para outras ISTs.

GAËTAN DUGAS ERA LOIRO, charmoso e tinha uma vida sexual muito ativa. Comissário de bordo canadense, ele dormira com mais de duzentos homens no ano anterior a março de 1984, quando morreu de aids algumas semanas depois de seu 31º aniversário. Três anos depois, o jornalista Randy Shilts o retratou em seu best-seller *And the Band Played On* [E a banda continuou tocando]. Shilts sugeriu que Dugas tivera papel central na disseminação inicial da doença. Ele o chamou de "paciente zero", um termo ainda utilizado para se referir ao primeiro caso em um surto. O livro de Shilts alimentou as especulações de que Dugas introduzira a epidemia na América do Norte. O *New York Post* o chamou de "o homem que nos deu a aids"; a *National Review* disse que ele era "o Colombo da aids".

A ideia de que Dugas foi o paciente zero certamente chamou a atenção e foi repetida frequentemente nas décadas seguintes. Mas se revelou ficção. Em 2016, uma equipe de pesquisadores publicou uma análise de vários vírus da aids em múltiplos pacientes, incluindo homens diagnosticados na década de 1970 e o próprio Dugas. Com base na diversidade genética dos vírus e na taxa de evolução do HIV, a equipe estimou que ele chegara à América do Norte em 1970 ou 1971. Contudo, não encontrou evidências de que Dugas tivesse introduzido o HIV nos EUA. Ele foi somente outro caso de uma epidemia muito mais ampla.[66]

Então como surgiu a designação "paciente zero"? Na investigação original do surto, Dugas fora listado não como "paciente 0", mas como "paciente O", com "O" sendo abreviatura para "Outside California" [fora da Califórnia]. Em 1984, William Darrow, um pesquisador dos Centros de Controle e Prevenção de Doenças (CDC), fora designado para investigar um conjunto de mortes entre homens homossexuais em Los Angeles.[67] O CDC geralmente dava a cada caso um número baseado na ordem em que haviam sido reportados, mas os casos haviam sido rotulados novamente para a análise em Los Angeles. Antes de Dugas ser ligado ao agrupamento de Los Angeles, ele era simplesmente o "paciente 057".

Quando os investigadores determinaram como os casos estavam ligados, pareceu que as mortes podiam ser resultado de uma IST ainda desconhecida. Dugas aparecia de modo proeminente na rede, tendo ligações com múltiplos casos em Nova York e Los Angeles. Isso ocorreu em parte porque ele tentara ajudar os investigadores, nomeando 72 de seus parceiros nos três anos anteriores. Darrow indicou que esse sempre fora o objetivo da investigação: entender como os casos estavam ligados, e não descobrir quem iniciara o surto. "Eu jamais disse que ele foi o primeiro caso nos Estados Unidos", comentou o pesquisador mais tarde.

Ao investigar surtos, há uma distância entre o que queremos saber e o que podemos mensurar. Idealmente, temos dados sobre todas as maneiras pelas quais as pessoas estão conectadas e como a infecção se disseminou por essas ligações. Mas o que realmente podemos mensurar é muito diferente. Uma investigação de surto típica reconstrói algumas das ligações entre as pessoas infectadas e, dependendo de quais casos e ligações são reportados, a rede resultante não necessariamente se parece com a rota de transmissão real. Algumas pessoas podem figurar de modo mais proeminente do que realmente foram, ao passo que alguns eventos de transmissão podem ser perdidos.

Quando Randy Shilts encontrou o diagrama do CDC durante a pesquisa para seu livro, sua atenção foi atraída para Dugas. "No meio do estudo havia um círculo com um O ao lado, e eu sempre pensei que se tratava do paciente O", lembrou ele mais tarde. "Quando fui ao CDC, eles começaram a falar sobre o paciente zero. Eu pensei 'Ah, essa expressão vai pegar'."[68]

É mais fácil contar uma história quando há um antagonista claro. De acordo com o historiador Phil Tiemeyer, foi o editor de Shilts, Michael Denneny, que sugeriu transformar Dugas no vilão do livro. "Randy odiou a ideia", disse Denneny a Tiemeyer. "Levei quase uma semana para convencê--lo." A decisão — da qual Denneny disse ter se arrependido mais tarde — foi tomada porque a mídia parecia ter pouco interesse pela aids. "Eles não fariam a crítica de um livro que era uma acusação à administração Reagan e ao establishment médico."[69]

Ao discutir surtos que envolvem eventos superdisseminadores, tendemos a colocar toda a atenção nas pessoas que aparentemente estão em seu centro. Quem são esses "superdisseminadores"? O que os torna diferentes dos outros? Todavia, tal atenção pode estar deslocada. Considere a história do professor de Belgrado que chegou ao hospital com varíola: não havia nada intrinsecamente incomum nele ou em seu comportamento. Ele pegou a doença por meio de um encontro aleatório, tentou obter cuidados médicos no local apropriado — um hospital — e o surto se disseminou porque, inicialmente, ninguém suspeitou que a varíola fosse a causa. Isso é verdadeiro em muitos surtos: frequentemente é difícil prever antecipadamente que papel um indivíduo específico irá desempenhar.

Mesmo que pudéssemos identificar situações que criam risco de transmissão de doenças, isso não necessariamente levaria ao resultado que esperamos. Em 21 de outubro de 2014, no auge da epidemia de ebola na África Ocidental, uma menina de 2 anos chegou ao hospital da cidade de

Kayes, no Mali. Após a morte do pai, que trabalhava na área da saúde, ela viajara mais de 1.200 quilômetros desde a Guiné com a avó, o tio e a irmã. No hospital de Kayes, ela testou positivo para ebola, morrendo no dia seguinte. Foi o primeiro caso de ebola de Mali, e as autoridades de saúde começaram a procurar pessoas que pudessem ter estado em contato com ela. Durante a viagem, ela pegara ao menos um ônibus e três táxis, potencialmente interagindo com dezenas, se não centenas, de pessoas. Ela já exibia sintomas ao chegar ao hospital; com base na natureza da transmissão do ebola, havia chances consideráveis de que tivesse passado o vírus adiante. Os investigadores finalmente conseguiram rastrear mais de cem de seus contatos e os colocaram em quarentena como precaução. No entanto, nenhum deles pegou ebola. A despeito de sua longa viagem, a menina não infectara ninguém.[70]

Quando eventos superdisseminadores de ebola realmente ocorreram em 2014-2015, nossa equipe notou que uma característica se destacava. Infelizmente, ela não era muito útil: os casos com mais probabilidade de estarem envolvidos em superdisseminação eram aqueles que não podiam ser ligados a cadeias existentes de transmissão. Dito de modo simples, as pessoas que impulsionavam a epidemia geralmente eram aquelas sobre as quais as autoridades de saúde nada sabiam. Essas pessoas só eram detectadas quando surgia um novo conjunto de infecções, tornando praticamente impossível prever eventos de superdisseminação.[71]

Com algum esforço, frequentemente podemos traçar parte do caminho da infecção durante um surto, recuperando a informação de quem pode ter infectado quem. Pode ser tentador construir uma narrativa, especulando por que certas pessoas transmitiram mais que outras. No entanto, o fato de uma infecção ser capaz de se superdisseminar não necessariamente significa que as mesmas pessoas são sempre as superdisseminadoras. Duas pessoas podem se comportar praticamente da mesma maneira, mas, por acaso, uma delas disseminar a infecção e a outra, não. Quando a história é escrita, uma é culpada e a outra é ignorada. Os filósofos chamam isso de "sorte moral": a ideia de que tendemos a classificar ações com consequências desafortunadas como piores que ações iguais sem quaisquer repercussões.[72]

Às vezes as pessoas envolvidas em um surto se comportam de maneiras diferentes, mas não necessariamente do modo que presumimos. Em seu livro *O ponto de virada*, Malcolm Gladwell descreve um surto de gonorreia em Colorado Springs, Colorado, durante o ano de 1981. Como parte da investigação do surto, o epidemiologista John Potterat e seus colegas entrevistaram 769 casos, perguntando com quem tinham tido contato sexual recente. Desses casos, 168 indicaram ao menos dois contatos que também estavam infectados. Isso sugeria que eles eram desproporcionalmente importantes para o surto. "Quem são essas 168 pessoas?", perguntou Gladwell. "Elas não são como eu e você. São pessoas que saem todas as noites, que têm muito mais parceiros sexuais que a média, cujas vidas e comportamentos estão totalmente fora da norma."

Essas pessoas realmente eram tão promíscuas e incomuns? Não particularmente, em minha opinião. Os pesquisadores descobriram que, em média, esses casos relataram encontros sexuais com 2,3 pessoas infectadas. Isso indica que pegaram a infecção de uma pessoa e, tipicamente, a passaram para uma ou duas outras. Os casos tendiam a ser negros ou hispânicos, jovens e associados às Forças Armadas; quase metade conhecia os parceiros sexuais havia mais de dois meses.[73] Na década de 1970, Potterat começara a notar que a promiscuidade não era uma boa explicação para os surtos de gonorreia em Colorado Springs. "Especialmente impressionante era a diferença no resultado dos testes de gonorreia entre mulheres brancas sexualmente ativas da faculdade de classe média local e mulheres negras de idade similar com históricos sexuais e educacionais modestos", observou ele.[74] "As primeiras raramente eram diagnosticadas com gonorreia, ao contrário das últimas." Um olhar mais atento aos dados de Colorado Springs sugeriu que a transmissão provavelmente era resultado de atrasos na obtenção de tratamento entre certos grupos sociais, e não de um nível incomumente alto de atividade sexual.

Ver as pessoas em risco como especiais ou diferentes pode encorajar uma atitude "nós e eles", levando à segregação e ao estigma. Isso, por sua vez, pode tornar a epidemia mais difícil de controlar. Do HIV/aids ao ebola, a culpa — e o medo da culpa — fez com que muitos surtos fossem ocultados. A suspeita em torno da doença pode resultar em isolamento de muitos pacientes e suas famílias pela comunidade local.[75] Isso torna as pessoas relutantes em relatar a doença, o que amplifica a transmissão ao tornar os indivíduos mais importantes mais difíceis de alcançar.

Culpar certos grupos pelos surtos não é um fenômeno novo. No século XVI, os ingleses acreditavam que a sífilis viera da França e a chamavam de "varíola francesa". Os franceses, acreditando que ela viera de Nápoles, a chamavam de "doença napolitana". Na Rússia, era a doença polonesa, na Polônia era turca e, na Turquia, cristã.[76]

Tal culpa pode durar muito tempo. Ainda chamamos a epidemia de influenza de 1918, que matou 10 milhões de pessoas em todo o globo, de "gripe espanhola". O nome surgiu durante o surto porque relatos da mídia sugeriam que a Espanha era o país mais atingido da Europa. Mas esses relatos não eram o que pareciam ser. Na época, a Espanha não exercia censura de guerra sobre a imprensa, ao contrário da Alemanha, da Inglaterra e da França, que proibiam notícias sobre a doença por medo de que isso prejudicasse o moral. O silêncio da mídia nesses países fez com que parecesse que a Espanha tinha muito mais casos que os outros lugares. (De sua parte, a mídia espanhola tentou culpar os franceses pela doença.)[77]

Se queremos evitar nomes de doenças relacionados a países, é útil sugerir alternativas. Em certa manhã de sábado, em março de 2003, um grupo de especialistas se reuniu na sede da OMS em Genebra para discutir uma infecção recém-descoberta na Ásia.[78] Casos já haviam surgido em Hong Kong, na China e no Vietnã, com outro relatado em Frankfurt naquela manhã. A OMS estava prestes a anunciar a ameaça ao mundo, mas primeiro precisava de um nome. Eles queriam algo fácil de lembrar, mas que não estigmatizasse os países envolvidos. Finalmente, escolheram "síndrome respiratória aguda grave" ou SARS.

A EPIDEMIA DE SARS RESULTARIA em mais de 8 mil casos e várias centenas de mortos em múltiplos continentes. A despeito de ser controlada em junho de 2003, teria um custo global estimado de 40 bilhões de dólares.[79] Resultado não somente do custo direto de tratar os casos da doença, mas do impacto econômico de locais de trabalho fechados, hotéis vazios e negociações canceladas.

De acordo com Andy Haldane, economista-chefe do Banco da Inglaterra no momento da publicação deste livro, os efeitos mais amplos da epidemia de SARS foram comparáveis às consequências da crise financeira de 2008. "As similaridades são espantosas", disse ele durante um discurso de 2009.[80] "Ocorre um evento externo. O medo toma conta do sistema, que, como consequência, entra em convulsão. O dano colateral resultante é amplo e profundo."

Haldane sugeriu que o público tipicamente responde a um surto de duas maneiras: fugindo ou se escondendo. No caso de uma doença infecciosa, fugir significa tentar deixar a área afetada na esperança de evitar a infecção. Por causa das restrições de viagem e outras medidas de controle, essa não foi uma opção comum durante a epidemia de SARS.[81] Se pessoas infectadas tivessem viajado — em vez de serem isoladas pelas autoridades de saúde —, poderiam ter disseminado o vírus para ainda mais locais. A resposta de fuga também pode acontecer nas finanças. Confrontados com uma crise, os investidores podem tentar reduzir o prejuízo e liquidar seus ativos, empurrando os preços ainda mais para baixo.

Alternativamente, as pessoas podem "se esconder" durante um surto, evitando situações que poderiam potencialmente colocá-las em contato com a infecção. Quando se trata de um surto de doença, é possível que lavem as mãos mais frequentemente ou reduzam as interações sociais. Nas finanças, os bancos podem se esconder acumulando dinheiro, em vez de correr o risco de emprestá-lo a outras instituições. No entanto, Haldane indicou que há uma diferença crucial entre as respostas de se esconder durante surtos de doenças e crises financeiras: essa atitude geralmente ajuda a reduzir a transmissão de doenças, mesmo que esse processo tenha um custo. No entanto, quando os bancos acumulam dinheiro, isso pode amplificar os problemas, como aconteceu com a "trituração do crédito" que atingiu as economias antes da crise de 2008.

Embora a noção de trituração do crédito tenha chegado às manchetes durante 2007-2008, os economistas cunharam esse termo em 1966. Naquele verão, os bancos americanos abruptamente pararam de emprestar. Nos anos precedentes, houvera alta demanda por empréstimos, com os bancos tornando o crédito cada vez mais disponível a fim de acompanhar o ritmo. Finalmente, chegou-se a um ponto no qual já não recebiam dinheiro suficiente em poupança para continuar emprestando, e os empréstimos cessaram. Os bancos não passaram a cobrar taxas de juros mais altas e pararam de conceder empréstimos. Eles já haviam reduzido a disponibilidade de empréstimos antes — houve várias instâncias de "apertos no crédito" nos EUA durante a década de 1950 —, mas alguns acharam que "aperto" [*squeeze*] era uma palavra muito branda para descrever o súbito impacto de 1966. "A trituração [*crunch*] é diferente", escreveu o economista Sidney Homer na época. "Ela é dolorosa por definição e pode quebrar ossos."[82]

A crise de 2008 não foi a primeira ocasião em que Andy Haldane pensou em contágio nos sistemas financeiros.[83] "Eu me lembro de 2004-2005, quando escrevi uma nota sobre termos entrado em uma era de 'risco supersistêmico' como resultado desse tipo de infecção." A nota sugeria que a rede financeira podia ser robusta em algumas situações e extremamente frágil em outras. Essa já era uma ideia muito conhecida na área da biologia: a estrutura de uma rede pode torná-la resistente a choques menores, mas também deixá-la vulnerável ao colapso total se submetida a suficiente pressão. Pense em uma equipe trabalhando. Se a maioria das pessoas está se saindo bem, os membros mais fracos podem cometer erros, porque estão ligados a membros de alto desempenho. No entanto, se a maior parte da equipe está tendo dificuldades, os mesmos elos puxarão os membros fortes para baixo. "O ponto básico era que toda aquela integração reduziu a probabilidade de miniquebras", disse Haldane, "mas aumentou a probabilidade de uma maxiquebra."

Pode ter sido uma ideia presciente, mas não se disseminou muito. "Infelizmente, aquela nota não chegou a lugar nenhum", disse ele, "até que veio a grande crise." Por que a ideia não decolou? "Era difícil citar qualquer exemplo de tal risco sistêmico. A situação parecia um oceano muito plácido na época." Isso mudaria no outono de 2008. Depois que o Lehman Brothers entrou em colapso, as pessoas da indústria bancária começaram a pensar em termos de epidemia. De acordo com Haldane, era a única maneira de explicar o que acontecera. "Você não podia contar uma história sobre por que o Lehman derrubara o sistema financeiro sem contar uma história de contágio."

SE FIZESSE UMA LISTA das características das redes que podem ampliar o contágio, você descobriria que o sistema bancário pré-2008 apresentava a maioria delas. Comecemos com a distribuição de elos entre os bancos. Em vez de as conexões serem distribuídas uniformemente, um pequeno grupo de empresas dominava a rede, criando maciço potencial de superdisseminação. Em 2006, pesquisadores que trabalhavam com o Federal Reserve Bank de Nova York analisaram a estrutura da rede de pagamentos Fedwire. Quando observaram as transferências no valor de 1,3 trilhão de dólares que ocorriam entre milhares de bancos americanos em um dia típico, eles descobriram que 75% dos pagamentos envolviam somente 66 instituições.[84]

A variabilidade nas ligações não era o único problema. Também havia a maneira como esses grandes bancos se encaixavam no restante da rede. Em 1989, a epidemiologista Sunetra Gupta liderou um estudo demonstrando que a dinâmica das infecções pode depender de uma rede ser o que os matemáticos chamam de "assortativa" ou "disassortativa". Em uma rede assortativa, indivíduos altamente conectados estão ligados principalmente a outros indivíduos altamente conectados. Isso resulta em um surto que se dissemina rapidamente através desses agrupamentos de indivíduos de alto risco, mas tem dificuldade para chegar a segmentos menos conectados da rede. Em contraste, temos uma rede disassortativa quando indivíduos de alto risco estão ligados principalmente a indivíduos de baixo risco. Isso faz com que a infecção se dissemine lentamente a princípio, mas leva a uma epidemia geral mais ampla.[85]

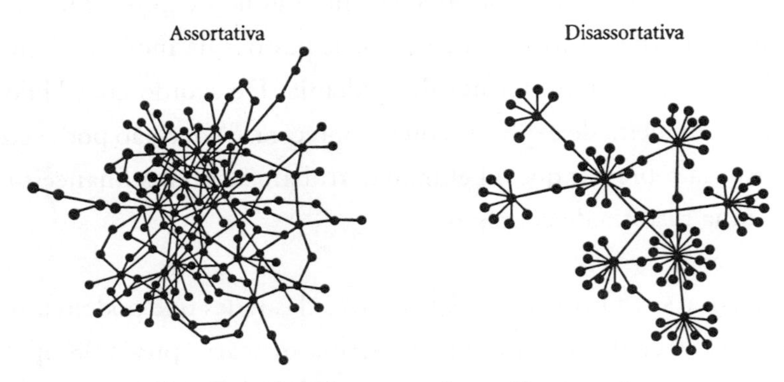

Ilustração de redes assortativas e disassortativas
Adaptado de Hao et al., 2011

A rede bancária, é claro, revelou-se disassortativa. Assim, um banco grande como o Lehman Brothers podia disseminar amplamente o contágio; quando ele ruiu, tinha relacionamentos comerciais com mais de 1 milhão de contrapartes.[86] "Ele estava enredado em uma malha de exposições — derivativos e dinheiro — e ninguém tinha a menor ideia de quem devia quanto a quem", disse Haldane. Não ajudou o fato de haver inúmeros — e frequentemente ocultos — circuitos na rede mais ampla, criando múltiplas rotas de transmissão do Lehman para outras empresas e mercados. Além disso, essas rotas podiam ser muito curtas. A rede financeira internacional se tornara um mundo menor durante as décadas de 1990 e 2000. Em 2008, cada país estava a somente um ou dois passos de distância da crise de outra nação.[87]

Em fevereiro de 2009, o investidor Warren Buffett usou sua carta anual aos acionistas para advertir contra a "assustadora rede de dependência mútua" entre os grandes bancos.[88] "Participantes buscando evitar dificuldades enfrentam o mesmo problema de alguém tentando evitar uma doença venérea", disse ele. "Não se trata somente de com quem você dorme, mas também de com quem essa pessoa está dormindo." Além de colocar instituições supostamente cuidadosas em risco, Buffett sugeriu que a estrutura da rede também podia incentivar o mau comportamento. Se o governo precisasse intervir e ajudar durante uma crise, as primeiras empresas na lista seriam aquelas capazes de infectar muitas outras. "Dormir com todo mundo, para continuar em nossa metáfora, pode ser útil para os grandes corretores de derivativos, porque isso garante a eles o auxílio do governo se houver problemas."

Dada a aparente vulnerabilidade da rede financeira, os bancos centrais e os reguladores precisavam entender a crise de 2008. O que mais impulsionara a transmissão? O Banco da Inglaterra já trabalhava em modelos de contágio financeiro antes da crise, mas 2008 deu ao trabalho uma urgência nova, baseada na vida real. "Começamos a usá-los na prática quando a crise explodiu", disse Haldane. "Não somente para entender o que estava acontecendo, mas, ainda mais importante, para descobrir o que poderíamos fazer para evitar que acontecesse novamente."

QUANDO UM BANCO EMPRESTA dinheiro a outro, isso cria um elo tangível entre os dois: se o tomador afunda, o doador perde dinheiro. Em teoria, poderíamos rastrear essa rede para entender o risco de surto, assim como fazemos no caso das ISTs. Porém, há mais coisas em jogo. Nim Arinaminpathy afirmou que as redes de empréstimos foram somente um de vários problemas em 2008. "É quase como o HIV", disse ele. "Há transmissão por meio do contato sexual, da partilha de agulhas ou de transfusões de sangue. Há múltiplas rotas de transmissão." Nas finanças, o contágio também pode vir de várias fontes. "Não se trata somente dos relacionamentos de empréstimo, mas também de ativos partilhados e outras exposições."

Uma ideia antiga em finanças é a de que os bancos podem usar a diversificação para reduzir seu risco geral. Ao manter vários investimentos, os riscos individuais se contrabalançam, aumentando a estabilidade do banco. Nos meses anteriores à crise de 2008, a maioria dos bancos adotou essa abordagem de investimento, e eles também escolheram fazer isso da mesma maneira, implementando os mesmos tipos de ativos e as mesmas ideias de investimento. Embora cada banco, individualmente, tenha diversificado seus investimentos, houve pouca diversidade na maneira como fizeram isso coletivamente.

Por que essa similaridade de comportamento? Durante a Grande Depressão que se seguiu à crise de Wall Street em 1929, o economista

John Maynard Keynes observou que havia forte incentivo para seguir a multidão. "Um bom banqueiro, infelizmente, não é aquele que antevê o perigo e o evita", escreveu ele certa vez, "mas aquele que, ao ser arruinado, é arruinado de maneira convencional juntamente com seus colegas, de modo que ninguém pode realmente culpá-lo."[89] O incentivo também funciona no sentido inverso. Antes de 2008, muitas empresas começaram a investir em produtos financeiros da moda, como CDOs, que estavam totalmente fora de sua área de especialização. Janet Tavakoli ressaltou que os bancos ficaram felizes em atendê-las, aumentando ainda mais a bolha. "Como se diz no pôquer, se você não consegue localizar o trouxa na mesa, então o trouxa é você."[90]

Quando múltiplos bancos investem no mesmo ativo, isso cria uma potencial rota de transmissão entre eles. Se houver uma crise e um banco começar a liquidar seus ativos, isso afetará todas as outras empresas que detêm esses investimentos. Quanto mais os grandes bancos diversificam seus investimentos, mais oportunidades de contágio partilhado existem. Vários estudos demonstraram que, durante uma crise financeira, a diversificação pode desestabilizar a rede mais ampla.[91]

Robert May e Andy Haldane observaram que, historicamente, os maiores bancos detinham menos capital que os menores. O argumento popular era de que isso acontecia porque esses bancos tinham investimentos mais diversificados, corriam menos riscos e não precisavam de grande proteção contra perdas inesperadas. Porém, a crise de 2008 revelou as falhas desse argumento. Os bancos grandes não tinham menos probabilidade de quebrar que os pequenos. Além disso, essas grandes empresas eram desproporcionalmente importantes para a estabilidade da rede financeira. "O que importa não é o quanto um banco está próximo da beira do penhasco", escreveram May e Haldane em 2011, "mas o tamanho da queda."[92]

DOIS DIAS ANTES DE O LEHMAN afundar, John Authers, jornalista do *Financial Times*, foi até uma agência do Citibank em Manhattan durante seu intervalo de almoço com o objetivo de movimentar sua conta. Parte de seu dinheiro estava coberto pela garantia de depósito bancário do governo, mas somente até certo limite; se o Citibank quebrasse, ele perderia o restante. Ele não foi o único a ter essa ideia. "No Citi, encontrei uma longa fila de bem-vestidos funcionários de Wall Street", escreveu ele.[93] "Eles estavam fazendo a mesma coisa que eu." A equipe do banco o ajudou a abrir contas adicionais no nome de sua esposa e filhos, a fim de reduzir o risco. Authers ficou chocado ao descobrir que o banco fizera isso por toda a manhã. "Achei meio difícil respirar. Havia uma corrida aos bancos acontecendo no distrito financeiro de Nova York. As pessoas em pânico eram os funcionários de Wall Street, que entendiam melhor que ninguém o que estava acontecendo." Ele devia reportar a situação? Dada a severidade da crise, Authers decidiu que isso só pioraria as coisas. "Uma história assim na capa do *FT* poderia ser suficiente para empurrar o sistema para o buraco." Seus colegas em outros jornais chegaram à mesma conclusão, e o fato não foi noticiado.

A analogia entre o contágio financeiro e o contágio biológico é um ponto de partida útil, mas existe uma situação à qual ela não se aplica. Para ser infectada durante um surto de doença, uma pessoa precisa ser exposta ao patógeno. O contágio financeiro também pode se disseminar através de exposições tangíveis, como empréstimos entre bancos ou investimentos nos mesmos ativos. A diferença é que, no caso das finanças, as empresas nem sempre precisam de exposição direta para adoecerem. "Há uma característica que torna essa rede diferente de todas as outras com as quais lidamos", disse Nim Arinaminpathy. "Instituições aparentemente saudáveis podem ruir." Se as pessoas acreditam que um banco irá quebrar, elas podem tentar retirar seu dinheiro todo de uma vez, o que faz afundar mesmo um banco saudável. Do mesmo modo, quando os bancos perdem confiança no sistema financeiro — como aconteceu em 2007-2008 —, eles frequentemente acumulam dinheiro em vez de emprestá-lo. Assim, os rumores e especulações que circulam de um corretor para outro podem derrubar empresas que, de outro modo, sobreviveriam à crise.

Em 2011, Arinaminpathy e Robert May trabalharam com Sujit Kapadia no Banco da Inglaterra para investigar não somente a transmissão direta, por meio de empréstimos ruins ou investimentos partilhados, mas também o efeito indireto do medo e do pânico. Eles descobriram que, se os banqueiros começavam a acumular dinheiro quando perdiam a confiança no sistema, isso podia exacerbar a crise: bancos que de outro modo teriam capital para sobreviver acabavam quebrando. E o dano era muito pior quando um grande banco estava envolvido, devido à sua tendência a estar no centro da rede financeira.[94] Isso sugeria que, em vez de simplesmente levar em conta o tamanho dos bancos, os reguladores deveriam considerar quem estava no coração do sistema. Não se tratava simplesmente de os bancos serem "grandes demais para quebrar"; era mais uma questão de eles serem "centrais demais para quebrar".

Esses insights sobre a teoria das epidemias estão sendo agora colocados em prática — algo que Haldane descreveu como "guinada filosófica" na maneira como pensamos sobre o contágio financeiro. Uma grande mudança tem sido fazer com que os bancos retenham mais capital se forem importantes para a rede, reduzindo sua suscetibilidade à infecção. Então há a questão dos elos da rede que primeiro transmitiram a infecção. Será que os reguladores também poderiam interferir com eles? "A parte mais difícil era quando você chegava a questões como 'Devemos agir para alterar a própria estrutura da rede?'", disse Haldane. "Era nesse momento que as pessoas começavam a reclamar, porque se tratava de uma intervenção mais intrusiva em seu modelo de negócios."

Em 2011, uma comissão presidida por John Vickers recomendou que os maiores bancos britânicos delimitassem suas atividades mais arriscadas, utilizando uma abordagem conhecida como *ring-fence*.[95] Isso ajudaria a evitar que as consequências de investimentos ruins se disseminassem para as partes de varejo dos bancos, que lidam com serviços cotidianos como nossas poupanças. "O *ring-fence* ajudaria a proteger os bancos de varejo do Reino Unidos de choques externos", sugeriu a comissão. "Um canal de interconectividade do sistema financeiro — e, portanto, de contágio — se tornaria mais seguro." O governo do Reino Unido colocou essas recomendações em prática, forçando os bancos a dividirem suas atividades. Como se tratava de uma política muito dura, ela não foi adotada em toda parte; o *ring-fence* foi proposto em outros lugares da Europa, mas não implementado.[96]

A delimitação por meio do *ring-fence* não é a única estratégia para reduzir a transmissão. Quando os bancos negociam derivativos financeiros, isso frequentemente é feito no "mercado de balcão", diretamente de uma empresa para a outra, sem passar por uma bolsa central. Tal atividade chegou a quase 600 trilhões de dólares em 2018,[97] mas desde 2009 os maiores contratos de derivativos já não são negociados diretamente entre os grandes bancos. Eles precisam passar por hubs centrais que têm o efeito de simplificar a estrutura da rede. O perigo, claro, é que, se um hub falhar, ele pode se tornar um gigantesco superdisseminador. "Se houver um grande choque, o hub piora as coisas, porque o risco está concentrado", disse Barbara Casu, uma economista da Escola de Negócios Cass.[98] "Ele deveria agir como amortecedor de riscos, mas, em casos extremos, pode agir como amplificador." Para lidar com isso, os hubs têm acesso a capital emergencial dos membros que os empregam. Essa abordagem mútua atraiu críticas dos financistas que preferem um sistema bancário no estilo cada um por si.[99] Mas, ao remover da rede o emaranhado de circuitos ocultos, os hubs devem representar uma redução das oportunidades de contágio e da incerteza sobre quem está em risco.

A despeito do progresso de nosso entendimento sobre o contágio financeiro, ainda há trabalho a ser feito. "É como os modelos de doenças infecciosas nas décadas de 1970 e 1980", disse Arinaminpathy. "Havia muitas teorias importantes e os dados precisavam alcançá-las." Um dos grandes obstáculos é a falta de acesso às informações. Os bancos são naturalmente discretos em relação a suas atividades, tornando mais difícil para os pesquisadores descobrirem exatamente como as instituições estão conectadas, particularmente no nível global, e isso prejudica a avaliação do contágio potencial. Os cientistas de rede descobriram que, ao examinar a probabilidade de crise, pequenos erros de conhecimento em relação à rede de empréstimos podem levar a grandes equívocos na hora de estimar os riscos para todo o sistema.[100]

Porém não se trata apenas de dados sobre as negociações. Além de estudar a estrutura das redes, precisamos pensar mais sobre a "loucura das pessoas" mencionada por Newton. É necessário considerar como surgem e como se disseminam crenças e comportamentos. Isso significa pensar sobre pessoas, e não somente sobre patógenos. De inovações a infecções, o contágio frequentemente é um processo social.

3

A medida da amizade

OS TERMOS DA APOSTA eram simples. Se John Ellis perdesse nos dardos, ele teria de inserir a palavra "pinguim" em seu próximo artigo científico. O ano era 1977 e Ellis e seus colegas estavam em um pub perto do laboratório de física de partículas CERN (sigla em francês para Conselho Europeu para a Pesquisa Nuclear), nos arredores de Genebra. Ellis jogava contra Melissa Franklin, uma estudante visitante. Ela teve de ir embora antes do fim do jogo, mas outro pesquisador assumiu seu lugar e garantiu a vitória. "Mesmo assim", disse Ellis mais tarde,[1] "senti-me obrigado a cumprir a aposta."

Isso suscitou a questão de como incluir um pinguim em um estudo sobre física. Na época, Ellis trabalhava em um artigo que descrevia como um tipo específico de partícula subatômica — o chamado "quark bottom" — se comportava. Ele esboçou um diagrama com flechas e circuitos mostrando como as partículas faziam a transição de um estado para outro. Apresentados por Richard Feynman em 1948, esses "diagramas de Feynman" se tornaram uma ferramenta popular da física. Os desenhos forneceram a Ellis a inspiração necessária. "Certa noite, a caminho de meu apartamento, depois de trabalhar no CERN, parei para visitar alguns amigos que viviam em Meyrin, onde fumei uma substância ilegal", lembrou ele. "Mais tarde, quando voltei para casa e continuei a trabalhar no artigo, tive um flash súbito e percebi que os famosos diagramas se pareciam com pinguins."

A ideia fez sucesso. Desde que o artigo foi publicado, seus "diagramas pinguins" foram citados milhares de vezes por outros físicos. Mesmo assim, não se disseminaram tanto quanto as figuras em que se baseavam. Os diagramas de Feynman se disseminaram muito rapidamente após sua aparição em 1948, transformando a física. Uma das razões para a ideia ter surgido foi o Instituto de Estudos Avançados em Princeton, Nova Jersey. Seu diretor era J. Robert Oppenheimer, que anteriormente liderara o esforço americano para desenvolver a bomba atômica. Oppenheimer chamava o instituto de seu "hotel intelectual", para o qual convidou uma série de pesquisadores juniores para estadas de dois anos.[2] Mentes jovens chegavam de todo o mundo, com Oppenheimer encorajando o fluxo global de ideias. "A melhor maneira de enviar informação é embrulhá-la em uma pessoa", dizia ele.

A disseminação de conceitos científicos inspiraria algumas das primeiras pesquisas sobre transmissão de ideias. Durante o início da década de 1960, o matemático americano William Goffman sugeriu que a transferência de informações entre cientistas funcionava de modo muito parecido com uma epidemia.[3] Da mesma forma que doenças como malária se disseminam de pessoa para pessoa através de mosquitos, a pesquisa científica frequentemente passava de cientista para cientista por meio de artigos acadêmicos. Da teoria da evolução de Darwin às leis do movimento de Newton e ao movimento psicanalítico de Freud, novos conceitos contagiaram cientistas "suscetíveis" que entraram em contato com eles.

Mesmo assim, nem todo mundo era suscetível aos diagramas de Feynman. Um dos céticos era Lev Landau, do Instituto de Problemas Físicos de Moscou. Físico altamente conceituado, Landau tinha ideias claras sobre quem respeitar, e era conhecido por manter uma lista classificando os colegas pesquisadores. Ele usava uma escala invertida de 0 a 5. A nota 0 indicava o físico mais importante — posição mantida somente por Newton — e a nota 5 significava "comum". Landau dera a si mesmo a nota 2,5, subindo para 2 quando recebeu o Prêmio Nobel em 1962.[4]

Embora Landau tivesse dado a Feynman a nota 1, ele não ficou impressionado com os diagramas, enxergando-os como um desvio da atenção de problemas mais importantes. Ele organizava um popular seminário semanal no Instituto de Moscou. Em duas ocasiões, palestrantes tentaram apresentar os diagramas de Feynman e foram expulsos do púlpito antes de finalizarem as respectivas palestras. Quando um estudante de PhD disse que planejava seguir o caminho de Feynman, Landau o acusou de "seguir a moda". Ele finalmente usou os diagramas em um artigo de 1954, mas terceirizou a complicada análise para dois alunos. "Esse é o primeiro trabalho no qual não pude fazer os cálculos por mim mesmo", admitiu ele a um colega.[5]

Que efeito pessoas como Landau tiveram na disseminação dos diagramas de Feynman? Em 2005, o físico Luís Bettencourt, o historiador David Kaiser e seus colegas decidiram descobrir.[6] Kaiser coletara jornais acadêmicos publicados em todo o mundo depois que Feynman anunciara sua ideia. Ele os percorreu página a página, buscando referências aos diagramas e calculando quantos autores haviam adotado a ideia ao longo do tempo. Quando a equipe traçou os gráficos associados aos dados obtidos, o número de autores usando os diagramas seguia a familiar curva em S de adoção, crescendo exponencialmente antes de chegar a um platô.

O passo seguinte foi quantificar quão contagiosa fora a ideia. Embora os diagramas tivessem se originado nos EUA, eles haviam se disseminado rapidamente ao chegar ao Japão. Na URSS, porém, a adoção ocorreu mais lentamente do que nos outros dois países. Isso era consistente com os relatos históricos. As universidades japonesas haviam se expandido de modo acelerado no período do pós-guerra, com uma forte comunidade de física de partículas. Em contraste, a guerra fria emergente — combinada ao ceticismo de pesquisadores como Landau — reprimira os diagramas na URSS.

Com os dados disponíveis, Bettencourt e seus colegas também podiam estimar o número de reprodução, R, de um diagrama de Feynman: cada físico que adotara a ideia a transmitira a quantos outros? Os resultados sugeriam que haviam sido muitos: como ideia, ela fora altamente contagiosa. Inicialmente R ficara em torno de 15 nos EUA e potencialmente chegara a 75 no Japão. Essa foi uma das primeiras vezes em que pesquisadores tentaram mensurar o número de reprodução de uma ideia, colocando um valor no que anteriormente fora uma vaga noção de contágio.

Isso suscitou a questão de por que a ideia fora tão cativante. Talvez devido ao fato de os físicos terem interagido uns com os outros frequentemente durante aquele período? Não necessariamente: o alto valor de R parecia se dever ao fato de as pessoas continuarem a disseminar a ideia muito depois de a terem adotado. "A disseminação dos diagramas de Feynman parece análoga à de uma doença de disseminação muito lenta", comentaram os pesquisadores. A adoção se devia "primariamente à longuíssima sobrevivência da ideia, e não a taxas de contato anormalmente altas".

Ao rastrear redes de citações, não descobrimos somente como as novas ideias se disseminam, mas também podemos entender como elas emergem. Se cientistas importantes dominam um campo, isso pode atrapalhar o crescimento das ideias concorrentes. Como resultado, novas teorias possivelmente só ganharão força quando os cientistas dominantes saírem da ribalta. Como supostamente disse o físico Max Planck, "a ciência avança um funeral de cada vez". Pesquisadores do MIT testaram esse famoso comentário ao analisar o que acontece após a morte prematura de cientistas de elite.[7] Eles descobriram que os grupos concorrentes publicam mais artigos — e são mais citados —, ao passo que os colaboradores do "astro" pesquisador tendem a perder proeminência.

Artigos científicos não são relevantes somente para cientistas. Ed Catmull, cofundador da Pixar, afirmou que as publicações são uma maneira útil de construir ligações com especialistas fora de sua empresa.[8] "Publicar pode revelar nossas ideias, mas nos mantém conectados à comunidade acadêmica", escreveu ele. "Essa conexão vale muito mais que quaisquer ideias que possamos revelar." A Pixar é conhecida por encorajar encontros de "mundo pequeno" entre diferentes segmentos da rede. Isso até mesmo influenciou o projeto de sua sede, que tem um grande átrio central contendo hubs potenciais para interações aleatórias, como caixas de correio e a cafeteria. "A maioria dos edifícios é projetada para algum propósito funcional, mas o nosso é estruturado para maximizar os encontros inadvertidos", disse Catmull. A ideia de arquitetura social também foi adotada em outros lugares. Em 2016, o Instituto Francis Crick foi inaugurado em Londres. Sendo o maior laboratório biomédico da Europa, ele se tornaria o lar de mais de 1.200 cientistas em um edifício de 650 milhões de libras esterlinas. De acordo com seu diretor, Paul Nurse, o layout foi projetado para fazer com que as pessoas interagissem ao criar "um pouco de gentil anarquia".[9]

Encontros inesperados podem ajudar a gerar inovação, mas, se as empresas removem fronteiras demais no escritório, isso pode ter o efeito oposto. Quando os pesquisadores da Universidade de Harvard usaram rastreadores digitais para monitorar funcionários em duas grandes empresas, eles descobriram que a implementação dos planos abertos reduzira as interações cara a cara em cerca de 70%. As pessoas escolhiam se comunicar online, com o uso do e-mail aumentando mais de 50%. Aumentar a abertura dos escritórios diminuiu o número de interações significativas, reduzindo a produtividade geral.[10]

Para que algo se dissemine, pessoas suscetíveis e infectadas precisam entrar em contato, direta ou indiretamente. Estejamos analisando inovações ou infecções, o número de oportunidades de transmissão depende de quão frequentemente os contatos ocorrem. Assim, se queremos entender o contágio, precisamos descobrir como interagimos uns com os outros. No entanto, essa tarefa se revela notavelmente difícil.

"THATCHER SUSPENDE ENQUETE SOBRE SEXO", anunciava a manchete do *Sunday Times*. Estávamos em setembro de 1989 e o governo acabara de vetar uma proposta para estudar o comportamento sexual no Reino Unido. Enfrentando uma epidemia crescente de HIV, os pesquisadores haviam se conscientizado cada vez mais da importância dos encontros sexuais. O problema era que ninguém realmente sabia quão comuns eles eram. "Não tínhamos ideia dos parâmetros estimados que impulsionariam uma epidemia de HIV", disse mais tarde Anne Johnson, uma das pesquisadoras que propôs o estudo no Reino Unido. "Não sabíamos que proporção da população tinha parceiros do mesmo sexo nem a quantidade de parceiros que as pessoas tinham."[11]

Em meados da década de 1980, um grupo de pesquisadores de saúde teve a ideia de mensurar o comportamento sexual em escala nacional. Eles haviam realizado um estudo-piloto bem-sucedido, mas tiveram dificuldade para iniciar a enquete principal. Houve relatos de que Margaret Thatcher vetara o financiamento governamental, acreditando que o estudo invadiria a vida privada das pessoas e levaria a "especulações inadequadas". Felizmente, existia outra opção. Logo depois que o artigo do *Sunday Times* foi publicado, a equipe conseguiu apoio independente do Wellcome Trust.

A Enquete Nacional sobre Atitudes e Estilos de Vida Sexuais — ou Natsal, na sigla em inglês — seria realizada em 1990 e, depois, em 2000 e 2010. De acordo com Kaye Wellings, que ajudou a desenvolver o estudo, estava claro que os dados teriam aplicações para além das ISTs. "Mesmo enquanto escrevíamos a proposta, percebemos que a enquete responderia muitas perguntas relevantes para as políticas de saúde pública que, anteriormente, não podiam ser respondidas devido à falta de dados." Em anos recentes, a Natsal forneceu insights para várias questões sociais, do controle de natalidade ao fim dos casamentos.

Mesmo assim, não foi fácil fazer com que as pessoas falassem sobre sua vida sexual. Os entrevistadores tinham de persuadi-las a participar — frequentemente ao enfatizar os benefícios para a sociedade mais ampla — e conquistar sua confiança para que respondessem com sinceridade. E ainda existia a questão da terminologia sexual: "Havia disparidade entre a linguagem de saúde pública e a linguagem cotidiana, tão cheia de eufemismos", comentou Wellings. Ela lembrou que vários participantes não reconheceram termos como "heterossexual" ou "vaginal". "Todos os nomes latinos ou qualquer palavra com mais de três sílabas era visto como algo completamente estranho e pouco ortodoxo."

No entanto, a equipe da Natsal tinha certas vantagens, como a frequência relativamente baixa dos encontros sexuais. O estudo mais recente descobriu que um jovem típico, de vinte e poucos anos, no Reino Unido, faz sexo em média cinco vezes ao mês, com menos de um novo parceiro sexual por ano.[12] Mesmo os indivíduos mais ativos apresentam baixa probabilidade de dormir com mais de poucas dezenas de pessoas em determinado ano. Isso significa que a maioria dos entrevistados sabe quantos parceiros teve e o que essas parcerias envolveram. Se compararmos isso com o tipo de interação que pode disseminar a gripe, como conversas ou apertos de mão, veremos que, todos os dias, podemos ter dezenas de encontros cara a cara como esses.

Na última década, mais ou menos, os pesquisadores tentam cada vez mais mensurar os contatos sociais relevantes para infecções respiratórias como a gripe. O mais conhecido é o estudo POLYMOD, que perguntou a mais de 7 mil participantes de oito países europeus com quem eles interagiam, incluindo contatos físicos, como apertos de mão, e conversas. Desde então, houve estudos similares em países que vão do Quênia a Hong Kong. Eles também estão se tornando mais ambiciosos: recentemente, trabalhei com colaboradores da Universidade de Cambridge para implementar um projeto de ciência pública coletando dados sobre o comportamento social de mais de 50 mil voluntários no Reino Unido.[13]

Graças a esses estudos, agora sabemos que certos aspectos do comportamento são bastante consistentes em todo o mundo. As pessoas tendem a se misturar com indivíduos de idade similar, e as crianças têm, de longe, o maior número de contatos.[14] As interações na escola e em casa tipicamente envolvem contato físico, e os encontros que ocorrem diariamente muitas vezes duram mais de uma hora. Mesmo assim, o número geral de interações pode variar muito entre os locais. Os residentes de Hong Kong tipicamente têm contato físico com cerca de cinco pessoas por dia; o Reino Unido é similar, mas, na Itália, a média é de dez pessoas.[15]

Mensurar tal comportamento é uma coisa, mas será que essas novas informações podem ajudar a prever a forma das epidemias? No início deste livro, vimos que, durante a pandemia de influenza de 2009, houve dois picos de surtos no Reino Unido: um na primavera e um no outono. Para entender o que causou esse padrão, basta olhar para as escolas. Elas reúnem as crianças em um ambiente intensamente social, criando um cadinho potencial para as infecções; durante as férias, as crianças têm em média 40% menos contatos sociais diários. Como se pode ver no gráfico, a distância entre os dois picos da pandemia de 2009 coincide com as férias de verão. A prolongada diminuição dos contatos sociais foi grande o bastante para explicar a calmaria na pandemia durante o verão. No entanto, as férias não explicam totalmente a segunda onda de infecção. Embora o primeiro pico provavelmente tenha ocorrido por causa de mudanças no comportamento social, o segundo se deu principalmente devido à imunidade de grupo.[16] O aumento e a queda das infecções durante as aulas e férias escolares também podem influenciar outras condições de saúde. Em muitos países, os casos de asma podem ter um pico no início do ano escolar. Também é possível que esses surtos tenham efeito em cadeia na comunidade mais ampla, exacerbando a asma em adultos.[17]

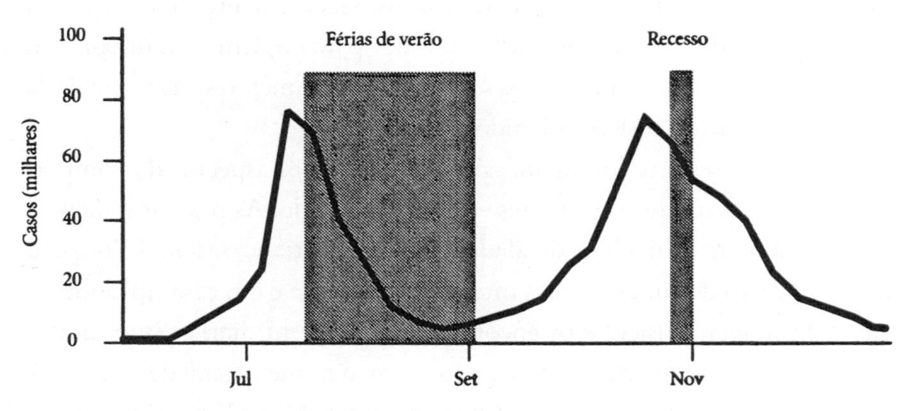

Dinâmicas da pandemia de influenza de 2009 no Reino Unido

Se queremos prever o risco de infecção de uma pessoa, não basta mensurar quantos contatos ela teve. Também precisamos pensar sobre os contatos de seus contatos e sobre os contatos dos contatos *deles*. Uma pessoa com aparentemente poucas interações pode estar a apenas alguns passos de um ambiente de alta transmissão, como uma escola. Há alguns anos, eu e meus colegas analisamos os contatos sociais e as infecções durante a pandemia de gripe de 2009 em Hong Kong.[18] Descobrimos que era o alto número de contatos sociais entre as crianças que impulsionava a epidemia, com queda nos contatos e nas infecções após a infância. Mas havia um subsequente aumento do risco quando as pessoas chegavam à faixa etária da paternidade. Como sabe qualquer professor ou pai, interações com crianças significam risco aumentado de infecção. Em média, nos EUA, pessoas sem filhos tipicamente passam poucas semanas do ano infectadas com vírus; pessoas com um filho têm uma infecção durante cerca de um terço do ano; e pessoas com dois filhos carregam vírus na maior parte do tempo.[19]

Além de impulsionar a transmissão em comunidades, as interações sociais também podem transportá-la para outros lugares. Nos estágios iniciais da pandemia de gripe de 2009, o vírus não se disseminou de acordo com a distância entre os países. Quando o surto se iniciou no México em março, ele rapidamente chegou a lugares longínquos como a China, mas levou mais tempo para surgir em países próximos, como Barbados. A razão? Se definimos "perto" e "longe" em termos de localização no mapa, estamos usando a noção errada de distância. As infecções são disseminadas por pessoas, e há mais rotas aéreas importantes ligando o México à China — como aquelas via Londres — que a países como Barbados. A China pode estar longe para um pássaro, mas é relativamente próxima para um ser humano. A disseminação da gripe em 2009 é muito mais fácil de explicar se definimos as distâncias de acordo com o fluxo de passageiros das empresas aéreas. E não somente a gripe: a SARS seguiu rotas aéreas similares ao emergir na China em 2003, chegando a países como a República da Irlanda e o Canadá antes de chegar à Tailândia e à Coreia do Sul.[20]

Porém, depois que a pandemia de gripe de 2009 chegava a um país, as viagens de longa distância pareciam ser menos importantes para a transmissão. Nos EUA, o vírus se disseminou como uma ondulação, viajando gradualmente do sudeste para o interior. Ele levou cerca de três meses para se mover 2 mil quilômetros pelo leste americano, o que se traduz em uma velocidade menor que 1 km/h. Na média, era possível ultrapassar a gripe caminhando.[21]

Embora as conexões aéreas de longa distância sejam importantes para a introdução de vírus em novos países, as viagens no interior dos EUA são dominadas pelos movimentos locais, e isso também acontece em muitos outros países.[22] Para simular esses movimentos locais, os pesquisadores frequentemente usam o que é conhecido como "modelo de gravidade". A ideia é que somos atraídos para os lugares dependendo de quão próximos e populosos eles são, assim como planetas maiores e mais densos exercem atração gravitacional mais intensa. Se você vive em um vilarejo, pode visitar uma cidadezinha próxima mais frequentemente que uma cidade grande e mais distante; se vive em uma cidade grande, você provavelmente passa pouco tempo nas cidadezinhas em torno.

Essa pode parecer uma maneira óbvia de pensar em interações e movimentos, mas, historicamente, as pessoas pensaram de outro modo. Em meados da década de 1840, no auge da bolha das ferrovias na Grã-Bretanha, os engenheiros presumiram que a maior parte do tráfego viria das viagens de longa distância entre grandes cidades. Infelizmente, poucos se preocuparam em questionar essa suposição. Mas alguns estudos foram desenvolvidos no continente europeu. Para descobrir como as pessoas realmente viajavam, o engenheiro belga Henri-Guillaume Desart projetou o primeiro modelo de gravidade em 1846. Sua análise mostrou que haveria muita demanda por viagens locais, uma ideia que foi ignorada pelos operadores de ferrovias do outro lado do canal. A rede ferroviária britânica provavelmente teria sido muito mais eficiente se não fosse por essa desatenção.[23]

Pode ser fácil subestimar a importância dos elos sociais. Quando Ronald Ross e Hilda Hudson escreveram seus artigos sobre a "teoria dos acontecimentos" no início do século XX, eles sugeriram que ela poderia se aplicar a coisas como acidentes, divórcios e doenças crônicas. Na mente desses pesquisadores, tais acontecimentos eram independentes: se algo acontecesse a uma pessoa, isso não afetava as chances de acontecer a outras. Não havia elemento de contágio de uma pessoa para outra. No início do século XXI, pesquisadores começaram a questionar se isso realmente era verdade. Em 2007, o médico Nicholas Christakis e o cientista social James Fowler publicaram um artigo intitulado "A disseminação da obesidade em uma grande rede social durante 32 anos". Eles haviam estudado os dados de saúde dos participantes do Estudo Cardíaco de Framingham, baseado na cidade de mesmo nome, no Massachusetts. Além de sugerir que a obesidade podia se disseminar entre amigos, eles propuseram que poderia haver um efeito em cadeia na rede mais ampla, potencialmente influenciando amigos de amigos e amigos de amigos de amigos.

A dupla subsequentemente analisou várias outras formas de contágio social na mesma rede, incluindo fumo, felicidade, divórcio e solidão.[24] Pode parecer estranho que a solidão possa se disseminar pelos contatos sociais, mas os pesquisadores indicaram o que pode acontecer nas margens da rede de amizade. "Na periferia, as pessoas têm menos amigos, o que as torna solitárias, mas também as leva a cortar os poucos laços que ainda têm. No entanto, antes de fazerem isso, elas tendem a transmitir a mesma sensação de solidão para seus amigos remanescentes, iniciando um novo ciclo."

Esses artigos foram imensamente influentes. Na década que se seguiu à publicação, o estudo sobre obesidade, por si só, foi citado mais de 4 mil vezes, com muitos vendo a pesquisa como evidência de que tais traços podiam se disseminar. Mas também houve questionamentos. Logo após os estudos sobre a obesidade e o fumo serem publicados, um artigo no *British Medical Journal* sugeriu que a análise de Christakis e Fowler podia ter assinalado efeitos que não estavam realmente presentes.[25] Então o matemático Russell Lyons escreveu um artigo argumentando que os pesquisadores haviam cometido "erros fundamentais" e que suas principais alegações eram "infundadas".[26] Onde isso nos deixa? Coisas como obesidade realmente se disseminam? Como descobrir se o comportamento é contagioso?

UM DOS EXEMPLOS MAIS FAMILIARES de contágio social é o bocejo, que também é um dos mais fáceis de estudar. Como ele é comum, facilmente localizável e o intervalo entre o bocejo de uma pessoa e o de outra é curto, os pesquisadores podem examinar detalhadamente a transmissão.

Por meio de experimentos realizados em laboratório, vários estudos analisaram o que faz o bocejo se disseminar. A natureza dos relacionamentos sociais parece ser particularmente importante para a transmissão: quanto melhor conhecemos alguém, mais provável é que bocejemos também.[27] Além disso, o processo de transmissão é mais rápido, com o intervalo entre os bocejos sendo menor entre membros da mesma família que entre conhecidos. Boceje na frente de um estranho e há menos de 10% de chance que o bocejo se dissemine; boceje perto de um familiar e ele bocejará também em cerca de metade do tempo. Não são somente os seres humanos que têm mais probabilidade de se contagiar com o bocejo de indivíduos com os quais se relacionam. Um bocejo social similar pode ocorrer entre animais, de macacos a lobos.[28] No entanto, podemos demorar um pouco para nos tornarmos suscetíveis. Embora bebês e crianças pequenas às vezes bocejem, eles não parecem pegar o bocejo dos pais. Os experimentos sugerem que bocejar só se torna contagioso por volta dos 4 anos de idade.[29]

Além do bocejo, os pesquisadores analisaram a disseminação de outros comportamentos de curta duração, como a coceira, o riso e as reações emocionais. Essas respostas sociais podem se manifestar muito rapidamente: em experimentos que analisavam o trabalho em equipe, os líderes eram capazes de disseminar humor positivo ou negativo para sua equipe em questão de minutos.[30]

Se os pesquisadores querem estudar o bocejo ou o humor, eles podem usar cenários em laboratório para controlar o que as pessoas veem e evitar distrações que poderiam distorcer os resultados. Isso é possível para coisas que se disseminam rapidamente, mas e quanto a comportamentos e ideias que levam muito mais tempo para se propagar por uma população? É consideravelmente mais difícil estudar o contágio social fora do laboratório. Entre os pássaros, o chapim-real tem uma longa reputação por comportamento inovador. Na década de 1940, ecologistas britânicos notaram que eles haviam descoberto como furar a tampa de alumínio das garrafas de leite para chegar ao líquido. A tática persistiria por décadas, mas não estava claro como tais inovações se disseminavam pelas populações.[31]

Embora vários estudos tenham observado a disseminação de comportamentos entre animais em cativeiro, tem sido difícil fazer o mesmo com populações selvagens. Dada a fama de inovadores dos chapins-reais, a zoóloga Lucy Aplin e seus colegas decidiram ver como essas ideias se propagavam. Primeiro eles precisavam de uma inovação. A equipe foi para Wytham Woods, perto de Oxford, e criou um quebra-cabeça com larvas-da-farinha. Se os pássaros quisessem chegar à comida no interior da caixa, tinham de mover a porta deslizante em certa direção. Para ver como eles interagiam, os pesquisadores colocaram em quase todos os chapins-reais da área tags de rastreamento automatizado. “Podíamos obter informações em tempo real sobre como e quando os indivíduos adquiriam conhecimento”, disse Aplin.

"A coleta automatizada de dados também significou que podíamos deixar o processo correr sem perturbações."[32]

Os pássaros se agrupavam em várias subpopulações diferentes; em cinco delas, os pesquisadores ensinaram um casal de pássaros a solucionar o enigma. A técnica se disseminou rapidamente: vinte dias depois, três em cada quatro pássaros a haviam adotado. A equipe também estudou um grupo controle, que não foi treinado. Alguns pássaros finalmente descobriram como entrar na caixa, mas levou muito mais tempo para a ideia emergir e se disseminar.

Nas populações treinadas, a ideia também foi bastante resiliente. Muitos dos pássaros morreram entre uma estação do ano e a seguinte, mas o conhecimento, não. "O comportamento reemergia muito rapidamente todos os invernos", disse Aplin, "mesmo que somente um pequeno número de indivíduos tivesse sobrevivido do ano anterior e conhecesse o comportamento." Ela também notou que a transmissão de informações entre os pássaros tinha algumas características familiares. "Alguns princípios gerais eram similares ao modo como as doenças se disseminam entre as populações, como, por exemplo, o fato de indivíduos mais sociais terem mais probabilidade de encontrar e adotar novos comportamentos e indivíduos socialmente centrais agirem como 'pedras angulares' ou 'superdisseminadores' na difusão das informações."

O estudo também demonstrou que normas sociais podem emergir em animais selvagens. Havia duas maneiras de entrar na caixa, mas foi a solução introduzida pelos pesquisadores que se tornou o método aceito. Tal conformidade é ainda mais comum em seres humanos. "Somos especialistas em aprendizado social", disse Aplin. "O aprendizado e a cultura social que observamos em sociedades humanas têm maior magnitude que qualquer coisa que observamos no restante do reino animal."

FREQUENTEMENTE PARTILHAMOS CARACTERÍSTICAS com as pessoas que conhecemos, de escolhas de saúde e estilo de vida a visões políticas e situação econômica. Em geral, há três explicações possíveis para tais similaridades. Uma é o contágio social: talvez você se comporte de certa maneira porque seus amigos o influenciaram ao longo do tempo. Alternativamente, pode ter ocorrido o inverso: talvez vocês tenham se tornado amigos porque já partilhavam certas características. Isso é conhecido como "homofilia", a ideia de "diz-me com quem andas e eu te direi quem és". É claro que seu comportamento pode não ter nenhuma relação com conexões sociais. Você pode simplesmente partilhar o mesmo ambiente, o que influencia seu comportamento. O sociólogo Max Weber usou o exemplo de uma multidão abrindo seu guarda-chuva quando começa a chover. As pessoas não estão necessariamente reagindo umas às outras, mas às nuvens acima delas.[33]

Pode ser difícil descobrir qual dessas três explicações — contágio social, homofilia ou ambiente partilhado — é a correta. Você gosta de certa atividade porque seu amigo também gosta ou vocês são amigos porque gostam da mesma atividade? Você não correu hoje porque seu amigo também não correu, ou vocês dois abandonaram a ideia porque estava chovendo? Os sociólogos chamam isso de "problema do reflexo", porque uma explicação pode espelhar a outra.[34] Nossas amizades e comportamentos frequentemente estão correlacionados, mas pode ser muito difícil demonstrar que o contágio é responsável por isso.

Precisamos de uma maneira de separar o contágio social de outras explicações possíveis. O modo mais definitivo de fazer isso seria gerar um surto e ver o que acontece. Isso significaria introduzir um comportamento específico, como Aplin e seus colegas fizeram com os pássaros, e mensurar como ele se dissemina. Idealmente, poderíamos comparar os resultados com um grupo "controle" selecionado aleatoriamente — com indivíduos que não foram expostos —, para ver quanto efeito teria o surto. Esse tipo de experimento é comum em medicina, sendo conhecido como "estudo randomizado controlado".

Como tal abordagem funcionaria em seres humanos? Suponhamos que quiséssemos fazer um experimento para estudar a disseminação do fumo entre amigos. Uma opção seria introduzir o comportamento no qual estamos interessados: selecionar algumas pessoas aleatoriamente, fazer com que começassem a fumar e ver se esse comportamento se disseminaria entre seus grupos de amigos. Embora esse experimento possa nos dizer se ocorre contágio social, é fácil perceber que há grandes problemas éticos nessa abordagem. Não podemos pedir que as pessoas adotem uma atividade prejudicial como fumar por causa da remota possibilidade de que isso nos ajude a compreender o comportamento social.

Em vez de introduzir o fumo aleatoriamente, poderíamos observar como o hábito já existente se dissemina através de novas conexões sociais. Mas isso significaria rearranjar aleatoriamente as amizades e localizações das pessoas e verificar se elas adotam o comportamento de seus novos amigos. Novamente, isso, em geral, é impraticável: quem rearranjaria toda a sua rede de amigos para um projeto de pesquisa?

Em se tratando de projetar experimentos sociais, o trabalho de Aplin com os pássaros teve grandes vantagens sobre os estudos com seres humanos. Enquanto os indivíduos da nossa espécie podem manter ligações sociais similares por anos ou décadas, os pássaros têm um tempo de vida relativamente curto, o que significou que novas redes de interações se formaram todos os anos. A equipe também pôde identificar a maioria dos pássaros na área, permitindo rastrear a rede em tempo real. Isso significou que os pesquisadores puderam introduzir uma nova ideia — a solução do quebra-cabeça — e observar como ela se disseminou pelas redes recém-formadas.

Há algumas circunstâncias nas quais novas amizades entre seres humanos se formam aleatoriamente todas ao mesmo tempo, como quando recrutas são designados para esquadrões militares ou estudantes são alocados às várias alas de uma universidade.[35] Infelizmente para os pesquisadores, esses exemplos são raros. Na maioria das situações da vida real, os cientistas não podem interferir no comportamento ou nas dinâmicas da amizade para ver o que acontece. Em vez disso, precisam tentar obter insights sobre o que podem observar naturalmente. "Embora muitas das melhores estratégias envolvam randomização ou alguma fonte plausível de randomização, em relação a diversas coisas com as quais realmente nos importamos como cientistas sociais e como cidadãos, não podemos randomizar", disse Dean Eckles, um cientista social do MIT.[36] "Assim, temos de fazer o melhor trabalho possível com pesquisas puramente observacionais."

Grande parte da epidemiologia se baseia na análise observacional: em geral, os pesquisadores não podem iniciar surtos deliberadamente ou introduzir doenças graves entre as pessoas para entender como essas coisas funcionam. Isso levou a algumas sugestões de que a epidemiologia está mais próxima do jornalismo que da ciência, uma vez que só relata a situação conforme ocorre, em vez de fazer experimentos.[37] Mas tais alegações ignoram as grandes melhorias de saúde que resultaram dos estudos observacionais.

Tomemos como exemplo o caso do fumo. Na década de 1950, os pesquisadores começaram a investigar o aumento maciço das mortes em decorrência do câncer de pulmão durante as décadas precedentes.[38] Parecia haver uma ligação clara com a popularidade dos cigarros: os indivíduos que fumavam tinham nove vezes mais probabilidade de morrer da doença que os não fumantes. O problema era como demonstrar que o fumo realmente causava câncer. Ronald Fisher, um proeminente estatístico (e fumante inveterado de cachimbo) argumentou que, somente porque duas coisas estão correlacionadas, isso não significa que uma esteja causando a outra. Talvez os fumantes tivessem estilos de vida muito diferentes dos não fumantes, e uma dessas diferenças — e não o fumo — causasse as mortes? Ou talvez algum traço genético ainda não identificado fizesse com que as pessoas tivessem mais probabilidade tanto de desenvolver câncer de pulmão quanto de fumar? A questão dividiu a comunidade científica. Alguns, como Fisher, argumentaram que os padrões que ligavam o fumo ao câncer eram somente coincidência. Outros, como o epidemiologista Austin Bradford Hill, achavam que o fumo era culpado pelo aumento no número de mortes.

É claro, um experimento teria fornecido uma resposta definitiva, mas, como vimos, não teria sido ético implementá-lo. Assim como os cientistas sociais modernos não podem fazer com que as pessoas fumem para analisar se o hábito se dissemina, os pesquisadores da década de 1950 não podiam pedir que fumassem para verificar se o fumo causava câncer. Para solucionar o enigma, os epidemiologistas tinham de encontrar uma maneira de descobrir se uma coisa causava a outra, sem um experimento.

RONALD ROSS PASSOU AGOSTO DE 1898 esperando para anunciar sua descoberta de que os mosquitos transmitiam malária. Enquanto lutava para obter permissão do governo para publicar seu trabalho em um jornal científico, ele temia que outros copiassem sua pesquisa e ficassem com o crédito. "Os piratas estão à beira-mar, prontos para me abordar", disse ele.[39]

O pirata que ele mais temia era um biólogo alemão chamado Robert Koch. Circulavam histórias de que Koch viajara para a Itália a fim de estudar a malária. Se ele conseguisse infectar uma pessoa com o parasita, isso poderia obscurecer o trabalho de Ross, que usara somente pássaros. O alívio chegou algumas semanas depois, na forma de uma carta de Patrick Manson. "Ouvi que Koch fracassou com o mosquito na Itália", escreveu Manson. "Então você tem tempo para garantir a descoberta para a Inglaterra."

Por fim, Koch publicou uma série de estudos sobre a malária, creditando integralmente o trabalho de Ross. Em particular, Koch sugeriu que as crianças em áreas de malária agiam como reservatórios da infecção, porque os adultos mais velhos frequentemente desenvolviam imunidade ao parasita. A malária foi o último em uma linha de novos patógenos para Koch. Durante as décadas de 1870 e 1880, ele demonstrara que as bactérias estavam por trás de doenças como o antraz bovino e a tuberculose em seres humanos. No processo, criara uma série de regras — ou "postulados" — para identificar se um germe particular era responsável pela doença. Para começar, ele achou que sempre seria possível encontrar o germe no interior de alguém que tinha a doença. Então, se um hospedeiro saudável — como um animal de laboratório — fosse exposto a esse germe, ele também deveria desenvolver a doença. Finalmente, deveria ser possível extrair uma amostra do germe depois que o novo hospedeiro adoecesse; esse germe deveria ser igual àquele ao qual o novo hospedeiro fora originalmente exposto.[40]

Os postulados de Koch foram úteis para a emergente ciência da "teoria dos germes", mas ele logo percebeu que tinham limitações. O maior problema era que alguns patógenos nem sempre causavam enfermidades. Algumas pessoas eram infectadas, mas não apresentavam sintomas observáveis. Assim, os pesquisadores precisavam de um conjunto mais geral de princípios para descobrir o que podia estar por trás de uma doença.

Para Austin Bradford Hill, a doença de interesse era o câncer de pulmão. Para demonstrar que o fumo era responsável, ele e seus colaboradores compilariam vários tipos de evidências. Posteriormente, ele as resumiria em um conjunto de "pontos de vista" para ajudar os pesquisadores a decidirem se uma coisa causava outra. O primeiro ponto de vista de sua lista era a força da correlação entre a causa proposta e o efeito. Por exemplo, os fumantes tinham muito mais probabilidade de ter câncer de pulmão que os não fumantes. Bradford Hill sustentava que esse padrão devia ser consistente, surgindo em lugares diferentes e em múltiplos estudos. Então havia o timing: a causa vinha antes do efeito? Outro indicador era o fato de a doença ser específica em relação a certo tipo de comportamento (embora isso nem sempre fosse útil, porque não fumantes também podem ter câncer de pulmão). Idealmente, também haveria as evidências de um experimento: se as pessoas parassem de fumar, isso reduziria suas chances de ter câncer.

Em alguns casos, Bradford Hill disse que era possível relacionar o nível de exposição ao risco de doença. Por exemplo, quanto mais cigarros uma pessoa fumasse, mais probabilidade ela teria de morrer em função deles. Além disso, seria possível traçar uma analogia com causa e efeito similares, como outro produto químico que causasse câncer. Finalmente, ele sugeriu que valia a pena verificar se a causa era biologicamente plausível e se adequava ao que os cientistas já sabiam.

Ele enfatizou que esses pontos de vista não eram uma lista para "provar" algo incontestavelmente. O objetivo era ajudar a responder uma pergunta crucial: existe alguma explicação melhor para o que estamos vendo que não seja a de simples causa e efeito? Além de fornecer evidências de que o fumo causava câncer, esses tipos de método ajudaram os pesquisadores a revelar a fonte de outras doenças. Durante as décadas de 1950 e 1960, a epidemiologista Alice Stewart reuniu evidências de que baixas doses de radiação podiam causar leucemia.[41] Na época, a tecnologia de raios X era regularmente usada em mulheres grávidas; havia raios X até mesmo em lojas, para que as pessoas pudessem ver seus pés dentro dos sapatos. Após uma longa luta de Stewart, esses perigos foram removidos. Mais recentemente, os pesquisadores do CDC americano usaram os pontos de vista de Bradford Hill para argumentar que infecções por zika estavam causando defeitos congênitos.[42]

Estabelecer tais causas e efeitos é inerentemente difícil. Com frequência ocorre um intenso debate sobre qual é o fator causador e o que deve ser feito.

Mesmo assim, Stewart acreditava que, em face de evidências preocupantes, as pessoas deviam agir a despeito da inevitável incerteza envolvida. "O truque é conseguir a melhor estimativa sobre a espessura do gelo ao cruzar um lago", disse ela certa vez. "A arte do jogo é fazer o julgamento correto a respeito do peso das evidências, sabendo que seu julgamento está sujeito a mudança sob a pressão de novas observações."[43]

QUANDO CHRISTAKIS E FOWLER decidiram estudar o contágio social, eles planejaram fazer isso a partir do zero. A ideia era recrutar mil pessoas, pedir que cada uma delas nomeasse cinco contatos e que cada contato nomeasse mais cinco. No total, eles teriam de rastrear detalhadamente o comportamento de 31 mil pessoas durante muitos anos. Um estudo assim tão amplo teria um custo de cerca de 30 milhões de dólares.[44]

Ao explorar suas opções, a dupla entrou em contato com a equipe que conduzia o Estudo Cardíaco de Framingham, porque seria mais fácil recrutar as mil pessoas iniciais em um projeto já existente. Quando Christakis visitou Marian Bellwood, coordenadora do projeto, ela mencionou que eles mantinham formulários com detalhes sobre cada participante. Para evitar perder contato com eles, a equipe havia feito com que listassem seus familiares, amigos e colegas de trabalho. Muitos desses contatos também estavam no estudo, o que significava que suas informações de saúde também estavam registradas.

Christakis ficou pasmo. Em vez de recrutar um conjunto completamente novo de contatos sociais, eles podiam montar a rede social entre os participantes de Framingham. "Telefonei para James enquanto ainda estava no estacionamento e disse 'Você não vai acreditar nisso!'", lembrou ele. Havia, porém, um obstáculo: eles teriam de percorrer 20 mil nomes e 50 mil endereços para identificar as ligações existentes. "Tivemos de decifrar a letra de todo mundo", disse Christakis. "Levamos dois anos para computadorizar tudo."

A dupla inicialmente pensara em analisar a disseminação do fumo, mas decidiu que a obesidade era um ponto de partida melhor. O fumo dependia do relato dos participantes, ao passo que a obesidade podia ser observada diretamente. "Como estávamos fazendo uma coisa tão nova, queríamos começar com algo que pudesse ser objetivamente mensurado", disse Christakis.

O próximo passo foi estimar se a obesidade estava sendo transmitida pela rede. Isso significou lidar com o problema do reflexo, separando o potencial contágio da homofilia e dos fatores ambientais. Para tentar descartar o efeito "diz-me com quem andas e eu te direi quem és" da homofilia, a dupla incluiu um atraso na análise: se a obesidade realmente se disseminasse de alguém para seu amigo, o amigo não podia ter ficado obeso primeiro. Os fatores ambientais eram mais difíceis de excluir, mas Christakis e Fowler tentaram lidar com a questão analisando a direção da amizade. Suponha que eu o liste como meu amigo em uma enquete, mas você não me liste. Isso sugere que sou mais influenciado por você que você por mim. Mas se, na realidade, formos ambos influenciados por algum fator ambiental partilhado — como um novo restaurante de fast food —, a direção de nossa amizade não afetará quem se torna obeso. Christakis e Fowler encontraram evidências de que isso fazia diferença, sugerindo que a obesidade podia ser contagiosa.

Quando a análise foi publicada, ela recebeu críticas ferrenhas de alguns pesquisadores, e muito do debate se centrou em dois pontos principais. O primeiro era que as evidências estatísticas podiam ser mais fortes: o resultado demonstrando que a obesidade era contagiosa não era tão decisivo quanto precisaria ser para sustentar, por exemplo, um estudo clínico comprovando que uma nova droga funcionava. O segundo era que, com base nos métodos e dados que Christakis e Fowler haviam usado, eles não podiam excluir conclusivamente outras explicações. Em teoria, era possível imaginar uma situação envolvendo homofilia e ambiente que pudesse ter produzido o mesmo padrão.

Em minha opinião, ambas são críticas razoáveis, mas isso não significa que os estudos não foram úteis. Comentando o debate sobre os primeiros artigos de Christakis e Fowler, o estatístico Tom Snijders sugeriu que eles tinham limitações, mas ainda assim eram importantes, porque haviam descoberto uma maneira inovadora de colocar o contágio social na pauta dos cientistas. "Parabéns pela imaginação e coragem de Nick Christakis e James Fowler."[45]

Nos dez anos que se seguiram desde que Christakis e Fowler publicaram sua análise inicial dos dados de Framingham, as evidências de contágio social se acumularam. Vários outros grupos de pesquisa também demonstraram que coisas como obesidade, fumo e felicidade podem ser contagiosas. Como vimos, é notoriamente difícil estudar o contágio social, mas agora temos um entendimento muito melhor do que pode se disseminar.

O próximo passo será irmos além de simplesmente dizer que o contágio existe. Demonstrar que comportamentos podem pegar equivale a saber que o número de reprodução é maior que 0: em média, haverá alguma transmissão, mas não sabemos quanto. É claro que se trata de uma informação útil, porque demonstra que o contágio é um fator que devemos considerar. Ela nos diz que o comportamento é capaz de se disseminar, mesmo que não possamos prever quão grande pode ser o surto. No entanto, para que governos e outras organizações possam tratar de problemas de saúde contagiosos, eles precisam saber mais sobre a extensão real do contágio social e que impacto diferentes políticas podem ter. Se uma pessoa em um grupo de amigos fica acima do peso, exatamente quanta influência isso tem sobre as outras? Se você se torna mais feliz, o quanto a felicidade de sua comunidade aumenta? Christakis e Fowler reconheceram que é complicado estimar a extensão precisa do contágio social. Além disso, abordar tais questões frequentemente significa usar dados e métodos imperfeitos. Mas, conforme novos conjuntos de dados se tornam disponíveis, outros serão capazes de desenvolver as análises que eles fizeram, movendo-se na direção de uma mensuração acurada do contágio.

Ao estudar comportamentos potencialmente contagiosos, os pesquisadores também revelam algumas diferenças cruciais entre surtos biológicos e sociais. Na década de 1970, o sociólogo Mark Granovetter sugeriu que a informação podia se disseminar mais por meio de conhecidos que por intermédio de amigos próximos. Isso porque os amigos frequentemente tinham múltiplas ligações em comum, tornando a maior parte da transmissão redundante. "Se alguém conta um rumor para todos os seus amigos e eles fazem o mesmo, muitos ouvirão a mesma história uma segunda e uma terceira vez, já que aqueles ligados por fortes laços tendem a partilhar amigos." Ele se referiu à importância dos conhecidos como "a força das ligações fracas": se você quer acesso a novas informações, pode ser mais provável que a obtenha de um contato casual que de um amigo próximo.[46]

Essas ligações de longa distância se tornaram parte central da ciência de redes. Como vimos, conexões de "mundo pequeno" podem ajudar o contágio biológico e financeiro a pular de um segmento da rede para outro. Em outros casos, essas ligações também podem salvar vidas. Há um antigo paradoxo na medicina: as pessoas que sofrem um infarto ou derrame quando estão cercadas por familiares levam mais tempo para obter cuidados médicos, e é possível que isso ocorra devido à estrutura das redes sociais. Há evidências de que grupos unidos de familiares tendem a preferir a abordagem de esperar para ver após testemunharem um derrame brando, sem ninguém disposto a contradizer a visão dominante. Por outro lado, "ligações fracas" — como colegas de trabalho e pessoas externas à família — podem ter um conjunto mais diversificado de perspectivas, notar os sintomas mais rapidamente e pedir ajuda logo.[47]

Mesmo assim, o tipo de estrutura de rede que amplifica a transmissão de doenças nem sempre tem o mesmo efeito sobre o contágio social. O sociólogo Damon Centola cita o exemplo do HIV, que se disseminou amplamente através de redes de parceiros sexuais. Se o contágio biológico e o contágio social funcionassem da mesma maneira, as ideias sobre prevenção da doença também teriam se disseminado amplamente através dessas redes. E, no entanto, isso não ocorreu. Algo devia estar retardando a informação.

Durante um surto de doença infecciosa, sua disseminação se dá, tipicamente, por meio de uma série de encontros singulares. Se você pega a infecção, ela geralmente vem de uma pessoa específica.[48] As coisas nem sempre são tão simples no caso do comportamento social. Podemos só começar a fazer alguma coisa depois que vemos várias pessoas fazendo, caso em que não há uma rota singular e clara de transmissão. Esses comportamentos são conhecidos como "contágios complexos", porque a transmissão requer múltiplas exposições. Por exemplo, na análise do fumo de Christakis e Fowler, eles observaram que as pessoas tinham mais probabilidade de parar de fumar se muitos de seus contatos também parassem. Ademais, os pesquisadores identificaram contágio complexo em comportamentos que iam do exercício e dos hábitos de saúde à adoção de inovações e ao ativismo político. Enquanto um patógeno como o HIV pode se disseminar por meio de um único contato de longa duração, os contágios complexos precisam de múltiplas pessoas para transmiti-los, e não podem ser passados por ligações singulares. Embora redes de mundo pequeno possam ajudar as doenças a se disseminarem, também costumam limitar a transmissão de contágios complexos.

Por que os contágios complexos ocorrem? Damon Centola e seu colega Michael Macy propuseram quatro processos que podem explicar o que acontece. Primeiro, pode haver benefícios em se unir a algo que já tem participantes. Das redes sociais aos protestos, novas ideias são frequentemente mais atraentes se várias pessoas já as adotaram. Segundo, múltiplas exposições podem gerar credibilidade: as pessoas têm mais tendência a acreditar em algo se obtêm confirmação de diversas fontes. Terceiro, as ideias podem depender da legitimidade social: ficar sabendo de algo não é o mesmo que ver outros agindo — e não agindo — em função disso. Os alarmes de incêndio são um bom exemplo disso: além de alertar que o local pode estar em chamas, os alarmes tornam aceitável que todo mundo deixe o prédio. Um experimento clássico de 1968 fazia com que estudantes trabalhassem em uma sala que se enchia lentamente de fumaça falsa.[49] Se estivessem sozinhos, eles geralmente reagiam; se estivessem em meio a um grupo de atores, eles continuavam trabalhando e esperavam que alguém reagisse. Finalmente, temos o processo de amplificação emocional. As pessoas podem ter mais probabilidade de adotar certas ideias ou comportamentos em meio à intensidade de uma reunião social: pense na emoção coletiva que surge em casamentos e concertos musicais.

A existência de contágios complexos significa que talvez precisemos reavaliar o que faz as inovações se disseminarem. Centola sugeriu que as abordagens intuitivas para fazer com que as coisas emplaquem podem não funcionar tão bem se as pessoas precisarem de múltiplos estímulos para adotar uma inovação. Para fazer com que a inovação se dissemine nos negócios, por exemplo, não basta simplesmente encorajar mais interações no interior da organização. Para que os contágios complexos se disseminem, as interações precisam ser agrupadas de uma maneira que permita o reforço social das ideias; as pessoas podem ter mais tendência de adotar um novo comportamento se o virem repetidamente em todos de sua equipe. No entanto, as organizações não podem ser muito elitistas, ou as ideias não se disseminarão para além de um pequeno grupo. Precisa haver equilíbrio na rede de interações: além de fazer com que as equipes locais ajam como incubadoras de ideias, há benefícios em ter superposição entre os grupos, ao estilo da Pixar, para fazer com que as inovações cheguem a um público mais amplo.[50]

A ciência do contágio social avançou bastante na última década, mas ainda há muito a descobrir. Especialmente porque muitas vezes é difícil determinar se algo é contágio, para começar. Em muitos casos, não podemos modificar deliberadamente o comportamento das pessoas, de modo que precisamos nos basear em dados observacionais, como fizeram Christakis e Fowler com o estudo de Framingham. Contudo, há outra abordagem emergindo. Os pesquisadores cada vez mais se voltam para os "experimentos naturais" para examinar o contágio social.[51] Em vez de impor uma mudança comportamental, eles esperam que a natureza faça isso por eles. Por exemplo, um corredor do Oregon pode alterar sua rotina se o tempo estiver ruim; se seus amigos na Califórnia fizerem o mesmo, isso pode sugerir que o contágio social é responsável. Quando pesquisadores do MIT analisaram dados de rastreadores digitais de atividade física, que incluíam uma rede social ligando os usuários, eles descobriram que as condições climáticas realmente podiam revelar padrões de contágio. No entanto, alguns apresentavam mais tendência a pegar o vírus da corrida que outros. Em um período de cinco anos, o comportamento dos corredores menos ativos tendeu a influenciar os corredores mais ativos, mas não o contrário. Isso implica que os corredores mais dispostos não queriam ser superados por seus amigos menos enérgicos.

Pequenos estímulos comportamentais, como mudanças no tempo, podem ser uma ferramenta útil para estudar o contágio, mas têm limites. Um dia chuvoso pode alterar o padrão de corrida de alguém, mas é improvável que afete comportamentos mais fundamentais, como as escolhas maritais ou as visões políticas. Dean Eckles indica que pode haver grande distância entre o que é facilmente modificado e o que idealmente queremos estudar. "Muitos comportamentos com os quais nos importamos não são fáceis de estimular."

EM NOVEMBRO DE 2008, os californianos votaram para proibir o casamento entre pessoas do mesmo sexo. O resultado foi um choque para os que haviam feito campanha pela igualdade matrimonial, especialmente porque as pesquisas anteriores à votação pareciam estar a seu favor. Explicações e desculpas logo começaram a surgir. Dave Fleischer, diretor do Centro LGBT de Los Angeles, notou que várias concepções errôneas sobre o resultado estavam se tornando populares. Uma delas era a de que as pessoas que haviam votado pela proibição deviam odiar a comunidade LGBT. Fleischer discordava dessa ideia. "O dicionário define 'ódio' como extrema aversão ou hostilidade", escreveu ele após a votação. "Isso não descreve a maioria dos que votaram contra nós."[52]

Para descobrir por que tantas pessoas eram contrárias ao casamento entre indivíduos do mesmo sexo, o Centro LGBT passou os anos seguintes realizando milhares de entrevistas presenciais. Os entrevistadores usavam a maior parte do tempo para ouvir os eleitores, um método conhecido como "sondagem profunda".[53] Eles encorajavam as pessoas a falarem sobre suas vidas e refletirem sobre suas próprias experiências de preconceito. Enquanto realizava essas entrevistas, o Centro LGBT percebeu que a sondagem profunda não somente fornecia informações; ela também parecia modificar as atitudes dos eleitores. Se isso fosse verdade, poderia ser um poderoso método de sondagem. Mas será que realmente era tão efetiva quanto parecia?

Se as pessoas são racionais, podemos esperar que atualizem suas crenças quando são apresentadas a novas informações. Em pesquisa científica, essa abordagem é conhecida como "raciocínio bayesiano". Nomeado em homenagem ao estatístico do século XVIII Thomas Bayes, a ideia é tratar o conhecimento como uma crença na qual temos certo nível de confiança. Por exemplo, suponha que você está considerando seriamente se casar com alguém, após ter pensado cuidadosamente sobre o relacionamento. Nessa situação, seria necessária uma razão muito boa para você mudar de ideia.

Mas, se não estiver totalmente seguro acerca do relacionamento, você pode ser mais facilmente persuadido a desistir do casamento. Algo que pareceria banal para pessoas apaixonadas pode ser suficiente para convencer uma mente indecisa a terminar o relacionamento. A mesma lógica se aplica a outras situações. Se você começa com uma crença firme, geralmente precisa de fortes evidências para abandoná-la; se está incerto no início, pode não ser preciso muito para fazê-lo mudar de opinião. Sua crença após a exposição às novas informações, portanto, depende de duas coisas: da força da crença inicial e da força das novas evidências.[54] Esse conceito está no centro do raciocínio bayesiano — e de grande parte da estatística moderna.

Porém há indícios de que as pessoas não absorvem informações dessa maneira, especialmente se forem contra suas visões preexistentes. Em 2008, os cientistas políticos Brendan Nyhan e Jason Reifler propuseram que a persuasão pode sofrer um "efeito tiro pela culatra" [*backfire effect*]. Eles apresentaram às pessoas informações que conflitavam com sua ideologia política, como a falta de armas de destruição em massa no Iraque antes da guerra de 2003 ou o declínio da renda após a redução de impostos implementada pelo presidente Bush. Mas isso não pareceu convencer muitas delas. E o pior: algumas pareceram se tornar mais confiantes em suas crenças após conhecerem as novas informações.[55] Efeitos similares surgiram em outros estudos psicológicos ao longo dos anos. Os experimentos tentavam persuadir as pessoas de uma coisa, somente para que elas terminassem acreditando em outra.[56]

Se o efeito tiro pela culatra fosse comum, isso não seria bom sinal para os entrevistadores que tentavam convencer as pessoas a mudarem de ideia sobre questões como o casamento entre pessoas do mesmo sexo. O Centro LGBT de Los Angeles acreditava ter um método funcional, mas ele precisava ser avaliado adequadamente. No início de 2013, Dave Fleischer almoçou com Donald Green, um cientista político da Universidade de Colúmbia. Green apresentou Fleischer a Michael LaCour, um estudante de pós-graduação da UCLA, que concordou em realizar um estudo científico testando a efetividade da sondagem profunda. O objetivo era fazer um estudo randomizado controlado. Após recrutar eleitores para participar de uma série de enquetes, LaCour dividiria o grupo aleatoriamente. Alguns receberiam visitas de um entrevistador; outros, agindo como grupo controle, teriam conversas sobre reciclagem.

O que aconteceu em seguida revelaria muito sobre como as crenças se modificam, mas não do jeito que poderíamos esperar. Tudo começou quando LaCour relatou algumas descobertas notáveis. Seu estudo demonstrara que, quando os entrevistadores usavam métodos de sondagem profunda, havia, em média, grande aumento no apoio dos entrevistados ao casamento entre pessoas do mesmo sexo. E, ainda melhor, a ideia frequentemente pegava, e a nova crença permanecia presente meses depois. Ela também era contagiosa, disseminando-se para as pessoas que moravam na mesma casa que o entrevistado. LaCour e Green publicaram os resultados na revista *Science* em dezembro de 2014, atraindo muita atenção da mídia. Parecia ser uma formidável peça de pesquisa, demonstrando como uma pequena ação podia ter influência maciça.[57]

Então uma dupla de estudantes de pós-graduação da Universidade de Berkeley notou algo estranho. David Broockman e Joshua Kalla queriam conduzir seu próprio estudo, ampliando a impressionante análise de LaCour. "Foi o artigo mais importante do ano, sem dúvida", dissera Broockman a um jornalista quando o artigo fora publicado na *Science*. Mas, quando eles analisaram o conjunto de dados de LaCour, ele parecia limpo demais, quase como se alguém tivesse simulado os dados, em vez de coletá-los.[58] Em maio de 2015, a dupla contatou Green e relatou sua preocupação. Quando questionado, LaCour negou ter inventado os dados, mas não pôde apresentar os arquivos originais. Alguns dias depois, Green — que disse não estar ciente dos problemas até aquele momento — pediu que a *Science* removesse o artigo. Não se sabe exatamente o que aconteceu, mas ficou claro que LaCour não realizara o estudo que dissera ter realizado. O escândalo foi uma grande decepção para o Centro LGBT de Los Angeles. "Foi como um grande soco no estômago de todos nós", disse Laura Gardiner, uma das organizadoras, depois que os problemas emergiram.[59]

Os veículos de mídia rapidamente acrescentaram correções a suas matérias anteriores, mas talvez os jornalistas — e a revista científica — devessem ter sido mais céticos desde o início. "O que me interessa é a repetida insistência sobre quão inesperado e sem precedentes era o resultado", escreveu o estatístico Andrew Gelman depois que o artigo foi removido. Gelman comentou que isso parecia acontecer muito nas ciências psicológicas. "As pessoas argumentam, ao mesmo tempo, que um resultado é completamente surpreendente e que faz muito sentido."[60] Embora o efeito tiro pela culatra tenha sido amplamente citado como um importante obstáculo à persuasão, lá estava um estudo afirmando que ele podia ser removido durante uma curta conversa.

A mídia tem um apetite voraz por insights concisos e contraintuitivos. Isso encoraja os pesquisadores a publicarem resultados que mostram como "uma ideia simples" pode explicar tudo. Em alguns casos, o desejo por conclusões simples, mas surpreendentes, pode levar aparentes especialistas a contradizerem sua própria fonte de especialização. Antonio García Martínez, que passou dois anos trabalhando na equipe de anúncios do Facebook, recordou uma situação assim em seu livro *Chaos Monkeys* [Macacos do caos]. Ele conta a história de um gerente sênior que construiu sua reputação com insights sucintos e memoráveis sobre a influência social, mas, lamentavelmente para ele, tais alegações foram minadas por uma pesquisa da equipe de ciência de dados de sua própria empresa, cuja análise rigorosa demonstrou algo diferente.

Na realidade, é muito difícil encontrar leis simples que se apliquem a todas as situações. Se temos uma teoria promissora, precisamos buscar exemplos que não se encaixam. Precisamos descobrir onde estão seus limites e exceções, porque mesmo teorias amplamente divulgadas podem não ser tão conclusivas quanto parecem. Vejamos, por exemplo, o efeito tiro pela culatra. Após ler sobre a ideia, Thomas Wood e Ethan Porter, dois estudantes de pós-graduação da Universidade de Chicago, decidiram verificar quão comum ele era. "Se o efeito tiro pela culatra fosse observado em uma população, as implicações para a democracia seriam catastróficas", escreveram eles.[61] Nyhan e Reifler haviam focado em três concepções errôneas, mas comuns, ao passo que Wood e Porter testaram 36 crenças com 8.100 participantes. Eles descobriram que, embora possa ser difícil convencer as pessoas de que elas estão erradas, a tentativa de correção não necessariamente fortalece suas crenças. Na verdade, somente uma correção saiu pela culatra durante o estudo: a falsa alegação de que havia armas de destruição em massa no Iraque. "De modo geral, os cidadãos prestam atenção às informações factuais, mesmo quando elas desafiam seus comprometimentos partidários e ideológicos", concluíram eles.

Mesmo em seu estudo original, Nyhan e Reifler haviam descoberto que o efeito não era garantido. Durante a campanha presidencial de 2004, os democratas alegaram que George Bush proibira a pesquisa com células-tronco, quando, na realidade, ele limitara o financiamento de certos aspectos da pesquisa.[62] No momento em que Nyhan e Reifler corrigiram essa crença entre os liberais, a informação frequentemente foi ignorada, mas não saiu pela culatra. "A descoberta do efeito tiro pela culatra atraiu muita atenção por ser tão surpreendente", disse Nyhan mais tarde.[63] "Encorajadoramente, ele parece ser bastante raro." Desde então, Nyhan, Reifler, Wood e Porter se uniram para explorar o tópico mais profundamente. Por exemplo, em 2019 eles relataram que fornecer verificação dos fatos citados nos discursos eleitorais de Donald Trump modificara as crenças das pessoas em relação a alegações específicas, mas não sua opinião geral sobre o candidato.[64] Parece que alguns aspectos das crenças políticas são mais difíceis de alterar que outros. "Temos muito a aprender", disse Nyhan.

Ao examinar crenças, também precisamos ser cuidadosos sobre o que queremos dizer com tiro pela culatra. Nyhan notou que pode haver confusão entre o efeito tiro pela culatra e uma peculiaridade psicológica relacionada, conhecida como "viés de desconfirmação".[65] Isso acontece quando averiguamos os argumentos que contradizem nossas crenças mais atentamente que aqueles que concordam com elas. O efeito tiro pela culatra sugere que as pessoas ignoram argumentos contrários e fortalecem suas crenças, ao passo que o viés de desconfirmação significa simplesmente que elas tendem a ignorar argumentos que veem como fracos.

A diferença pode parecer sutil, mas é crucial. Se o efeito tiro pela culatra for comum, isso significa que não podemos persuadir pessoas com opiniões conflitantes a modificarem sua posição. Não importa quão convincentes sejam nossos argumentos, elas somente se entrincheirarão mais firmemente em suas crenças. O debate se torna fútil e as evidências, inúteis. No entanto, se as pessoas sofrem de viés de desconfirmação, isso significa que suas visões podem mudar, desde que os argumentos sejam suficientemente convincentes. Isso cria uma perspectiva mais otimista. Persuadir as pessoas ainda pode ser desafiador, mas vale a pena tentar.

Muita coisa depende de como estruturamos e apresentamos nossos argumentos. Em 2013, o Reino Unido legalizou o casamento entre pessoas do mesmo sexo. John Randall, então um parlamentar conservador, votou contra o projeto de lei, uma decisão da qual, mais tarde, disse se arrepender. Ele desejaria ter conversado antes com um de seus amigos no Parlamento, que — para surpresa de muitos — votara a favor da igualdade matrimonial. "Ele me disse que era algo que não o afetava, mas levaria grande felicidade a muitas pessoas", lembrou Randall em 2017. "Esse é um argumento que acho difícil refutar."[66]

Infelizmente, existe um grande obstáculo quando se trata de encontrar um argumento persuasivo. Se temos uma opinião forte, o raciocínio bayesiano sugere que teremos dificuldade para distinguir os efeitos dos argumentos que a apoiam. Suponha que você acredita firmemente em algo. Pode ser qualquer coisa, de uma posição política a sua opinião sobre um filme. Se alguém apresentar evidências que sejam consistentes com sua crença — independentemente de serem convincentes ou fracas —, você terminará com uma opinião similar. Agora imagine que alguém apresente um argumento contrário a sua crença. Se esse argumento for fraco, você não modificará sua visão, mas se ele for inequívoco, você poderá mudar de ideia. Do ponto de vista bayesiano, geralmente somos melhores em julgar os efeitos dos argumentos dos quais discordamos.[67]

Isso se ao menos chegamos a pensar sobre argumentos diferentes. Há alguns anos, os psicólogos sociais Matthew Feinberg e Robb Willer pediram que as pessoas apresentassem argumentos capazes de persuadir alguém com uma visão política contrária. Eles descobriram que muitas pessoas usavam alegações que combinavam com sua própria posição moral, e não com a da pessoa que tentavam persuadir. Os liberais tentavam apelar a valores como igualdade e justiça social, enquanto os conservadores baseavam seus argumentos em coisas como lealdade e respeito à autoridade. Argumentar em terreno familiar pode ter sido uma estratégia comum, mas não efetiva; as pessoas eram muito mais persuasivas quando adequavam seu argumento aos valores morais do oponente. Isso sugere que, se quer persuadir um conservador, você deve focar em ideias como patriotismo e comunidade, ao passo que um liberal ficará mais convencido com mensagens que promovam a justiça.[68]

Mesmo que consiga identificar um argumento efetivo para apoiar sua posição, ainda há coisas que você pode fazer para melhorar suas chances de persuasão. Primeiro, o método por meio do qual a mensagem é passada pode ser importante. Há evidências de que é muito mais provável que as pessoas completem uma enquete caso sejam solicitadas pessoalmente do que por e-mail,[69] por exemplo. Outros experimentos chegaram a conclusões similares, descobrindo que as pessoas podem ser mais convincentes cara a cara que por telefone, carta ou online.[70]

O timing das mensagens também pode fazer diferença. De acordo com Briony Swire-Thompson, psicóloga da Northeastern University, os pesquisadores pensam cada vez mais sobre como as ideias esmorecem. "Trata-se do conceito de que, quando você modifica a opinião de alguém, isso não é permanente." Em 2017, ela conduziu um estudo perguntando às pessoas se elas acreditavam em certos mitos, como o de que cenouras melhoram a visão ou o de que mentirosos movem os olhos em certa direção.[71] O estudo descobriu que eles frequentemente podiam corrigir falsas crenças, mas o efeito não necessariamente durava. "Se você recebe uma correção, pode reduzir sua crença inicialmente, mas, com o passar do tempo, volta a acreditar na concepção errônea inicial", disse Swire-Thompson. Parece que a repetição tem impacto nisso: novas crenças sobrevivem por mais tempo se as pessoas são lembradas da verdade várias vezes, no lugar de receberem somente uma correção.[72]

Pensar sobre a posição moral dos outros, manter interações cara a cara e encontrar maneiras de encorajar a mudança de longo prazo são coisas que podem ajudar a aprimorar a persuasão, e fazem parte da abordagem de sondagem profunda defendida pelo Centro LGBT de Los Angeles. O que nos leva de volta ao questionável artigo de LaCour e Green. Embora o estudo tenha sido removido em 2015, a história não terminou aí. No ano seguinte, David Broockman e Joshua Kalla — os dois pesquisadores de Berkeley que descobriram o problema com o artigo original — publicaram uma nova pesquisa,[73] que focava nos direitos das pessoas transgêneros. E, dessa vez, eles definitivamente coletaram dados.

Comparando a sondagem profunda com os resultados de um grupo controle, eles descobriram que uma conversa de dez minutos sobre os direitos dos transgêneros podia reduzir notavelmente o preconceito. Não importava se o entrevistador era transgênero; a mudança na opinião dos eleitores persistia independentemente disso. A mudança de crença também parecia resistente a ataques. Após algumas semanas, os pesquisadores mostraram àquelas pessoas anúncios antitransgêneros de campanhas políticas recentes. Os anúncios inicialmente fizeram com que as opiniões retornassem à posição contrária às pessoas transgêneros, mas esse efeito de reversão logo se desvaneceu. Para assegurar que a pesquisa fosse completamente transparente, Broockman e Kalla publicaram todos os dados e códigos por trás de sua análise, e isso garantiu um epílogo otimista para aqueles que haviam sido anos desconfortáveis para a comunidade de pesquisa. Com a abordagem certa, foi possível modificar atitudes que muitos acreditaram estarem profundamente arraigadas. Eles demonstraram que as visões não necessariamente se disseminam da maneira que presumimos, nem as pessoas são tão inflexíveis quanto pensamos que seriam. Ao enfrentarmos aparente hostilidade, parece que há muito a ganhar em se tentar algo novo.

4

Algo no ar

"ESTÁVAMOS EM UM LUGAR EM QUE HAVIA violência de verdade." Após uma década trabalhando com epidemias de doenças na África Central e na África Oriental, Gary Slutkin voltara para casa, nos Estados Unidos. Ele decidiu viver em Chicago para morar perto dos pais idosos e ficou chocado com os violentos ataques que ocorriam na cidade. "Estávamos cercados e a violência era inescapável, então comecei a perguntar às pessoas o que elas estavam fazendo a respeito. E nenhuma de suas atitudes fazia sentido para mim."[1]

Isso foi em 1994 e, no ano anterior, houvera mais de oitocentos homicídios na cidade, incluindo 62 crianças mortas em função da violência das gangues. Duas décadas depois, o homicídio ainda seria a principal causa de morte de jovens adultos no estado de Illinois.[2] Slutkin ouviu várias explicações para a crise, de nutrição e empregos a famílias e pobreza. Mas a discussão frequentemente retornava a um conjunto estrito de soluções envolvendo punição. Em sua opinião, a violência era o que ele chamava de um "problema empacado". Sendo médico, ele vira situações similares em seu trabalho com doenças infecciosas como HIV/aids e cólera. Às vezes, o raciocínio sobre uma situação ficava empacado por anos. A estratégia empregada não funcionava, mas também não mudava.

Se a violência fosse um problema empacado, seria necessária uma nova maneira de pensar. "Era preciso começar do zero", disse Slutkin. Assim, ele fez o que qualquer pesquisador de saúde pública faria: analisou mapas e gráficos, fez perguntas e tentou entender como a violência funcionava. Foi quando começou a notar padrões familiares. "Os agrupamentos vistos em mapas de homicídios nas cidades americanas se parecem com os mapas da cólera em Bangladesh", escreveu ele mais tarde.[3] "Os gráficos históricos mostrando surtos de assassinatos em Ruanda se parecem com os gráficos da cólera na Somália."

SUSANNAH ELEY GOSTAVA QUE sua água fosse entregue todos os dias. Após a morte do marido, ela deixara a agitação do Soho de Londres pela arborizada Hampstead. Mas ainda preferia água da bomba do Soho. O gosto era melhor.

Em certo dia de agosto de 1854, a sobrinha de Eley a visitou, vinda do distrito vizinho de Islington. Uma semana depois, ambas estavam mortas. A culpada era a cólera, uma doença agressiva que causa diarreia e vômito. Sem tratamento, metade das pessoas com sintomas graves morre. No mesmo dia em que Eley morreu, houve 127 outras mortes em função da cólera, a maioria no Soho. No fim de setembro, o surto já matara mais de seiscentas pessoas em Londres. Nessa era anterior à obra de Koch sobre a teoria dos germes, a biologia da cólera ainda era um mistério. "Nada sabemos; estamos ao mar, em um turbilhão de conjecturas", escreveu Thomas Wakley, fundador do jornal médico *The Lancet*, um ano antes do início do surto. As pessoas começavam a perceber que doenças como varíola e sarampo eram contagiosas, de algum modo se disseminando de um indivíduo para outro, mas a cólera parecia diferente. A maioria acreditava na "teoria dos miasmas", que dizia que a cólera se disseminava por meio de cheiros ruins no ar.[4]

Mas não John Snow. Originalmente de Newcastle, Snow investigara seu primeiro surto de cólera em 1831, como aprendiz médico de 18 anos. Já naquela época, ele notara alguns padrões estranhos. Pessoas que deveriam estar em risco em função do ar ruim não adoeciam, e pessoas que supostamente não estavam em risco, sim. Snow finalmente se mudou para Londres, adquirindo a reputação de anestesista talentoso e tendo a rainha Vitória entre seus pacientes. Mas, quando um surto de cólera atingiu a cidade em 1848, ele retomou suas antigas investigações. Quem pegava a doença? Quando as pessoas adoeciam? O que ligava os casos? No ano seguinte, Snow publicou um artigo com uma nova teoria: a doença se disseminava de uma pessoa para outra por meio da água contaminada. Ele chegara a essa conclusão ao notar que os pacientes frequentemente partilhavam a mesma companhia de água. Foi um insight notável, especialmente porque Snow não tinha ideia de que eram bactérias microscópicas que lançavam a sombra gigantesca da cólera.

O surto de 1854 no Soho confirmaria sua teoria. Os trabalhadores da cervejaria local, com uma dieta de cerveja e água importada, não ficaram doentes. E Susannah Eley e a sobrinha, que bebiam água levada do Soho até Hampstead, ficaram doentes. Quando o surto aumentou, Snow decidiu que era hora de intervir. A saúde pública no Soho estava sob responsabilidade do conselho de guardiães local. Ele compareceu a uma das reuniões mesmo sem ter sido convidado e apresentou seu argumento. O conselho não acreditou integralmente na explicação, mas decidiu remover a alça da bomba de água. O surto terminou logo em seguida.

Três meses depois, Snow descreveu sua teoria em detalhes. O relatório incluía aquela que se tornaria sua ilustração mais famosa: um mapa do Soho, com retângulos pretos mostrando cada um dos casos de cólera. Os casos se agrupavam em torno da rua Broad, perto da bomba. Aquela foi uma obra pioneira de abstração, removendo detalhes e distrações desnecessários. Enquanto artistas abstratos como Malevich e Mondrian mais tarde pintariam blocos de cor para se esquivarem da realidade, as formas de Snow colocaram a cólera em foco.[5] Seus retângulos tornaram tangível uma verdade previamente invisível: a fonte da infecção.

Mas, sozinho, o mapa não era uma evidência clara de que a água era responsável. Se o surto de cólera fosse resultado do ar ruim em torno da rua Broad, o padrão teria praticamente a mesma aparência. Assim, Snow produziu um segundo mapa, com uma adição crucial. Além de mapear os casos, ele descobriu quanto tempo levaria para caminhar entre as diferentes bombas, traçando uma linha para mostrar os locais mais próximos da bomba da rua Broad. O mapa ilustrava as áreas que estariam em maior risco se a bomba fosse a culpada. Como sugerido pela teoria, foi nessas áreas que surgiu a maior parte dos casos.

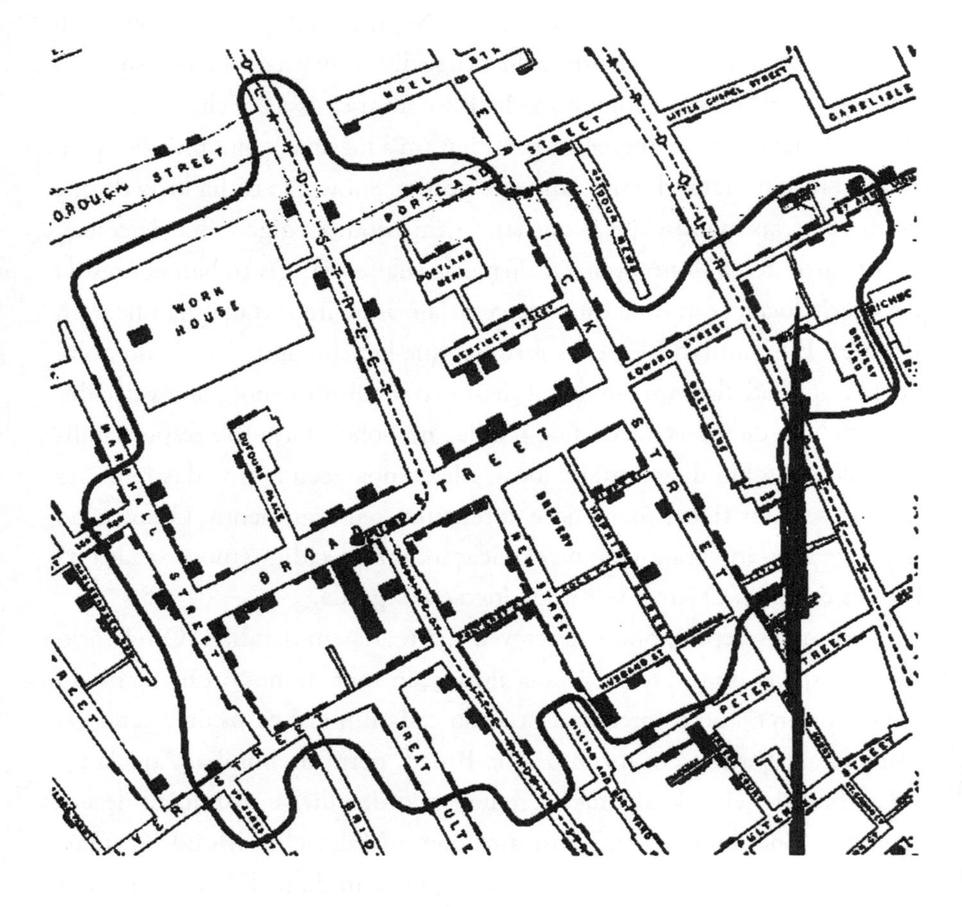

Mapa atualizado da cólera no Soho feito por Snow

Fonte: John Snow Archive & Research Companion.
A marca do lado direito é um rasgo na página original

Snow não viveria para ver suas ideias serem confirmadas. Quando ele morreu em 1858, o *Lancet* publicou um obituário de duas frases, sem mencionar seu trabalho sobre os surtos. Como um miasma intelectual, o conceito de ar ruim persistiu na comunidade médica.

Finalmente, a ideia de cólera contagiosa pegou. No início da década de 1890, muitos aceitavam a noção de germes que disseminavam doenças proposta por Robert Koch. Então, em 1895, ele conseguiu infectar um animal de laboratório com cólera.[6] Com seus postulados tendo sido cumpridos, tratava-se de evidência convincente de que bactérias causavam a doença e a cólera se disseminava por meio da água infectada, e não do ar ruim. Snow tinha razão.

HOJE PENSAMOS SOBRE doenças infecciosas em termos de germes, e não miasmas, mas Gary Slutkin argumenta que não fizemos o mesmo progresso em nossa análise da violência. "Estamos empacados no moralismo: quem é bom, quem é mau." Ele indica que muitas sociedades são altamente punitivas e não modificam suas atitudes em relação à violência há séculos. "Realmente sinto estar vivendo no passado."

Embora a biologia tenha se afastado da ideia de ar ruim, os debates sobre o crime ainda focam nas pessoas ruins. Slutkin acha que isso ocorre em parte porque a violência contagiosa é menos intuitiva que a doença. "Nesse caso não há um micro-organismo que você possa mostrar a alguém no microscópio." No entanto, os paralelos entre as doenças infecciosas e a violência parecem claros para ele. "Eu me lembro de ter tido uma epifania quando perguntei a alguém 'Qual é o maior determinante da violência? O maior previsor?' E a resposta foi 'Um evento violento anterior'." Na opinião do pesquisador, tratava-se de um sinal óbvio de contágio. O que o fez se perguntar se os métodos usados para controlar doenças infecciosas não poderiam ser aplicados também à violência.

Há várias similaridades entre surtos de doenças e violência. Uma delas é a demora entre a exposição e o início dos sintomas. Assim como uma infecção, a violência pode ter um período de incubação, durante o qual não vemos os sintomas imediatamente. Às vezes, um evento violento conduz a outro logo em seguida: pode não demorar muito para uma gangue retaliar contra outra. Em outras ocasiões, pode levar muito mais tempo para surgirem os efeitos em cadeia. Em meados da década de 1990, a epidemiologista Charlotte Watts trabalhou com a OMS para organizar um grande estudo sobre a violência doméstica contra mulheres.[7] Watts trabalhara como matemática antes de passar para o estudo de doenças, com foco no HIV. Conforme seu trabalho sobre HIV se desenvolvia, ela começou a notar que a violência contra as mulheres influenciava a transmissão da doença porque afetava sua habilidade de fazer sexo seguro. Mas isso revelou um problema muito maior: ninguém sabia quão comum era essa violência. "Todo mundo concordava que precisávamos de dados sobre a população", disse ela.[8]

O estudo da OMS surgiu porque Watts e seus colegas aplicaram ideias de saúde pública à questão da violência doméstica. "Muitas das pesquisas anteriores a haviam tratado como questão de polícia ou focado nos motores psicológicos da violência", disse ela. "O pessoal de saúde pública pergunta: 'Qual é o retrato mais amplo? O que dizem as evidências sobre os fatores de risco individuais, de relacionamento e comunitários?'" Houve sugestões de que a violência doméstica é completamente específica em relação ao contexto ou à cultura, mas esse não é necessariamente o caso. "Há alguns elementos realmente comuns que surgem consistentemente", disse Watts, "como a exposição à violência na infância."

Na maioria dos locais estudados pela OMS, ao menos uma em cada quatro mulheres já fora fisicamente agredida pelo parceiro. Watts observou que a violência pode seguir o que é conhecido na medicina como "efeito dose-resposta". No caso de algumas doenças, o risco de adoecer pode depender da dose de patógenos a que uma pessoa é exposta, com uma pequena dose tendo menos probabilidade de causar uma doença severa. Há evidências de um efeito similar nos relacionamentos. Se um homem ou uma mulher tem uma história envolvendo violência, isso aumenta a chance de violência doméstica em seus futuros relacionamentos. E se ambos os membros do relacionamento têm história de violência, o risco aumenta ainda mais. Isso não significa que as pessoas cuja história envolve violência sempre terão um futuro violento; como muitas infecções, a exposição à violência não necessariamente leva a sintomas mais tarde. Mas, como as doenças infecciosas, há vários fatores — em nosso passado, estilo de vida e em nossas interações sociais — que podem aumentar o risco de um surto.[9]

Outra característica notável dos surtos de doença é que os casos tendem a se agrupar em certa localização, com infecções surgindo em um curto período. Pense sobre aquele surto de cólera na rua Broad, com casos agrupados em torno da bomba da água. Podemos encontrar padrões similares ao analisar atos violentos. Durante séculos, as pessoas reportaram agrupamentos localizados de automutilação e suicídios: em escolas, prisões, comunidades.[10] Todavia, o agrupamento de suicídios não necessariamente significa que está havendo contágio.[11] Como vimos no caso do contágio social, as pessoas podem se comportar da mesma maneira por outra razão, como alguma característica partilhada de seu ambiente. Uma maneira de excluir essa possibilidade é analisar o período posterior a mortes de alto impacto; um membro do público tem mais probabilidade de ouvir sobre o suicídio de uma pessoa conhecida que o contrário. Em 1974, David Phillips publicou um artigo de referência que examinava a cobertura de suicídios pela mídia. Ele descobriu que, quando jornais britânicos e americanos publicavam uma matéria de primeira página sobre um suicídio, o número desse tipo de morte nas áreas próximas tendia a crescer imediatamente.[12] Estudos subsequentes encontraram padrões similares em relatos da mídia, sugerindo que o suicídio pode ser transmitido.[13] Em resposta, a OMS publicou orientações para o relato responsável de suicídios. Os veículos de mídia devem fornecer informações sobre onde procurar ajuda e evitar as manchetes sensacionalistas, os detalhes sobre o método utilizado e as sugestões de que o suicídio foi a solução para um problema.

Infelizmente, há veículos que ignoram tais orientações com frequência. Pesquisadores da Universidade de Columbia notaram um aumento de 10% nos suicídios nos meses após a morte do comediante Robin Williams.[14] Eles indicaram um potencial contágio, dado que muitos relatos da mídia sobre a morte de Williams não seguiram as orientações da OMS, e o maior aumento de suicídios ocorreu entre homens de meia-idade usando o mesmo método. Pode haver um efeito similar nos tiroteios em massa; um estudo estimou que, para cada dez tiroteios em massa nos EUA, há dois tiroteios adicionais como resultado do contágio social.[15]

Como frequentemente há aumento nos suicídios e tiroteios após os relatos da mídia, isso sugere que o período entre um evento contagioso e outro — conhecido em epidemiologia como "tempo de geração" — é relativamente curto. Alguns agrupamentos de suicídios envolveram múltiplas mortes em questão de semanas: em 1989, houve um surto de suicídios em um colégio de ensino médio, com nove tentativas em dezoito dias. Se esses eventos foram resultado de contágio, o tempo de geração, em alguns casos, foi de somente alguns dias.[16]

O agrupamento é comum também em outros tipos de violência. Em 2015, um quarto dos assassinatos com armas de fogo nos EUA se concentrou em bairros que respondiam por menos de 2% da população geral do país.[17] Quando Gary Slutkin e seus colegas decidiram tratar a violência como um surto, foi bairros assim que eles planejaram estudar. Eles chamaram o programa inicial de "CeaseFire" [Cessar-fogo], que mais tarde se transformaria em uma organização maior chamada Cure Violence [Curar a Violência]. No início, eles levaram algum tempo para descobrir precisamente qual abordagem usar. "Gastamos cinco anos no desenvolvimento de estratégia antes de colocarmos qualquer coisa nas ruas", disse Slutkin. O método Cure Violence terminaria tendo três partes. Primeiro, a equipe contrata "interruptores da violência" que podem localizar conflitos potenciais e intervir para impedir a transmissão. Alguém pode ir parar no hospital com um ferimento a bala, por exemplo, e um interruptor intervirá para convencer os amigos da vítima a não retaliar. Segundo, o Cure Violence identifica quem está em maior risco, empregando assistentes sociais para encorajar mudanças de atitudes e comportamentos. Isso pode incluir auxílio com coisas como a busca por um emprego ou o tratamento do vício em drogas. Finalmente, a equipe trabalha para mudar as normas sociais sobre armas de fogo na comunidade mais ampla. A ideia é ter muitas vozes falando contra a cultura de violência.

Os interruptores e assistentes sociais são recrutados diretamente nas comunidades afetadas; alguns são ex-criminosos ou membros de gangues. "Contratamos indivíduos que têm credibilidade entre aquela população", disse Charlie Ransford, diretor de ciência e política do Cure Violence. "Para modificar o comportamento das pessoas e convencê-las a não fazer algo, ajuda se você entender de onde elas estão vindo, e se elas sentirem que você as entende, que elas conhecem você ou alguém que conhece você."[18] Essa é outra ideia familiar no mundo das doenças infecciosas: os programas de HIV frequentemente recrutam ex-profissionais do sexo para ajudar a modificar comportamentos entre profissionais que ainda estão em alto risco.[19]

O primeiro projeto do Cure Violence começou em 2000 em West Garfield Park, Chicago. Por que eles escolheram esse local? "Era o distrito policial mais violento do país na época", disse Slutkin. "Sempre foi meu viés — assim como o de muitos epidemiologistas — ir para o centro da epidemia, porque esse é seu melhor teste e você pode obter o maior impacto." Um ano após o início do programa, os tiroteios em West Garfield Park haviam diminuído em cerca de dois terços. A mudança foi rápida, com os interruptores quebrando as cadeias de violência de uma pessoa para outra. Então, podemos questionar: o que, nessas cadeias de transmissão, torna a interrupção possível?

NO FIM DE UMA TARDE DE SÁBADO de maio de 2017, dois membros de uma gangue saíram de um beco no bairro Brighton Park, em Chicago. Eles carregavam fuzis de assalto. A dupla terminaria atirando em dez pessoas, matando duas delas. Era uma retaliação a um assassinato relacionado a gangues cometido mais cedo naquele dia.[20]

Tiroteios em Chicago frequentemente estão ligados dessa maneira. Andrew Papachristos, sociólogo da Universidade de Yale, passou vários anos estudando os padrões de violência armada na cidade. Nativo de Chicago, ele notou que os tiroteios frequentemente estavam ligados aos contatos sociais. As vítimas muitas vezes se conheciam, já tendo sido presas juntas. É claro que, somente porque duas pessoas estão conectadas e partilham uma característica — como o envolvimento em um tiroteio —, isso não necessariamente significa que há contágio. Pode se dever ao ambiente que partilham ou ao fato de que as pessoas tendem a se associar com aquelas que apresentam características semelhantes (ou seja, homofilia).[21]

Para investigar mais profundamente, Papachristos e seus colaboradores obtiveram dados do departamento de polícia de Chicago em relação a todos que haviam sido presos entre 2006 e 2014.[22] No total, havia mais de 462 mil pessoas no conjunto de dados. Usando essas informações, eles mapearam uma "rede de cocriminosos", formada por aqueles que já haviam sido presos ao mesmo tempo. Muitos dos indivíduos jamais tinham sido presos com outro, mas havia um grande grupo que podia ser ligado através de uma série de eventos cocriminosos. No geral, esse grupo incluía 138 mil pessoas ou um terço do conjunto de dados.

A equipe de Papachristos começou verificando se a homofilia ou fatores ambientais podiam explicar os padrões observados de violência armada, e descobriu que era improvável: muitos tiroteios ocorreram de maneira relacionada, que não podia ser explicada pela homofilia ou pelo ambiente, sugerindo que o contágio era responsável. Tendo identificado os tiroteios que provavelmente se deviam a contágio, a equipe cuidadosamente reconstruiu as cadeias de transmissão entre um tiroteio e o seguinte. Eles estimaram que, para cada 100 pessoas atingidas, o contágio resultaria em 63 ataques subsequentes. Em outras palavras, a violência armada em Chicago tinha um número de reprodução de 0,63.

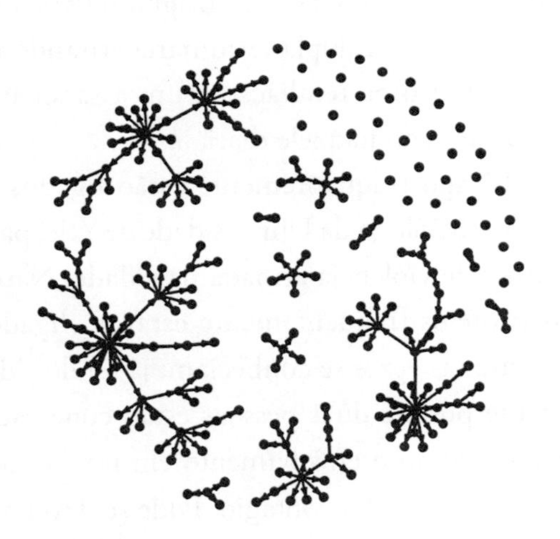

Cinquenta surtos simulados de tiroteios, com base nas dinâmicas de contágio de violência em Chicago. Os pontos mostram os tiroteios, com as setas indicando os ataques que se seguiram. Embora alguns eventos apresentem superdisseminação, a maioria dos surtos envolve um único tiroteio e nenhuma transmissão subsequente

Se o número de reprodução é inferior a 1, isso significa que um surto pode ter início, mas raramente dura muito tempo. A equipe de Yale identificou mais de 4 mil surtos de violência armada em Chicago, mas quase todos foram pequenos. A vasta maioria consistia em um único tiroteio, sem contágio adicional. No entanto, ocasionalmente os surtos eram muito maiores, com um deles incluindo quase quinhentos tiroteios relacionados. O tamanho altamente variável desses surtos sugere que a transmissão é impulsionada por eventos superdisseminadores. Analisando mais detalhadamente os dados dos surtos em Chicago, estimei que a transmissão de violência armada estava altamente concentrada. É provável que menos de 10% dos tiroteios tenham levado a 80% dos ataques subsequentes.[23] Assim como a transmissão de doenças — que pode ser similarmente influenciada pela superdisseminação —, a maioria dos tiroteios não levou a qualquer contágio adicional.

As cadeias de transmissão em Chicago também relevaram a velocidade da transmissão. Em média, o tempo de geração entre um tiroteio e o seguinte foi de 125 dias. A despeito da atenção dada a dramáticas retaliações como o ataque em Brighton Park em maio de 2017, parece que há muitos feudos em banho-maria que, historicamente, passam despercebidos.

Essas redes de tiroteios ajudam a explicar por que a abordagem do Cure Violence é viável. Comecemos com o fato de que é possível estudar as redes: se queremos controlar um surto, é útil podermos identificar as potenciais rotas de transmissão. Slutkin comparou a interrupção da violência aos métodos usados para controlar surtos de varíola. Quando a varíola estava perto da erradicação na década de 1970, os epidemiologistas usaram a estratégia de "vacinação em anel" para vencer os focos finais de infecção. Quando aparecia um novo caso da doença, as equipes rastreavam as pessoas com as quais o indivíduo infectado podia ter entrado em contato, como familiares e vizinhos, assim como os contatos dessas pessoas. Então vacinavam todos no interior desse "anel", evitando que o vírus continuasse a se espalhar.[24]

A varíola tinha duas características que trabalhavam a favor das equipes de saúde. Para se disseminar de uma pessoa para outra, a doença geralmente requeria interações cara a cara bastante prolongadas. Isso significava que as equipes podiam identificar as pessoas em maior risco. Além disso, o tempo de geração da varíola era de duas semanas; quando um novo caso era reportado, as equipes tinham tempo suficiente para a vacinação antes que novos casos surgissem. A disseminação da violência armada partilha essas características: a violência frequentemente é transmitida através de elos sociais conhecidos e o período entre um tiroteio e o seguinte é longo o bastante para que os interruptores intervenham. Se os tiroteios fossem mais aleatórios ou o intervalo de tempo entre eles fosse sempre muito menor, a interrupção da violência não seria tão efetiva.

Uma avaliação independente do Cure Violence pelo Instituto Nacional de Justiça dos Estados Unidos descobriu uma queda substancial nos tiroteios em áreas nas quais o programa foi introduzido. Pode ser difícil avaliar o impacto preciso dos programas antiviolência, porque a violência pode estar declinando por alguma outra razão. Mas não ocorrera um declínio equivalente em áreas comparáveis de Chicago, sugerindo que o Cure Violence de fato estava por trás da redução de tiroteios em muitos lugares. Em 2007, o Cure Violence começou a trabalhar em Baltimore. Quando os pesquisadores da Universidade Johns Hopkins avaliaram os resultados, estimaram que, em seus primeiros dois anos, o programa evitara cerca de 35 tiroteios e cinco homicídios. Outros estudos encontraram reduções similares após a introdução desses métodos.[25]

Mesmo assim, a abordagem do Cure Violence não esteve isenta de críticas. Grande parte do ceticismo veio dos encarregados de abordagens já existentes; no passado, houve queixas da polícia de Chicago sobre a falta de cooperação dos interruptores. Também houve casos de interruptores de violência sendo acusados de outros crimes. Tais desafios talvez sejam inevitáveis, dado que o programa se baseia em interruptores que fazem parte das comunidades de risco, em vez de serem outro ramo da polícia.[26] E existe, ainda, a escala temporal da mudança social. Embora impedir ataques retaliatórios possa ter efeito imediato sobre a violência, lidar com as questões sociais subjacentes pode levar anos.[27] O mesmo é verdadeiro no caso de doenças infecciosas: podemos ser capazes de interromper surtos, mas também precisamos pensar sobre as debilidades subjacentes dos sistemas de saúde que permitiram que eles surgissem.

Ampliando seu trabalho inicial em Chicago, o Cure Violence se expandiu para outras cidades americanas, incluindo Los Angeles e Nova York, e iniciou projetos em países como Iraque e Honduras. As abordagens de saúde pública também inspiraram uma unidade de redução da violência em Glasgow, na Escócia. Em 2005, a cidade foi nomeada a capital de assassinatos na Europa. Havia dezenas de ataques a faca por semana, incluindo numerosos incidentes dos notórios "sorrisos de Glasgow" sendo cortados nas bochechas das pessoas. Além disso, a violência era muito mais disseminada do que sugeriam os números da polícia. Quando Karyn McCluskey, chefe de análise de informações da polícia de Strathclyde, verificou os registros hospitalares, ficou claro que a maioria dos incidentes sequer era reportada.[28]

As descobertas de McCluskey — e suas recomendações — levaram à criação da unidade de redução da violência, que ela lideraria na década seguinte. Utilizando técnicas do Cure Violence e de outros projetos americanos, como a operação cessar-fogo em Boston, a unidade introduziu várias ideias de saúde pública para lidar com a disseminação da violência.[29] Isso incluiu abordagens de interrupção, como monitorar os departamentos de emergência dos hospitais em busca de vítimas de violência, a fim de desencorajar potenciais vinganças. Também envolveu ajudar os membros de gangues a encontrarem treinamento e empregos, ao mesmo tempo assumindo uma posição dura contra os que escolhiam continuar com a violência. Houve medidas adicionais de longo prazo, como fornecer apoio a crianças vulneráveis, com o objetivo de interromper a transmissão de violência de uma geração para a seguinte. Embora ainda haja mais a ser feito, os resultados iniciais têm sido promissores; após sua introdução, a unidade foi associada a uma grande queda nos crimes violentos.[30]

Desde 2018, Londres vem trabalhando em uma iniciativa similar para lidar com o que foi descrito como "epidemia" de crimes a faca na cidade. Para que obtenha o mesmo sucesso de Glasgow, será preciso que haja fortes ligações entre a polícia londrina, as comunidades, os professores, os serviços de saúde, os assistentes sociais e a mídia. Também será necessário investimento contínuo, dada a frequentemente complexa e enraizada natureza do problema. "Trata-se de colocar dinheiro nas medidas que afirmamos defender em termos de prevenção, e entender que podemos não ter um retorno rápido", disse McCluskey ao *Independent* logo após o início do projeto em Londres.[31]

Manter o investimento pode ser difícil para as abordagens de saúde pública. A despeito da crescente aceitação em outros lugares, o financiamento do programa original Cure Violence em Chicago permaneceu esporádico, com vários cortes ao longo dos anos. Slutkin disse que as atitudes em relação à violência estão mudando em muitos lugares, mas não tão facilmente quanto ele esperava. "É um processo frustrantemente lento", disse ele.

UM DOS MAIORES DESAFIOS da saúde pública é convencer as pessoas. Não se trata somente de demonstrar que uma nova abordagem funciona melhor que os métodos existentes. Trata-se também de defender essa abordagem, apresentando um argumento convincente que pode ajudar a transformar as evidências estatísticas em ação.

No mundo da defesa da saúde pública, poucos foram tão efetivos — ou pioneiros — quanto Florence Nightingale. Enquanto John Snow analisava a cólera no Soho, Nightingale investigava as doenças enfrentadas pelas tropas britânicas que lutavam na guerra da Crimeia. Ela chegara ao fim de 1854 para liderar uma equipe de enfermeiras em hospitais militares. E descobrira que os soldados morriam a taxas assombrosas. Não era somente a guerra que os matava, mas infecções como cólera, febre tifoide, tifo e disenteria. Na verdade, as infecções eram a fonte principal de mortes. Ao longo de 1854, oito vezes mais soldados morreram em função de doenças que em função de ferimentos de batalha.[32]

Nightingale estava convencida de que a má higiene era a culpada. Todas as noites, ela caminhava mais de 6 quilômetros pelos corredores das alas hospitalares, segurando uma lamparina. Os pacientes estavam deitados em colchões imundos e cheios de ratos, cercados por paredes cobertas de sujeira. "As roupas daqueles homens estavam cheias de piolhos", comentou Nightingale, "tantos quanto letras em uma página impressa." Com suas enfermeiras, ela decidiu limpar as alas. Elas lavaram lençóis, banharam corpos e esfregaram paredes. Em março de 1855, o governo britânico enviou um grupo de comissários à Crimeia para avaliar as condições dos hospitais. Enquanto Nightingale focava na higiene, a comissão trabalhou nos edifícios, melhorando os sistemas de ventilação e esgoto.

O trabalho de Nightingale lhe rendeu fama em sua terra natal. Logo depois de retornar à Inglaterra no verão de 1856, a rainha Vitória a convidou para ir a Balmoral discutir suas experiências na Crimeia. Nightingale usou a reunião para conseguir que uma comissão real examinasse as altas taxas de mortalidade. O que realmente acontecera por lá?

Além de colaborar com a comissão, ela continuou sua pesquisa nos dados hospitalares. Esse trabalho se acelerou depois que ela conheceu o estatístico William Farr em um jantar no outono. Os dois tinham históricos diferentes: Nightingale vinha da classe alta, com um nome que refletia sua infância na Toscana, ao passo que Farr fora criado na pobreza, na área rural de Shropshire, estudando medicina antes de passar para as estatísticas médicas.[33]

Em se tratando dos dados populacionais da década de 1850, Farr era o homem a quem recorrer. Paralelamente a seu trabalho com surtos como os da varíola, ele criara o primeiro sistema nacional para compilar dados sobre nascimentos e mortes. Todavia, notara que essas estatísticas cruas podiam ser enganosas. O número total de mortes em uma área particular dependia de quantos habitantes havia, além de fatores como a idade: uma cidade com população idosa geralmente tinha mais mortes ao ano que uma cidade cheia de jovens. Para solucionar esse problema, Farr desenvolveu uma nova forma de mensuração. Em vez de estudar as mortes totais, ele analisava a taxa de mortes por mil pessoas, levando em conta fatores como a idade. Isso lhe permitiu comparar populações diferentes de maneira equilibrada. "A taxa de mortalidade é um fato; qualquer coisa além disso é inferência", disse ele.[34]

Trabalhando com Farr, Nightingale aplicou esses novos métodos aos dados da Crimeia. Ela demonstrou que as taxas de mortalidade nos hospitais do Exército eram muito mais altas que nas alas hospitalares na Grã-Bretanha. Ela também mensurou o declínio das doenças depois que os comissários de saúde chegaram em 1855. Além de produzir tabelas de dados, ela utilizou uma nova tendência na ciência vitoriana: a visualização de dados. Economistas, geógrafos e engenheiros usavam cada vez mais gráficos e imagens para tornar suas obras mais acessíveis. Nightingale adaptou essas técnicas, convertendo seus principais resultados em gráficos de barra e de pizza. Como os mapas de Snow, os gráficos focavam nos padrões mais importantes, livres de distrações. As ilustrações eram claras e memoráveis, ajudando sua mensagem a se disseminar.

Em 1858, ela publicou sua análise sobre a saúde do Exército britânico em um livro de 860 páginas. Exemplares foram enviados a líderes que iam da rainha Vitória e do primeiro-ministro a editores de jornais e chefes de Estado europeus. Analisando hospitais ou comunidades, Nightingale acreditava que a natureza seguia leis previsíveis em relação às doenças. Ela disse que aqueles desastrosos meses iniciais na Crimeia se deviam ao fato de as pessoas terem ignorado essas leis. "A natureza é a mesma por toda parte, e nunca permite que suas leis sejam ignoradas impunemente." Ela também era inflexível quanto à causa dos problemas. "As três coisas que quase destruíram o Exército na Crimeia foram a ignorância, a incapacidade e as regras inúteis."[35]

A militância de Nightingale às vezes deixava Farr nervoso. Ele a aconselhou a não focar demais na mensagem, em sim nos dados. "Não queremos impressões", disse ele. "Queremos fatos."[36] Enquanto Nightingale queria sugerir explicações para a causa das mortes, Farr acreditava que o trabalho de um estatístico era simplesmente relatar o que acontecera, e não especular sobre as razões. "Você diz que seu relatório seria árido", disse ele certa vez. "Quanto mais árido, melhor. A estatística deve ser a mais árida das leituras."

Nightingale usava seus textos para pedir mudanças, mas nunca quis ser somente escritora. Quando decidiu se tornar enfermeira na década de 1840, isso foi uma surpresa para sua família rica e bem relacionada, que esperava que ela ocupasse o papel mais tradicional de esposa e mãe. Uma amiga sugerira que ela podia ter uma carreira literária paralelamente a esse papel. Nightingale não estava interessada. "Você me perguntou por que não escrevo", respondeu ela. "Acho que os sentimentos são desperdiçados em palavras; eles deveriam ser destilados em ações capazes de produzir resultados."[37]

Quando se trata de melhorar a saúde, as ações precisam ser embasadas em boas evidências. Hoje, rotineiramente usamos análises de dados para demonstrar o quanto a saúde varia, por que isso pode acontecer e o que precisa ser feito a respeito. Muito dessa abordagem baseada em evidências pode ser remontada a estatísticos como Farr e Nightingale. Na opinião de Florence Nightingale, as pessoas de um modo geral não entendiam o que controlava ou não as infecções. Em alguns casos, os hospitais podiam muito bem aumentar o risco de doenças. "Essas instituições, criadas para o alívio da aflição humana, definitivamente não sabem se a aliviam ou não", disse ela.[38]

A pesquisa de Nightingale foi altamente respeitada por seus contemporâneos científicos, incluindo o estatístico Karl Pearson. Ela era tida como a "dama com a lamparina", uma enfermeira que cuidava dos soldados e, por isso, tornava as pessoas simpáticas a sua causa. Mas Pearson argumentou que a mera simpatia não levaria à mudança; era preciso conhecimentos de gerenciamento e administração, assim como a habilidade de interpretar informações. Segundo ele, era nisso que Nightingale se destacava. "Florence Nightingale acreditava — e, em todas as ações de sua vida, agiu de acordo com essa crença — que o administrador só podia ter sucesso se fosse guiado pelo conhecimento estatístico."[39]

DE ACORDO COM CARL BELL, especialista em saúde pública da Universidade de Chicago, três coisas são necessárias para interromper uma epidemia: uma base de evidências, um método de implementação e vontade política.[40] No entanto, quando se trata de violência armada, os Estados Unidos têm dificuldades desde o primeiro passo. Os Centros de Controle e Prevenção de Doenças, que usualmente assumem a liderança em questões de saúde pública, fizeram muito poucas pesquisas relacionadas a esse problema nas duas últimas décadas.

Sem dúvida, os EUA são um grande ponto fora da curva quando se trata de armas de fogo. Em 2010, americanos jovens tinham quase cinquenta vezes mais probabilidade de morrer em um tiroteio que seus pares em outros países de alta renda. A mídia tende a focar nos tiroteios em massa, que frequentemente envolvem armas de assalto, mas o problema das mortes por armas de fogo é muito mais disseminado que isso. Em 2016, os tiroteios em massa — definidos como aqueles nos quais quatro ou mais pessoas são baleadas — responderam por somente 3% dos homicídios com armas de fogo no país.[41]

Então por que o CDC não fez mais pesquisas sobre isso? A principal razão foi a emenda Dickey de 1996, que estipula que "nenhum dos fundos disponíveis para prevenção e controle de ferimentos do CDC pode ser usado para defender ou promover o controle de armas de fogo". Nomeada em função do congressista republicano Jay Dickey, a emenda se seguiu a uma série de discordâncias sobre a pesquisa sobre armas de fogo nos EUA. Antes da votação, Dickey e seus colegas entraram em conflito com Mark Rosenberg, diretor do Centro Nacional de Prevenção e Controle de Ferimentos do CDC. Eles afirmaram que Rosenberg, que era copresidente de um grupo de trabalho sobre armas de fogo, tentava apresentá-las como "ameaça à saúde pública" (a expressão, na verdade, veio de um jornalista da *Rolling Stone* que entrevistara Rosenberg sobre a questão).[42]

Rosenberg comparara a pesquisa sobre armas de fogo ao progresso feito na redução de mortes relacionadas a automóveis, uma analogia mais tarde usada por Barack Obama durante sua presidência. "Com mais pesquisas, poderíamos aumentar a segurança das armas de fogo, assim como, com mais pesquisas, reduzimos enormemente as fatalidades de trânsito nos últimos trinta anos", disse Obama em 2016. "Fazemos pesquisas quando carros, alimentos, remédios e até brinquedos ferem as pessoas, para torná-los mais seguros. Pesquisas, ciência são coisas boas. Elas funcionam."[43]

Os carros se tornaram muito mais seguros, mas, inicialmente, a indústria relutou em aceitar as sugestões de que seus veículos precisavam de aprimoramentos. Quando, em 1965, Ralph Nader publicou seu livro *Unsafe at Any Speed* [Inseguro em qualquer velocidade], que apresentava evidências de perigosas falhas de projeto, as empresas automobilísticas tentaram difamá-lo. Elas contrataram detetives particulares para rastrear seus movimentos e uma prostituta para seduzi-lo.[44] Até mesmo o editor do livro, Richard Grossman, era cético quanto à mensagem. Ele achava que seria difícil promover o livro e que ele provavelmente não venderia muito. "Mesmo que cada palavra seja verdadeira e tudo seja tão ultrajante quanto ele diz", afirmou Grossman, "será que as pessoas vão querer ler sobre isso?"[45]

Como se viu, elas queriam. *Unsafe at Any Speed* se tornou best-seller e as reivindicações por maior segurança rodoviária aumentaram, levando à inclusão dos cintos de segurança e, por fim, a itens como airbags e freios ABS. Mesmo assim, levara algum tempo para que as evidências se acumulassem antes do lançamento do livro de Nader. Na década de 1930, muitos especialistas achavam que era mais seguro ser arremessado do carro durante um acidente, em vez de ficar preso dentro dele.[46] Durante décadas, os fabricantes e políticos não estiveram interessados em pesquisas sobre segurança automobilística. Após a publicação de *Unsafe at Any Speed*, isso mudou. Em 1965, cada 1,6 milhão de quilômetros em uma viagem de carro representavam 5% de chance de morte; em 2014, esse número caíra para 1%.

Antes de morrer, em 2017, Jay Dickey indicou que sua opinião quanto às pesquisas sobre armas de fogo havia mudado. Ele acreditava que o CDC precisava analisar a questão. "Precisamos afastar esse assunto da política e entregá-lo à ciência", disse ele ao *Washington Post* em 2015.[47] Nos anos após o conflito de 1996, Dickey e Mark Rosenberg se tornaram amigos, tentando ouvir um ao outro e encontrar terreno comum sobre a necessidade de pesquisas. "Não saberemos a causa da violência armada até que procuremos por ela", escreveriam eles mais tarde em um artigo conjunto de opinião.

A despeito das restrições ao financiamento, algumas evidências sobre a violência armada estão disponíveis. No início da década de 1990, antes da emenda Dickey, estudos financiados pelo CDC descobriram que ter uma arma de fogo em casa aumenta o risco de homicídio e suicídio. Essa última descoberta foi particularmente notável, dado que cerca de dois terços das mortes por armas de fogo nos EUA são suicídios. Os oponentes da pesquisa argumentaram que tais suicídios poderiam ocorrer de qualquer maneira, mesmo que as armas não estivessem presentes.[48] Mas o fácil acesso a métodos letais pode fazer a diferença no que frequentemente são decisões impulsivas. Em 1998, o Reino Unido deixou de vender paracetamol em frascos e passou a vendê-lo em cartelas contendo no máximo 32 comprimidos. O esforço extra envolvido nas cartelas pareceu deter as pessoas; na década seguinte à implementação dessa medida, houve uma redução de cerca de 40% nas mortes por overdose de paracetamol.[49]

A menos que compreendamos onde estão os riscos, é muito difícil fazer algo a respeito. É por isso que as pesquisas sobre violência são necessárias.

Intervenções aparentemente óbvias podem ter pouco efeito real. Do mesmo modo, pode haver políticas — como o Cure Violence — que desafiam as abordagens já existentes, mas têm o potencial de reduzir as mortes relacionadas a armas de fogo. "Como ferimentos causados por veículos motorizados, a violência existe em um mundo de causa e efeito; as coisas acontecem por razões previsíveis", escreveram Dickey e Rosenberg em 2012.[50] "Ao estudar as causas de um evento trágico — mas não sem sentido —, podemos evitar outro."

E não é somente a violência armada que precisamos entender. Até agora, analisamos eventos frequentes, como tiroteios e violência doméstica, o que significa que, ao menos em teoria, ainda há muitos dados para estudar. Mas, às vezes, o crime e a violência ocorrem em eventos singulares, disseminando-se rapidamente pela população, com consequências devastadoras.

NA NOITE DE SÁBADO, 6 de agosto de 2011, Londres viu a primeira de cinco noites de saques, incêndios e violência. Dois dias antes, a política baleara e matara um suspeito membro de uma gangue em Tottenham, na região norte, gerando protestos que se transformaram em tumultos e se espalharam pela cidade. Também houve tumultos em outras cidades do Reino Unido, de Birmingham a Manchester.

O pesquisador criminal Toby Davies vivia no distrito londrino de Brixton nessa época.[51] Embora Brixton tivesse evitado a violência na primeira noite, acabaria sendo uma das áreas mais afetadas. Nos meses que se seguiram, Davies e seus colegas da University College London decidiram entender como essa desordem se desenvolvia.[52] Em vez de tentar explicar como ou por que um tumulto se inicia, a equipe focou no que acontece depois que ele começa. Em sua análise, eles dividiram o tumulto em três decisões básicas. A primeira era se uma pessoa participaria dele ou não. Os pesquisadores presumiram que isso dependia do que acontecia por perto — muito como uma epidemia de doença —, assim como de fatores socioeconômicos. Quando alguém decidia participar, a segunda decisão envolvida era onde iniciar a manifestação. Como grande parte dos tumultos e saques estava concentrada em áreas de varejo, os pesquisadores adaptaram um modelo existente de como os consumidores fluem para tais locais (vários veículos de mídia descreveram os tumultos de Londres como "compras violentas"[53]). Finalmente, seu modelo incluía a possibilidade de prisão quando uma pessoa chegasse ao local do tumulto. Isso dependia do número relativo de agitadores e de policiais, em uma métrica que Davies chamou de "excedimento" [*outnumberedness*].

O modelo pôde reproduzir parte dos padrões mais amplos vistos durante os tumultos de 2011 — como o foco em Brixton —, mas também demonstrou a complexidade desse tipo de evento. Davies indica que o modelo foi somente o primeiro passo; muito mais precisa ser feito nessa área de pesquisa. Um grande desafio é a disponibilidade dos dados. Em sua análise, a equipe da UCL só tinha informações sobre o número de prisões por infrações relacionadas aos tumultos. "Como se pode imaginar, trata-se de uma subamostra muito pequena e enviesada", disse Davies. "Ela não captura quem potencialmente se engajaria nos tumultos." Em 2011, os agitadores também foram mais diversificados do que se poderia esperar, com os grupos transcendendo longas rivalidades locais. Mesmo assim, um dos benefícios de um modelo é que ele pode explorar situações incomuns e respostas potenciais. Para crimes frequentes, como invasão de domicílio, a polícia pode introduzir medidas de controle, ver o que acontece e refinar sua estratégia. Mas essa abordagem não é possível em eventos raros, que podem surgir ocasionalmente. "A polícia não tem tumultos para praticar todos os dias", disse Davies.

Para que um tumulto comece, precisa haver ao menos algumas pessoas dispostas a participar. "Você não pode fazer um motim sozinho", como disse o pesquisador criminal John Pitts. "O tumulto de um homem só é um chilique."[54] Então como surge um tumulto a partir de uma única pessoa? Em 1978, Mark Granovetter publicou um agora clássico estudo analisando como os problemas podem surgir. Ele sugeriu que as pessoas podem ter diferentes limiares: uma pessoa radical pode iniciar um tumulto independentemente do que as outras pessoas estão fazendo, ao passo que um indivíduo conservador possivelmente só participará se já houver muitos outros envolvidos. Como exemplo, Granovetter sugeriu que imaginemos cem pessoas em uma praça. Uma delas tem limiar 0, significando que irá iniciar um tumulto (ou ter um chilique) mesmo que ninguém mais o faça; a pessoa seguinte tem limiar 1, de modo que só participará de um tumulto se houver ao menos mais uma pessoa nele; a pessoa seguinte tem limiar 2, e assim por diante, aumentando a cada vez. Granovetter indicou que essa situação levaria a um inevitável efeito dominó: a pessoa com limiar 0 iniciaria o tumulto, estimulando a pessoa com limiar 1, que estimularia a pessoa com limiar 2. Isso continuaria até que toda a multidão estivesse em tumulto.

Mas, e se a situação fosse ligeiramente diferente? Digamos que a pessoa com limiar 1 tivesse um limiar 2. Dessa vez, a primeira pessoa iniciaria o tumulto, mas não haveria ninguém com um limiar suficientemente baixo para ser estimulado. Embora as multidões em cada situação sejam praticamente idênticas, o comportamento de uma pessoa poderia ser a diferença entre um tumulto e um chilique. Granovetter sugeriu que os limiares pessoais poderiam se aplicar também a outras formas de comportamento, de entrar em greve a ir embora de um evento social.[55]

A emergência do comportamento coletivo também pode ser relevante para o contraterrorismo. Potenciais terroristas são recrutados em uma hierarquia existente ou formam grupos organicamente? Em 2016, o físico Neil Johnson liderou uma análise que tentava descobrir como o apoio ao chamado Estado Islâmico crescia online. Estudando discussões em redes sociais, sua equipe descobriu que os apoiadores se agregavam em grupos progressivamente maiores, antes de se separarem em grupos menores quando as autoridades os obrigavam a fechar. Johnson comparou o processo com um cardume se separando e se reagrupando em torno de predadores. A despeito de se reunirem em grupos distintos, os apoiadores do Estado Islâmico não pareciam ter uma hierarquia consistente.[56] Em seus estudos sobre a insurgência global, Johnson e seus colaboradores argumentaram que essas dinâmicas coletivas em grupos terroristas podiam explicar por que grandes ataques são muito menos frequentes que ataques menores.[57]

Embora o estudo de Johnson sobre o Estado Islâmico tivesse o objetivo de entender o ecossistema do extremismo — como os grupos se formam, crescem e se dissipam —, a mídia preferiu focar na possibilidade de ele poder prever acuradamente os ataques. Infelizmente, é provável que as predições ainda estejam fora do alcance de tais métodos. Mas, ao menos, foi possível ver quais eram os métodos subjacentes. De acordo com J. M. Berger, professor bolsista da Universidade George Washington que pesquisa o extremismo, é raro ver análises transparentes do terrorismo. "Há muitas empresas que afirmam ser capazes de fazer o que alega esse estudo", disse ele ao *New York Times* depois que o artigo foi publicado, "e muitas delas me parecem estar vendendo gato por lebre."[58]

A PREDIÇÃO É UM NEGÓCIO DIFÍCIL. Não se trata somente de antecipar o momento de um ataque terrorista; os governos também precisam considerar o método que pode ser usado e o impacto potencial desse método. Nas semanas após os ataques de 11 de setembro de 2001, várias pessoas na mídia e no Congresso americanos receberam cartas contendo a bactéria tóxica antraz. Isso levou a cinco mortes, causando o temor de que outros ataques bioterroristas pudessem se seguir.[59] Acreditava-se que uma das principais ameaças seria a varíola. A despeito de ter sido erradicada no mundo, amostras do vírus ainda estavam armazenadas em dois laboratórios governamentais, um nos EUA e outro na Rússia. E se existissem outros vírus da varíola, não registrados, e eles caíssem nas mãos erradas?

Usando modelos matemáticos, vários grupos de pesquisa tentaram estimar o que poderia acontecer se terroristas liberassem o vírus em meio a uma população humana. A maioria concluiu que um surto cresceria rapidamente, a menos que medidas prévias de controle fossem adotadas. Logo depois, o governo americano decidiu oferecer a meio milhão de trabalhadores da área de saúde uma vacina contra o vírus. Houve limitado entusiasmo pelo plano: no fim de 2003, menos de 40 mil haviam optado por ela.

Em 2006, Ben Cooper, então modelista matemático da Agência de Proteção à Saúde do Reino Unido, escreveu um artigo de alta visibilidade criticando as abordagens usadas para avaliar os riscos da varíola. Ele deu ao artigo o título "Modelos de varíola e decisões precipitadas". De acordo com o matemático, vários modelos incluem suposições questionáveis, com uma sendo particularmente proeminente. "Muitas sobrancelhas foram arqueadas quando o modelo dos Centros de Controle de Doenças negligenciou completamente o rastreamento do contato e previu 77 trilhões de casos se a epidemia não fosse controlada", comentou ele. Sim, você leu corretamente. Apesar de haver menos de 7 bilhões de pessoas no mundo na época, o modelo presumira que haveria um número infinito de pessoas suscetíveis que seriam infectadas, o que significava que a transmissão continuaria indefinidamente. Embora os pesquisadores do CDC tenham reconhecido que se tratava de uma imensa simplificação, foi bizarro ver um estudo de surto fazer uma suposição tão dramaticamente divorciada da realidade.[60]

Mesmo assim, uma das vantagens de um modelo simples é que usualmente é fácil ver quando — e por que — ele está errado. Também é mais fácil debater sua utilidade. Mesmo que alguém tenha experiência limitada com matemática, essa pessoa pode ver como as suposições influenciam os resultados. Você não precisa saber cálculo para perceber que, se os pesquisadores presumirem um alto nível de transmissão de varíola e um número ilimitado de pessoas suscetíveis, isso levará a uma epidemia irrealisticamente ampla.

Quando os modelos se tornam mais complicados, com muitas características e suposições diferentes, fica mais difícil identificar essas falhas. Isso cria um problema, porque mesmo os mais sofisticados modelos matemáticos são uma simplificação de uma realidade confusa e complexa. É análogo a construir um trem de brinquedo. Não importa quantas características sejam adicionadas — placas em miniatura, número de vagões, cronogramas cheios de atrasos —, ainda será somente um modelo. Podemos usar isso para entender aspectos da coisa real, mas sempre haverá aspectos em que o modelo é diferente da situação real. Além disso, características adicionais podem não tornar o modelo melhor em representar o que precisamos que represente. Quando se trata de construir modelos, sempre há o risco de confundir detalhes com acuidade. Suponha que, em seu ferrorama, todos os trens sejam conduzidos por animais intrincadamente esculpidos e pintados. Pode ser um modelo muito detalhado, mas não é realista.[61]

Em sua crítica, Cooper notou que outros modelos da varíola, mais detalhados, haviam chegado a conclusões similarmente pessimistas sobre o potencial de um grande surto. A despeito dos detalhes adicionais, os modelos ainda continham uma característica não realista: eles presumiam que a maioria das transmissões ocorreria antes que as pessoas desenvolvessem a característica erupção cutânea da varíola. Os dados da vida real sugerem outra coisa, com a maior parte da transmissão ocorrendo depois do surgimento da erupção. Isso tornaria muito mais fácil saber quem estava infectado e controlar a doença por meio de quarentena, em vez de requerer vacinação disseminada.

Das epidemias de doenças ao terrorismo e ao crime, as previsões podem ajudar as agências a planejarem e alocarem recursos. Elas também podem chamar atenção para o problema, persuadindo as pessoas de que é preciso alocar tais recursos. Um importante exemplo de tal análise foi publicado em setembro de 2014. Em meio à epidemia de ebola que varria várias partes da África Ocidental, o CDC anunciou que haveria 1,4 milhão de casos em janeiro de 2015, se nada mudasse.[62] Considerada em termos do estilo de militância de Nightingale, a mensagem foi altamente efetiva: a análise chamou a atenção do mundo, atraindo ampla cobertura da mídia. Como vários outros estudos feitos naquela época, a declaração sugeria que uma resposta rápida era necessária para controlar a epidemia na África Ocidental. Mas a estimativa do CDC logo atraiu críticas da comunidade de pesquisas de doenças.

Um problema era a própria análise. O grupo do CDC responsável por indicar aquele número era o mesmo que chegara às estimativas questionáveis sobre a varíola. Eles haviam usado um modelo similar, com um número ilimitado de pessoas suscetíveis. Caso seu modelo de ebola chegasse a abril de 2015, em vez de janeiro, ele teria estimado mais de 30 milhões de futuros casos, muito mais do que as populações combinadas dos países afetados.[63] Muitos pesquisadores questionaram a validade de usar um modelo tão simples para estimar como o ebola se disseminaria cinco meses depois. Eu fui um deles. "Os modelos podem fornecer informações úteis sobre como o ebola pode se disseminar em mais ou menos um mês", disse eu a um jornalista na época, "mas é quase impossível fazer previsões acuradas de longo prazo."[64]

Claramente há pesquisadores muito bons no CDC, e o modelo do ebola foi somente um dos resultados de uma grande comunidade de pesquisa por lá. Mas ele ilustra os desafios de produzir e comunicar análises de alto impacto sobre os surtos. Um problema com as previsões falhas é que elas reforçam a ideia de que os modelos não são muito úteis, com base no seguinte argumento: se eles produzem previsões incorretas, por que as pessoas devem prestar atenção aos modelos?

Enfrentamos um paradoxo quando se trata de prever surtos. Embora previsões do tempo pessimistas não afetem o tamanho de uma tempestade, previsões de surtos podem influenciar o número final de casos. Se um modelo sugere que o surto é uma ameaça genuína, isso pode gerar uma grande resposta das agências de saúde. Se essa resposta controlar o surto, a previsão original se mostrará errada. Portanto, é fácil confundir uma previsão inútil (ou seja, que indicasse um resultado que jamais ocorreria) com uma útil, apontando um resultado que teria ocorrido se as agências não tivessem agido. Situações similares podem ocorrer em outros campos. Nos meses anteriores à virada para o ano 2000, governos e empresas gastaram centenas de bilhões de dólares em todo o globo para enfrentar o "bug do milênio". Originalmente uma característica para salvar espaço de armazenamento nos primeiros computadores ao abreviar as datas, o bug se propagara pelos sistemas modernos. Mas graças aos esforços para consertar o problema, o dano foi limitado, o que levou muitos veículos de mídia a dizerem que o risco fora exagerado.[65]

Falando estritamente, a estimativa de ebola do CDC evitou esse problema porque não era realmente uma previsão, mas um de vários cenários. Enquanto uma previsão descreve o que achamos que vai acontecer no futuro, um cenário mostra o que pode acontecer sob um conjunto específico de suposições. Os estimados 1,4 milhão de casos supunham que a epidemia continuaria a crescer exatamente à mesma taxa. Se medidas de controle de doenças fossem incluídas no modelo, ele teria previsto muito menos casos. Mas, quando os números são divulgados, eles podem se fixar na memória, alimentando o ceticismo em relação aos modelos que os criaram. "Lembre-se do 1 milhão de casos de ebola previstos pelo CDC no outono de 2014", tuitou Joanne Liu, presidente internacional dos Médicos Sem Fronteiras (MSF), em resposta a um artigo de 2018 sobre previsões.[66] "Os modelos também têm limites."

Ainda que a estimativa de 1,4 milhão de casos fosse somente um cenário, ela implicava uma linha de base: se nada mudasse, era isso que aconteceria. Durante a epidemia de 2013-2016, quase 30 mil casos de ebola foram reportados na Libéria, em Serra Leoa e em Guiné. Será que a introdução de medidas de controle pelas agências de saúde ocidentais realmente impediu mais de 1,3 milhão de casos?[67]

No campo da saúde pública, as pessoas frequentemente se referem às medidas de controle de doenças como "remover a alça da bomba". É uma referência ao trabalho de John Snow com a cólera e à remoção da alça da bomba da rua Broad. Há somente um problema com essa expressão: quando a alça da bomba foi removida em 8 de setembro de 1854, o surto de cólera em Londres já estava em declínio. A maioria das pessoas em risco já tinha contraído a infecção ou fugido da área. Se temos a intenção de ser acurados, "remover a alça da bomba" deveria se referir a uma medida de controle que é teoricamente útil, mas implementada tarde demais.

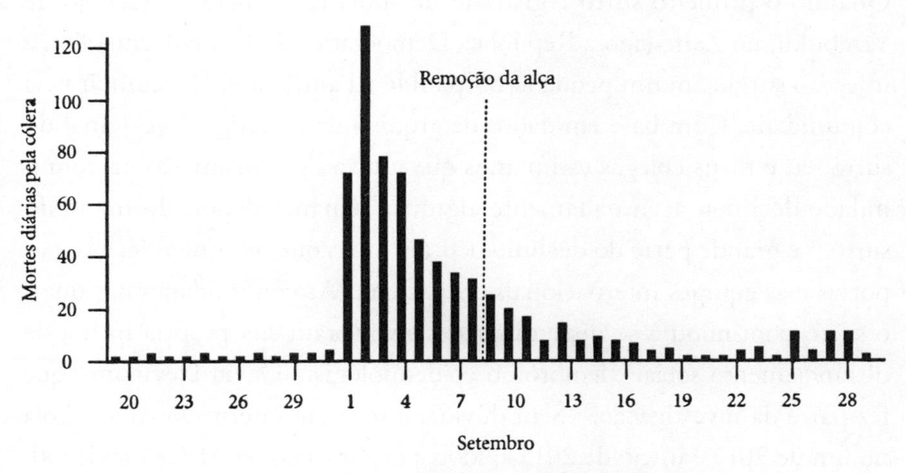

Surto de cólera no Soho, 1854

Quando alguns dos maiores centros de tratamento do ebola foram abertos no fim de 2014, o surto já estava desacelerando ou mesmo em franco declínio.[68] Porém, em algumas áreas, as medidas de controle coincidiram com a redução nos casos. Assim, é difícil determinar o impacto exato dessas medidas.

As equipes de resposta introduziram várias delas ao mesmo tempo, desde rastrear os contatos infectados e encorajar mudanças de comportamento até abrir centros de tratamento e realizar enterros seguros. Que efeito os esforços internacionais realmente tiveram?

Usando um modelo matemático de transmissão de ebola, nosso grupo estimou que a disponibilização de leitos adicionais para tratamento — com os casos sendo isolados da comunidade e, portanto, reduzindo a transmissão — evitou cerca de 60 mil casos de ebola em Serra Leoa entre setembro de 2014 e fevereiro de 2015. Em alguns distritos, descobrimos que a expansão dos centros de tratamento podia explicar todo o declínio do surto; em outras áreas, havia evidências de uma redução adicional da transmissão na comunidade. Isso pode ter refletido outros esforços de controle, locais e internacionais, ou talvez mudanças no comportamento que já estavam em curso.[69]

Surtos históricos de ebola demonstraram quão importantes mudanças de comportamento podem ser para o controle da disseminação da doença. Quando o primeiro surto registrado de ebola teve início no vilarejo de Yambuku, no Zaire (agora República Democrática do Congo), em 1976, a infecção surgiu em um pequeno hospital local antes de se disseminar pela comunidade. Com base em dados de arquivo da investigação original do surto, eu e meus colegas estimamos que a taxa de transmissão na comunidade declinou acentuadamente algumas semanas depois do início do surto,[70] e grande parte do declínio ocorreu antes que o hospital fechasse as portas e as equipes internacionais chegassem. "As comunidades nas quais o surto continuou a se disseminar desenvolveram sua própria forma de distanciamento social", lembrou o epidemiologista David Heymann, que fez parte da investigação.[71] Sem dúvida, a resposta internacional ao ebola no fim de 2014 e início de 2015 ajudou a evitar casos na África Ocidental. Mas, ao mesmo tempo, as organizações estrangeiras deveriam usar cautela ao reivindicar muito crédito pelo declínio de tais surtos.

A DESPEITO DOS DESAFIOS ENVOLVIDOS nas previsões, há grande demanda por elas. Independentemente de estarmos analisando a disseminação de doenças infecciosas ou a criminalidade, governos e outras organizações precisam de evidências nas quais basear suas futuras políticas. Assim, como podemos melhorar as previsões de surtos?

Geralmente, podemos traçar os problemas de uma previsão ao modelo ou aos dados que entram no modelo. Uma boa regra é que o modelo matemático deve ser projetado em torno dos dados disponíveis. Se não temos dados sobre diferentes rotas de transmissão, por exemplo, devemos fazer suposições simples, mas plausíveis, sobre a disseminação geral. Além de tornar os modelos mais fáceis de interpretar, essa abordagem também torna mais fácil comunicar o que é desconhecido. Em vez de se debater com um modelo complexo e cheio de suposições ocultas, as pessoas são capazes de se concentrar nos processos principais, mesmo que não estejam muito familiarizadas com modelos.

Fora de meu campo, descobri que as pessoas geralmente respondem à análise matemática de duas maneiras. A primeira é a suspeita. Isso é compreensível: se algo é obscuro e pouco familiar, nosso instinto é desconfiar. Como resultado, a análise provavelmente é ignorada. O segundo tipo de resposta é o extremo oposto. Em vez de ignorar os resultados, as pessoas podem ter fé excessiva neles. Obscuro e difícil são vistos como coisas boas. Muitas vezes ouvi pessoas sugerirem que um cálculo matemático é brilhante porque ninguém consegue entendê-lo. Na opinião delas, complicado significa genial. De acordo com o estatístico George Box, não são somente os observadores que podem ser seduzidos por análises matemáticas. "Estatísticos, como artistas, têm o mau hábito de se apaixonar por seus modelos", teria dito ele.[72]

Também precisamos pensar sobre os dados que colocamos em nossas análises. Ao contrário dos experimentos científicos, os surtos raramente são projetados: os dados podem ser confusos e incompletos. Em retrospecto, podemos ser capazes de criar belos gráficos com casos aumentando e diminuindo, mas, no meio do surto, raramente temos esse tipo de informação. Em dezembro de 2017, por exemplo, nossa equipe trabalhou com os MSF para analisar um surto de difteria em campos de refugiados em Cox's Bazar, Bangladesh. Recebíamos novos conjuntos de dados todos os dias, mas como levava tempo para as novas ocorrências serem reportadas, havia menos casos recentes em cada um desses conjuntos: se alguém ficava doente na segunda-feira, geralmente só surgia nos dados na quarta ou quinta-feira. A epidemia ainda estava em curso, mas esses atrasos faziam parecer que estava acabando.[73]

Embora os dados sobre surtos possam ser pouco confiáveis, isso não significa que sejam inúteis. Dados imperfeitos não são necessariamente um problema se sabemos que são imperfeitos e podemos nos adequar a isso. Por exemplo, suponha que seu relógio esteja uma hora atrasado. Se você não sabe disso, provavelmente terá problemas. Mas, se estiver ciente do fato, você pode fazer um ajuste mental e mesmo assim chegar na hora. Do mesmo modo, se sabemos que há atraso nos registros durante um surto, podemos ajustar a maneira como interpretamos a curva do surto. Esse panorama, que visa entender a situação atual, frequentemente é necessário antes que previsões possam ser feitas.

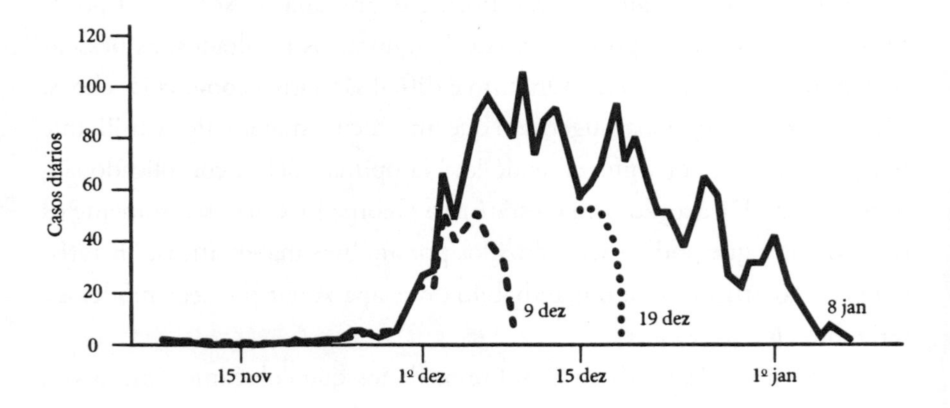

Surto de difteria em Cox's Bazar, Bangladesh, 2017-2018. Cada linha mostra o número de casos em determinado dia, conforme relatado no banco de dados em 9 de dezembro, 19 de dezembro e 8 de janeiro

Fonte: Finger et al., 2019

Nossa habilidade de criar esse panorama depende do tamanho do atraso e da qualidade dos dados disponíveis. Muitos surtos de doenças infecciosas duram semanas ou meses, mas outros podem ocorrer durante períodos muito mais extensos. Veja a chamada epidemia de opioides nos EUA, em que um número crescente de pessoas se vicia em analgésicos, assim como em drogas ilegais como heroína. As overdoses são hoje a principal causa de morte entre americanos com menos de 55 anos. Como resultado dessas mortes adicionais, a expectativa de vida média nos EUA diminuiu três anos entre 2015 e 2018. A última vez em que isso aconteceu foi durante a Segunda Guerra Mundial. A despeito de certos aspectos da crise serem específicos aos EUA, aquela não é a única área de risco; o uso de opioides também começou a aumentar em países como Reino Unido, Austrália e Canadá.[74]

Infelizmente, é difícil rastrear as overdoses porque se leva um tempo especialmente longo para certificar mortes como relacionadas a drogas. As estimativas preliminares de mortes por overdose nos EUA em 2018 só foram liberadas em julho de 2019.[75] Embora alguns dados de nível local estivessem disponíveis antes, pode levar muito tempo para criar um retrato nacional da crise. "Sempre olhamos para trás", disse Rosalie Liccardo Pacula, economista sênior da RAND Corporation, que se especializa em pesquisas sobre políticas públicas. "Não somos muito bons em ver o que está acontecendo imediatamente."[76]

A crise americana de opioides recebeu substancial atenção no século XXI, mas Hawre Jalal e seus colegas na Universidade de Pittsburgh sugerem que o problema é muito mais antigo. Quando analisaram dados de 1979 a 2016, eles descobriram que o número de mortes por overdose nos EUA cresceu exponencialmente durante esse período, com a taxa de mortalidade dobrando a cada dez anos.[77] Mesmo ao analisarem o nível estadual, e não o nacional, eles descobriram o mesmo padrão de crescimento em muitas áreas, e com uma consistência surpreendente, considerando o quanto o uso de drogas se modificou ao longo das décadas. "Esse padrão histórico de crescimento previsível por ao menos 38 anos sugere que a atual epidemia de opioides pode ser uma manifestação mais recente de um continuado processo de longo prazo", comentaram os pesquisadores. "Esse processo pode permanecer nesse caminho por vários anos no futuro."[78]

E, no entanto, as mortes por overdose só mostram parte do retrato. Elas nada dizem sobre os eventos que levaram à morte; o mau uso de drogas pode ter começado anos antes. Esse lapso de tempo ocorre na maioria dos tipos de surto. Quando as pessoas entram em contato com uma infecção, geralmente há um atraso entre a exposição e a manifestação de seus efeitos. Por exemplo, durante o surto de ebola de 1976 em Yambuku, pessoas que eram expostas ao vírus frequentemente levavam alguns dias para ficarem doentes. No caso das infecções que se revelaram fatais, passava-se cerca de uma semana a mais entre o surgimento da doença e a morte. Dependendo de estarmos analisando doenças ou mortes, podemos obter duas impressões ligeiramente diferentes sobre o surto. Se focássemos nos infectados pelo ebola que haviam acabado de adoecer, diríamos que o surto de Yambuku teve um pico após seis semanas; com base nas mortes, colocaríamos o pico uma semana depois.

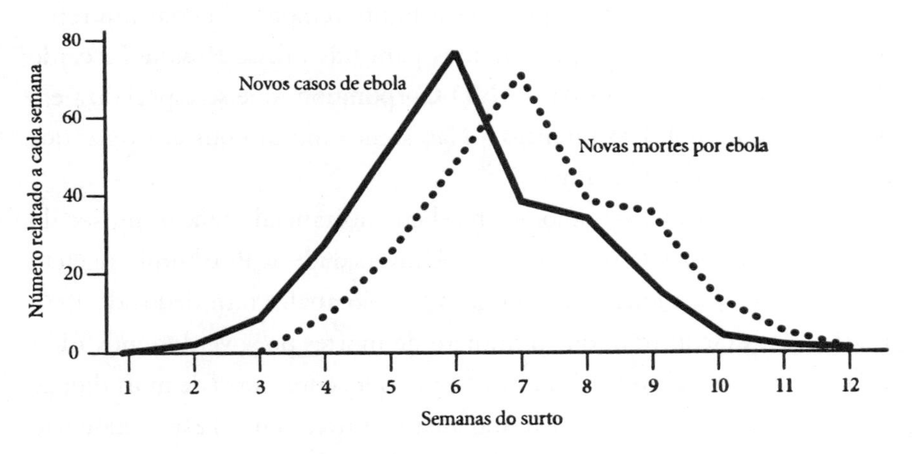

Surto de ebola em Yambuku em 1976

Fonte: Camacho et al., 2014

Ambos os conjuntos de dados são úteis, mas não mensuram a mesma coisa. O cômputo dos novos casos de ebola nos diz o que está acontecendo às pessoas suscetíveis — especificamente, quantas estão sendo infectadas —, ao passo que o número de mortes mostra o que está acontecendo às pessoas que já têm a infecção. Depois do primeiro pico, as duas curvas se movem em direções opostas por mais ou menos uma semana: os casos diminuem e as mortes aumentam.

De acordo com Pacula, as epidemias de drogas podem ser divididas em dois estágios similares. No estágio inicial de um surto, o número de usuários aumenta conforme novas pessoas são expostas às drogas. No caso dos opioides, a exposição frequentemente começa com a prescrição. Pode ser tentador simplesmente culpar os pacientes por tomarem remédios demais ou os médicos por prescreverem demais. Mas também devemos considerar as empresas farmacêuticas, que fazem marketing de opioides fortes diretamente aos médicos. E as seguradoras de saúde, que muitas vezes tendem a financiar analgésicos em lugar de alternativas como a fisioterapia. O estilo de vida moderno também desempenha um papel, com o aumento da dor crônica estando associado ao aumento da obesidade e do trabalho em escritório.

Uma das melhores maneiras de desacelerar uma epidemia em seus estágios iniciais é reduzir o número de pessoas suscetíveis. No caso das drogas, isso significa aprimorar a educação e a conscientização. "A educação tem sido muito importante e muito efetiva", diz Pacula. Estratégias que reduzem o fornecimento de drogas também podem ajudar no início. Dada a variedade de drogas envolvidas na epidemia de opioides, isso significa ter em vista todas as potenciais rotas de exposição, em vez de uma medicação específica.

Quando o número de novos usuários atinge o pico, entramos no estágio intermediário de uma epidemia de drogas. Nesse momento, ainda há muitos usuários, que cada vez mais podem se mover para drogas mais pesadas e potencialmente para drogas ilegais ao perder o acesso à prescrição. Fornecer tratamento e evitar o uso excessivo pode ser particularmente eficaz nesse estágio. O objetivo aqui é reduzir o número geral de usuários, em vez de somente evitar novas adicções.

No estágio final de uma epidemia de drogas, o número de usuários novos e já existentes declina, mas um grupo de usuários pesados permanece. Essas são as pessoas em maior risco, tendo potencialmente mudado dos opioides prescritos para drogas mais baratas, como a heroína.[79] Mas as coisas não são tão simples quanto reprimir o mercado ilegal de drogas nesses estágios posteriores. O problema subjacente da adicção é muito mais profundo e amplo que isso. Como disse o chefe de polícia Paul Cell, "os Estados Unidos não podem sair da epidemia de opioides prendendo todo mundo".[80] Também não se trata simplesmente de remover o acesso às drogas prescritas. "Há um problema de adicção, e não somente um problema relacionado a opioides", disse Pacula. "Se, ao remover uma droga, não fornecermos tratamento, basicamente estaremos encorajando as pessoas a começarem a usar outra coisa." Ela indicou que as epidemias de drogas vêm com uma série de efeitos em cadeia. "Mesmo que controlemos o mau uso dos opioides, temos algumas tendências de longo prazo, muito preocupantes, com as quais sequer começamos a lidar." Uma é o efeito das drogas sobre a saúde dos usuários. Quando as pessoas passam dos comprimidos para as drogas injetáveis, elas enfrentam o risco de infecções como hepatite C e HIV. Então há o impacto social mais amplo — sobre famílias, comunidades e empregos — de ter grande número de pessoas viciadas em drogas.

Como o sucesso das diferentes estratégias de controle pode variar entre os três estágios de uma epidemia de drogas, é crucial saber em que estágio estamos. Teoricamente, deveria ser possível descobrir isso estimando os números anuais de novos usuários, usuários já existentes e usuários pesados. Mas a complexidade da crise dos opioides — com sua mistura de drogas prescritas e ilegais — torna muito difícil fazer isso. Há algumas fontes de dados úteis — como as visitas às alas de emergência e os resultados de testes de drogas feitos após prisões —, mas essa informação se tornou mais difícil de acessar em anos recentes. Não podemos criar um gráfico claro demonstrando os diferentes estágios do uso de drogas como fizemos com o surto de ebola em Yambuku, porque os dados simplesmente não estão disponíveis. Esse é um problema comum na análise de surtos: coisas que não são reportadas são, por definição, difíceis de analisar.

NOS ESTÁGIOS INICIAIS de um surto de doença, geralmente há dois objetivos principais: entender a transmissão e controlá-la. Esses objetivos estão proximamente ligados. Se melhorarmos nosso entendimento de como algo se dissemina, podemos criar medidas de controle mais efetivas, além de ser capazes de adequar as intervenções aos grupos de alto risco ou identificar outros elos fracos na cadeia de transmissão.

Essa relação também funciona no sentido contrário: as medidas de controle podem influenciar nosso entendimento da transmissão. No caso de doenças, assim como no caso de uso de drogas e violência armada, os centros de saúde frequentemente agem como nossas janelas para o surto. Isso significa que, o fato de os sistemas de saúde estarem enfraquecidos ou sobrecarregados pode afetar a qualidade dos dados que recebemos. Durante a epidemia de ebola na Libéria em agosto de 2014, um conjunto de dados sugeria que o número de casos estava se estabilizando na capital Monróvia. No início, isso pareceu uma boa notícia, mas então percebemos o que realmente estava acontecendo. O conjunto de dados vinha de uma unidade de tratamento que chegara a sua capacidade máxima. Os casos relatados não haviam atingido o pico porque o surto estava desacelerando, mas porque a unidade não admitia mais pacientes.

A interação entre entendimento e controle também é importante no mundo do crime e da violência. Se as autoridades querem saber onde os crimes estão ocorrendo, elas geralmente têm de se basear no que é reportado. Quando se trata de usar modelos para prever crimes, isso pode criar problemas. Em 2016, a estatística Kristian Lum e o cientista político William Isaac publicaram um exemplo de como os registros podem influenciar as previsões.[81] Eles focaram no uso de drogas em Oakland, Califórnia. Primeiro, reuniram dados sobre as prisões relacionadas a drogas em 2010 e os inseriram no algoritmo PredPol, uma ferramenta popular para prever policiamento nos EUA. Tais algoritmos são essencialmente mecanismos de tradução, convertendo informações sobre indivíduos ou localizações em estimativas de risco de criminalidade. De acordo com os desenvolvedores do PredPol, o algoritmo usa somente três tipos de dados para fazer previsões: o tipo de crime histórico, o local onde ocorreu e quando ocorreu. Ele não inclui explicitamente nenhuma informação pessoal — como raça ou gênero — que possa influenciar diretamente os resultados contra certos grupos.

Usando o algoritmo PredPol, Lum e Isaac previram onde se poderia esperar que crimes relacionados a drogas ocorressem em 2011. Eles também calcularam a distribuição real desses crimes naquele ano — incluindo os que não foram reportados —, usando dados da Enquete Nacional sobre Uso de Drogas e Saúde. Se as previsões do algoritmo fossem acuradas, elas deveriam mostrar as áreas onde crimes realmente aconteceram. Mas pareciam mostrar principalmente áreas onde já haviam ocorrido prisões. A dupla notou que isso poderia produzir um loop de retroalimentação entre entender e controlar os crimes. "Como essas previsões tendem a super-representar áreas que já são conhecidas pela polícia, os oficiais tendem a patrulhar cada vez mais as mesmas áreas e observar novos atos criminosos que confirmam suas crenças anteriores em relação às distribuições de atividade criminal."[82]

Algumas pessoas criticaram a análise, argumentando que a polícia não usava o PredPol para prever crimes relacionados a drogas. No entanto, Lum diz que isso ignora o argumento mais amplo, porque o objetivo dos métodos preditivos de policiamento é tornar as decisões mais objetivas. "O argumento implícito é o de remover o viés humano do sistema." Se as previsões refletem o comportamento policial existente, esse viés persiste, escondido atrás do véu de um algoritmo supostamente objetivo. "Quando inserimos no algoritmo dados gerados pelo mesmo sistema com base no qual membros das minorias têm mais tendência de serem presos pelo mesmo comportamento, estamos somente perpetuando essas questões", disse ela. "Você tem os mesmos problemas, agora filtrados por uma ferramenta de alta tecnologia."

Os algoritmos de previsão de crimes têm mais limitações do que as pessoas podem pensar. Em 2013, pesquisadores da RAND Corporation delinearam quatro mitos comuns sobre o policiamento preditivo.[83] O primeiro era o de que um computador sabe exatamente o que acontecerá no futuro. "Esses algoritmos preveem o risco de eventos futuros, não os eventos em si", comentaram eles. O segundo mito é o de que um computador faria tudo, de coletar os dados relevantes a fazer recomendações apropriadas. Na realidade, os computadores funcionam melhor quando auxiliam análises e decisões humanas sobre o policiamento, em vez de substituí-las inteiramente. O terceiro mito é o de que as forças policiais precisam de um modelo muito poderoso para fazer boas previsões, ao passo que frequentemente o problema é conseguir os dados certos. "Às vezes, as informações necessárias para fazer previsões não estão contidas no conjunto de dados disponível", disse Lum.

O mito final, e talvez o mais persistente, é o de que previsões acuradas automaticamente levam à redução dos crimes. "Previsões, por si mesmas, são apenas previsões", escreveu a equipe da RAND. "A redução real dos crimes requer ações baseadas nessas predições." Para controlar a criminalidade, as agências precisam focar em prevenção e intervenção, e não somente em previsões. Isso também é verdadeiro para outros surtos. De acordo com Chris Whitty, médico-chefe da Inglaterra no momento da publicação deste livro, os melhores modelos matemáticos não são necessariamente aqueles que tentam fazer uma previsão acurada do futuro. O que importa é ter análises que revelem falhas em nosso entendimento da situação. "Elas geralmente são mais úteis quando identificam impactos das decisões policiais que não são previsíveis pelo senso comum", sugeriu Whitty. "O ponto principal, geralmente, não é que estejam 'certas', mas que forneçam um insight imprevisto."[84]

EM 2012, A POLÍCIA DE CHICAGO criou uma "lista de pessoas estratégicas" (SSL, na sigla em inglês) para prever quem poderia se envolver em tiroteios. O projeto foi parcialmente inspirado pelo trabalho de Andrew Papachristos com redes sociais e violência armada, embora Papachristos tenha se distanciado da SSL.[85] A lista em si é baseada em um algoritmo que calcula as pontuações de risco para certos habitantes. De acordo com seus desenvolvedores, a SSL não inclui explicitamente fatores como gênero, raça ou localização. Mas, durante vários anos, não esteve claro quais fatores estavam incluídos. Após pressão do *Chicago Sun-Times*, o departamento de polícia de Chicago finalmente publicou os dados da SSL em 2017. O conjunto de dados continha as informações inseridas no algoritmo — como idade, afiliação a gangues e prisões anteriores — e as correspondentes pontuações de risco produzidas por ele. Os pesquisadores responderam positivamente à iniciativa. "É incrivelmente raro — e valioso — termos a liberação pública de dados subjacentes para um sistema preditivo de policiamento", comentou Brianna Posadas, membro da organização de justiça social Upturn.[86]

Havia cerca de 400 mil pessoas na base de dados integral da SSL, com quase 290 mil consideradas de alto risco. Embora explicitamente o algoritmo não incluísse raça como dado de entrada, havia uma notável diferença entre os grupos: mais de 50% dos homens negros com vinte e poucos anos em Chicago tinham pontuação na SSL, comparados a 6% dos homens brancos. Também havia muitas pessoas sem nenhuma ligação clara com crimes violentos, com cerca de 90 mil indivíduos de "alto risco" jamais tendo sido presos ou vítimas de crime.[87] Isso suscita a questão sobre o que fazer com tais pontuações. A polícia deveria monitorar pessoas que não possuem conexão óbvia com a violência? Lembre-se que os estudos de rede de Papachristos em Chicago focavam nas vítimas da violência armada, não nos perpetradores; o objetivo da análise era ajudar a salvar vidas. "Um dos perigos inerentes de iniciativas liderada pela polícia é que, em algum nível, tais esforços focam nos criminosos", escreveu Papachristos em 2016. Ele argumentou que há um papel para os dados na prevenção de crimes, mas ele não precisa ser somente uma questão de polícia. "A real promessa de usar análises de dados para identificar os que correm risco de serem vítimas de tiroteios está não no policiamento, mas em uma abordagem mais ampla de saúde pública." Ele sugeriu que vítimas previstas podiam se beneficiar do apoio de pessoas como assistentes sociais, psicólogos e interruptores de violência.

A redução bem-sucedida dos crimes pode ocorrer de várias formas. Em 1980, por exemplo, a Alemanha Ocidental tornou obrigatório o uso de capacetes por motociclistas. Nos seis anos seguintes, o roubo de motocicletas caiu em dois terços. A razão era simples: inconveniência. Os ladrões já não podiam decidir roubar uma moto por impulso. Em vez disso, tinham de planejar e carregar um capacete. Alguns anos antes, a Holanda e a Grã-Bretanha haviam introduzido leis semelhantes sobre o capacete. Ambos os países também viram uma queda maciça nos roubos, demonstrando como as normas sociais podem influenciar as taxas de criminalidade.[88]

Uma das ideias mais conhecidas sobre como nosso ambiente modela o crime é a teoria da "janela quebrada". Proposta por James Wilson e George Kelling em 1982, a ideia era que pequenas quantidades de desordem — como janelas quebradas — podiam se disseminar, crescer e se transformar em crimes mais severos. A solução, portanto, era restaurar e manter a ordem pública. A teoria da janela quebrada se tornou popular entre as forças policiais, especialmente em Nova York durante a década de 1990, onde inspirou a pesada repressão de infrações menores, como andar de metrô sem pagar. Essas medidas coincidiram com uma queda maciça na criminalidade, levando a alegações de que prisões por pequenas infrações haviam prevenido crimes maiores.[89]

Nem todo mundo ficou confortável com a maneira pela qual a teoria da janela quebrada foi adotada. Um dos desconfortáveis foi o próprio Kelling. Ele afirmou que a noção original de janela quebrada falava de ordem social, não de prisões. Mas a definição de desordem pública pode ser uma questão de perspectiva. Aquelas pessoas estão vagabundeando ou esperando um amigo? Aquele muro está coberto de pichação ou de arte de rua? Kelling sugeriu que as coisas não são tão simples quanto dizer aos policiais para restaurarem a ordem em uma área. "Qualquer policial que realmente quer manter a ordem tem de ser capaz de responder satisfatoriamente à questão 'Por que você decidiu prender uma pessoa que urinava em público e não outra?'", disse ele em 2016. "Se ele não consegue responder à pergunta, se diz simplesmente 'É só bom senso', você precisa ficar muito, muito preocupado."[90]

Além disso, não ficou claro que a punição agressiva por infrações menores tenha sido a principal causa do declínio da criminalidade em Nova York na década de 1990. Há poucas evidências de que a redução tenha sido resultado direto do policiamento de janelas quebradas. Muitas outras cidades americanas viram uma queda na criminalidade durante aquele período, a despeito de usarem estratégias policiais diferentes. É claro que isso não significa que o policiamento de janelas quebradas não tenha efeito. Há evidências de que a presença de coisas como pichações e carrinhos de supermercado abandonados pode tornar as pessoas mais propensas a jogar lixo na rua ou usar vias de acesso não autorizadas.[91] Isso sugere que desordens pequenas geram outras infrações pequenas. O efeito também parece funcionar no sentido inverso: tentativas de restaurar a ordem — como juntar o lixo — podem levar outros a também serem mais organizados.[92] Mas é um grande salto passar de tais resultados para a conclusão de que prisões por ofensas menores podem explicar uma redução maciça na violência.

Então, o que causou o declínio? O economista Steven Levitt argumentou que a expansão do acesso ao aborto após 1973 desempenhou um papel nessa situação. Sua teoria afirma que isso significou menos crianças indesejadas, que teriam mais probabilidade de se envolver em crimes ao crescer. Outros culparam a exposição das crianças a tintas e gasolina que continham chumbo em meados do século XX, que teria causado problemas comportamentais; quando o nível de exposição declinou, o mesmo se deu com os crimes. Na verdade, uma revisão recente descobriu que, no total, os acadêmicos propuseram 24 explicações diferentes para o declínio dos crimes nos EUA durante a década de 1990.[93] Essas teorias atraíram muita atenção — e críticas —, mas todos os pesquisadores envolvidos reconhecem que a questão era complicada. Na realidade, a queda da criminalidade provavelmente foi resultado de uma combinação de fatores.[94]

Esse é um problema comum com surtos em períodos longos. Se intervimos de alguma forma, podemos ter de esperar muito tempo para ver se a intervenção teve efeitos. No meio-tempo, pode haver muitas mudanças em curso, tornando difícil mensurar com exatidão o quanto nossa intervenção funcionou. Similarmente, pode ser mais fácil focar nos efeitos imediatos de um evento violento que investigar os danos de longo prazo. Charlotte Watts observou que a violência doméstica pode ser transmitida entre as gerações, com crianças afetadas se envolvendo em situações violentas quando adultas. No entanto, essas crianças podem ser esquecidas ao discutirmos intervenções. "Precisamos pensar sobre o apoio às crianças que crescem em lares nos quais há violência doméstica", diz ela.

Historicamente, tem sido difícil analisar a transmissão intergeracional, dadas as escalas de tempo envolvidas.[95] É aqui que os métodos de saúde pública podem ajudar, sugere a epidemiologista Melissa Tracy, porque os pesquisadores têm experiência em analisar condições de longo prazo. "Essa é a força da epidemiologia, colocar o curso de uma vida em perspectiva."

USAR ABORDAGENS DE SAÚDE PÚBLICA para evitar crimes seria imensamente efetivo em termos de custo-benefício, tanto nos Estados Unidos quanto em outros países. Somando as consequências sociais, econômicas e judiciais de um único homicídio americano médio, um estudo calculou seu custo em mais de 10 milhões de dólares.[96] O problema é que as soluções mais efetivas podem não ser as que deixam as pessoas mais confortáveis. Queremos sentir que estamos punindo as pessoas más ou queremos menos crimes? "Quando se trata de modificar comportamentos, as ameaças e as punições não são muito efetivas", disse Charlie Ransford, do Cure Violence. Embora a punição pareça ter algum impacto, Ransford sugere que outras abordagens geralmente funcionam melhor. "No fim das contas, a maneira mais efetiva de modificar o comportamento de uma pessoa é ouvir o que ela tem a dizer, prestar atenção a suas queixas e tentar entendê-las", disse ele. "E então tentar guiar essa pessoa para um comportamento mais saudável."

Projetos como o Cure Violence historicamente focam nas interações pessoais, mas os contatos sociais online influenciam cada vez mais a disseminação da violência. "O ambiente mudou", disse Ransford. "Precisamos nos ajustar. Estamos contratando funcionários especializados em percorrer as mídias sociais procurando conflitos que precisam de resposta."

Ao lidar com crime e violência, é útil entender como as pessoas estão ligadas. O mesmo é verdade para os surtos; vimos como os contatos da vida real podem disseminar o contágio, do fumo e do bocejo às doenças infecciosas e à inovação. Mas a força da influência online não é necessariamente a mesma dos encontros cara a cara. "Se você pensa sobre o contágio de opiniões em relação à aceitabilidade da violência", disse Watts, "o alcance pode ser muito maior, mas o número de pessoas que agem pode ser menor."

Esse é um problema no qual muitas indústrias estão interessadas. Contudo, elas geralmente não têm tanto interesse em controlar o contágio. Quando se trata de surtos online, as pessoas tendem a se preocupar com a transmissão pela razão oposta. Elas querem que as coisas se disseminem.

5

Viralizando

"SEU PEDIDO NIKE ID foi cancelado", dizia o e-mail. Era janeiro de 2001 e Jonah Peretti tentava comprar tênis personalizados. O problema era o nome que solicitara; como provocação à empresa, ele pedira que seus tênis trouxessem impressa a palavra *sweatshop* [local com condições desumanas de trabalho].[1]

Peretti, então aluno de pós-graduação do Media Lab do MIT, terminou trocando uma série de e-mails com a Nike. A empresa reiterou que não executaria a encomenda por causa da "gíria inaceitável". Incapaz de convencê-la a participar de seu plano, Peretti decidiu encaminhar o e-mail a alguns amigos. Muitos deles o repassaram a outros amigos, que o repassaram a outros e assim por diante. Dias depois, a mensagem chegara a milhares de pessoas. A mídia logo ficou sabendo. No fim de fevereiro, o e-mail obteve cobertura do *Guardian* e do *Wall Street Journal*, e a NBC convidou Peretti para o *Today Show*, a fim de debater a questão com um porta-voz da Nike. Em março, a história se internacionalizou, chegando a vários jornais europeus. Tudo a partir de um único e-mail. "Embora a imprensa tenha apresentado minha batalha com a Nike como uma parábola do tipo Davi contra Golias", escreveu Peretti mais tarde, "a história real foi a da batalha entre uma empresa como a Nike, com acesso à mídia de massa, e uma rede de cidadãos na internet, que têm somente a micromídia a sua disposição."[2]

O e-mail chegou notavelmente longe, mas talvez isso tivesse sido obra do acaso. O amigo e colega de doutorado de Peretti, Cameron Marlow, parecia crer que sim. Marlow — que mais tarde seria chefe de ciência de dados no Facebook — não acreditava que uma pessoa pudesse criar deliberadamente esse fenômeno. Mas Peretti achava que podia fazer a mesma coisa novamente. Logo depois do e-mail da Nike, ele conseguiu um emprego em uma organização multimídia sem fins lucrativos chamada Eyebeam, em Nova York, onde terminaria liderando um "laboratório de mídia viral", fazendo experimentos com conteúdos online. Ele queria ver o que tornava as coisas contagiosas e o que fazia com que continuassem se disseminando.

Nos anos seguintes, ele descobriria algumas características importantes para a popularidade online. Como, por exemplo, o fato de que cobrir novas histórias que estavam surgindo podia gerar tráfego para os sites. Tópicos polarizantes tinham mais exposição e o conteúdo sempre atualizado garantia o retorno dos usuários. Sua equipe até mesmo foi pioneira em uma ferramenta de "repostagem", que permitia que as pessoas compartilhassem posts umas das outras, um conceito que, mais tarde, seria fundamental para a maneira como as coisas se disseminam nas mídias sociais (imagine quão diferente seria o Twitter sem o retuíte ou o Facebook sem o botão de compartilhar). Peretti foi para o mundo das notícias, ajudando a desenvolver o *Huffington Post*, mas aqueles experimentos iniciais sobre contágio permaneceram em sua mente. Finalmente, ele sugeriu a seu antigo chefe na Eyebeam a criação de um novo tipo de empresa de mídia, especializada em contágio, aplicando em grande escala os insights dos dois sobre popularidade. A ideia era compilar um fluxo constante de conteúdo viral. Eles chamaram a empresa de BuzzFeed.

POUCO DEPOIS DE DUNCAN WATTS publicar sua obra sobre redes de mundo pequeno, ele se uniu ao departamento de sociologia da Universidade de Columbia. Durante esse período, ficou cada vez mais interessado em conteúdo online, e, por fim, se tornou um dos primeiros consultores do BuzzFeed. Embora Watts tenha começado estudando as ligações em redes como elencos de filmes e cérebros de vermes, a internet continha um tesouro de novos dados. No início da década de 2000, ele e seus colegas começaram a explorar essas conexões. No processo, derrubaram algumas crenças antigas sobre como as informações se disseminam.

Na época, os profissionais de marketing estavam excitados com a noção de "influenciadores": pessoas comuns que podiam gerar epidemias sociais. Hoje em dia, a palavra *influencer* evoluiu e passou a se referir a tudo, de pessoas comuns que são influentes a celebridades e personalidades da mídia. Mas o conceito original envolvia indivíduos que podiam gerar surtos apenas com o boca a boca. A ideia era que, ao escolher algumas pessoas surpreendentemente bem conectadas, as empresas podiam fazer com que as ideias se disseminassem muito mais rapidamente, com custos menores. Em vez de se basear em uma celebridade como Oprah Winfrey para promover seu produto, elas podiam construir entusiasmo a partir do zero. "O que tornava isso interessante para as pessoas do marketing era que elas podiam conseguir um impacto como o da Oprah com orçamentos pequenos", disse Watts, que agora trabalha na Universidade da Pensilvânia.[3]

A ideia dos influenciadores foi inspirada pelo famoso experimento de "mundo pequeno" do psicólogo Stanley Milgram. Em 1967, Milgram deu a trezentas pessoas a tarefa de entregar uma mensagem a um corretor de ações que vivia na cidade de Sharon, perto de Boston.[4] Ao fim do experimento, 64 mensagens chegaram ao alvo. Dessas, um quarto fluiu por intermédio da mesma pessoa, um vendedor de roupas local. Milgram disse que foi um choque para o corretor descobrir que o vendedor aparentemente era sua maior ligação com o mundo mais amplo. Se um simples vendedor podia ser tão importante para a disseminação de uma mensagem, talvez houvesse pessoas similarmente influentes por aí?

Watts indicou que existem várias versões da hipótese do influenciador. "Existe uma versão interessante, mas não verdadeira, e uma versão verdadeira, mas não interessante." A versão interessante é a de que pessoas específicas — como o vendedor de roupas de Milgram — desempenham um papel imensamente desproporcional no contágio social. E, se você conseguir identificá-las, pode fazer as coisas se disseminarem sem um grande orçamento de marketing e sem o endosso de uma celebridade. É uma ideia cativante, mas que não resiste a uma análise detalhada. Em 2003, Watts e seus colegas de Columbia reproduziram o experimento de Milgram, dessa vez com e-mails e em escala muito mais ampla.[5] Escolhendo dezoito indivíduos em treze países, eles iniciaram quase 25 mil correntes de e-mails, pedindo que cada participante fizesse a mensagem chegar a um alvo específico. No estudo menor de Milgram, o vendedor de roupas parecera ser um elo vital, mas esse não foi o caso das correntes de e-mail. Em cada uma delas, as mensagens fluíram por pessoas diferentes, em vez de os mesmos influenciadores surgirem repetidas vezes. Além disso, os pesquisadores de Columbia perguntaram aos participantes por que eles encaminharam o e-mail a determinadas pessoas. Em vez de enviarem a mensagem a contatos especialmente populares ou bem conectados, os remetentes tenderam a escolher com base em características como localização ou ocupação.

O experimento demonstrou que as mensagens não precisam de pessoas altamente conectadas para chegar a um destino específico. Mas, e se estivermos interessados simplesmente em fazer com que algo chegue o mais longe possível? As pessoas mais conectadas da rede — como as celebridades — podem nos ajudar? Alguns anos após a análise de e-mails, Watts e seus colegas observaram como os links se propagavam no Twitter. Os resultados sugeriram que o conteúdo tendia a se disseminar mais amplamente se fosse postado por um usuário com muitos seguidores ou com um histórico de fazer as coisas decolarem. Mas isso não era garantia: na maioria das vezes, essas pessoas não tinham sucesso em gerar grandes surtos.[6]

O que nos leva à versão mais básica da hipótese do influenciador: trata-se simplesmente da ideia de que algumas pessoas podem ser mais influentes que outras. Muitas evidências suportam essa teoria. Por exemplo, em 2012, Sinan Aral e Dylan Walker estudaram como os amigos de uma pessoa influenciavam sua escolha de aplicativos no Facebook. E descobriram que, nos pares de amigos, as mulheres influenciavam os homens 45% mais que outras mulheres e as pessoas com mais de 30 anos eram 50% mais influentes que as com menos de 18 anos. Eles também demonstraram que as mulheres eram menos suscetíveis que os homens, e que as pessoas casadas eram menos suscetíveis que as solteiras.[7]

Se quisermos que uma ideia se dissemine, idealmente precisamos que as pessoas sejam tanto altamente suscetíveis quanto altamente influentes. Mas Aral e Walker descobriram que esse perfil é muito raro: "Indivíduos altamente influentes tendem a não ser suscetíveis, indivíduos altamente suscetíveis tendem a não ser influentes e quase ninguém é tanto altamente influente quanto altamente suscetível." Assim, qual o efeito de escolher pessoas influentes? Em um estudo subsequente, a equipe de Aral simulou o que aconteceria se as melhores pessoas possíveis fossem escolhidas para gerar um surto social. Eles descobriram que, comparado a escolher aleatoriamente, selecionar alvos efetivos podia, potencialmente, ajudar as coisas a chegarem duas vezes mais longe. É uma melhora, mas está muito longe daqueles influenciadores pouco conhecidos que, sozinhos, podem gerar um grande surto.[8]

Por que é tão difícil fazer com que as ideias se disseminem de pessoa para pessoa? Uma razão é o fato de elas raramente serem tanto suscetíveis quanto influentes. Se alguém dissemina uma ideia para muitos indivíduos suscetíveis, essas pessoas não necessariamente a levam longe. E há, ainda, a estrutura de nossas interações. Enquanto as redes financeiras são disassortativas — com bancos grandes conectados a muitos bancos pequenos —, as redes sociais humanas tendem a ser o oposto. De comunidades em vilarejos a amizades no Facebook, pessoas populares frequentemente formam grupos sociais com outras pessoas populares.[9] Isso significa que, se escolhermos alguns indivíduos populares, poderemos conseguir um surto de boca a boca que se disseminará rapidamente, mas provavelmente não chegará a grande parte da rede. Assim, gerar múltiplos surtos pode ser mais efetivo que tentar identificar influenciadores importantes em uma comunidade.[10]

Watts notou que as pessoas tendem a misturar as duas teorias. Elas podem alegar ter encontrado influenciadores ocultos — como o vendedor no experimento de Milgram — e tê-los empregado para fazer com que algo se disseminasse. Mas, na realidade, podem ter realizado uma campanha maciça de mídia ou pago celebridades para promover o produto, contornando totalmente a transmissão boca a boca. "As pessoas descuidada ou deliberadamente misturam as coisas, para fazer com que aquilo que é tedioso soe como o que é interessante", disse Watts.

O debate em torno dos influenciadores demonstra que precisamos pensar sobre como somos expostos às informações online. Por que adotamos algumas ideias, mas não outras? Uma razão é a competição: opiniões, notícias e produtos brigam por nossa atenção. Um efeito similar ocorre com o contágio biológico. Os patógenos por trás de doenças como gripe e malária são compostos por várias cepas, que competem continuamente por seres humanos suscetíveis. Por que uma cepa não acaba dominando tudo? Nosso comportamento social provavelmente tem algo a ver com isso. Se as pessoas se reúnem em grupos fechados, uma variedade maior de cepas pode permanecer na população. Em essência, cada uma delas pode encontrar seu próprio território, sem ter de competir constantemente com as outras.[11] Tais interações sociais também podem explicar a imensa diversidade de ideias e opiniões online. De posições políticas a teorias da conspiração, as comunidades nas mídias sociais frequentemente se agrupam em torno de visões de mundo similares.[12] Isso cria o potencial para "câmaras de eco", nas quais as pessoas raramente ouvem visões que contradizem as suas.

Uma das mais eloquentes comunidades online é a do movimento contra a vacinação. Os membros frequentemente se congregam em torno da popular, mas infundada alegação de que a vacina contra sarampo, rubéola e caxumba (SRC ou tríplice viral) causa autismo. Os rumores começaram em 1998, com um artigo científico — desde então desacreditado e removido — liderado por Andrew Wakefield, que mais tarde perdeu sua licença médica no Reino Unido. Infelizmente, a mídia britânica amplificou suas alegações.[13] Isso levou ao declínio da vacinação SRC, seguido por vários surtos importantes de sarampo anos depois, quando crianças não vacinadas entraram nos agitados ambientes das escolas e universidades.

A despeito dos disseminados rumores sobre a SRC no Reino Unido no início da década de 2000, os relatos da mídia eram muito diferentes do outro lado do canal da Mancha. Enquanto a SRC recebia críticas no Reino Unido, a mídia francesa especulava sobre uma relação não comprovada entre a vacina contra hepatite B e a esclerose múltipla. Mais recentemente, houve cobertura negativa da vacina contra HPV na mídia japonesa, e rumores de vinte anos atrás sobre a vacina contra o tétano ressurgiram no Quênia.[14]

O ceticismo em relação à medicina não é novo. As pessoas questionam os métodos de prevenção de doenças há séculos. Antes de Edward Jenner identificar uma vacina contra a varíola em 1796, alguns usavam uma técnica chamada "variolação" para reduzir seu risco de infecção. Desenvolvida na China no século XVI, a variolação consistia em expor pessoas saudáveis a cascas de ferida secas ou ao pus de pacientes infectados. A ideia era estimular uma forma branda de infecção, que forneceria imunidade contra o vírus. O procedimento tinha certo risco — cerca de 2% das variolações resultavam em morte —, mas muito menor que os 30% de chance de morte que a varíola usualmente acarretava.[15]

A variolação se tornou popular na Inglaterra do século XVIII, mas será que o risco valia a pena? O escritor francês Voltaire afirmou que os outros europeus achavam os ingleses tolos e loucos por usarem esse método. "Tolos, porque dão varíola a seus filhos para evitar que eles a peguem, e loucos porque irresponsavelmente transmitem às crianças uma aflição certeira e horrível, meramente para prevenir um mal incerto." Ele comentou que as críticas também percorriam o caminho inverso. "Os ingleses, por sua vez, chamam o restante dos europeus de covardes e desnaturados. Covardes, porque têm medo de impor um pouco de dor a seus filhos, e desnaturados porque os expõem a morrer de varíola."[16] (Voltaire, sobrevivente da varíola, apoiava a abordagem dos ingleses.)

Em 1759, o matemático Daniel Bernoulli decidiu resolver o impasse. Para descobrir se o risco da infecção de varíola superava o risco da variolação, ele desenvolveu um dos primeiros modelos de surto. Com base nos padrões de transmissão da varíola, estimou que a variolação aumentava a expectativa de vida, desde que o risco de morte do procedimento ficasse abaixo de 10%, como ficava.[17]

No caso das vacinas modernas, a relação geralmente é muito mais clara. De um lado, temos vacinas extremamente seguras e efetivas como a SRC; de outro, infecções potencialmente letais como o sarampo. Assim, a recusa disseminada da vacinação tende a ser um luxo, um efeito colateral de viver em lugares que — graças à vacinação — tiveram poucos casos dessas infecções em décadas recentes.[18] Um levantamento de 2019 descobriu que os países europeus tendem a ter níveis muito mais baixos de confiança nas vacinas que países africanos e asiáticos.[19]

Embora os rumores sobre vacinas tradicionalmente tenham sido específicos em certos países, nossa conexão digital cada vez maior está mudando isso. As informações agora podem se disseminar rapidamente online, com traduções automáticas ajudando os mitos sobre vacinação a cruzarem as barreiras linguísticas.[20] O resultante declínio da confiança nas vacinas pode ter consequências desastrosas para a saúde das crianças. Devido ao fato de o sarampo ser tão contagioso, ao menos 95% da população precisa ser vacinada para que tenhamos a esperança de evitar surtos.[21] Em lugares nos quais as crenças antivacinação se disseminaram com sucesso, agora há surtos de doenças. Em anos recentes, dezenas de pessoas morreram de sarampo na Europa; essas mortes poderiam facilmente ter sido evitadas com uma melhor cobertura da vacinação.[22]

O surgimento de tais movimentos atraiu atenção para a possibilidade de estar ocorrendo um efeito de câmaras de eco online. Mas podemos nos perguntar: quanto os algoritmos de mídia realmente modificaram nossa interação com a informação? Afinal, partilhamos crenças com pessoas que conhecemos na vida real, não somente online. Será que a disseminação online das informações não é somente um reflexo de uma câmara de eco já existente?

Nas mídias sociais, três fatores principais influenciam o que lemos: se um de nossos contatos compartilha o conteúdo; se o conteúdo aparece em nosso feed; e se clicamos nele. De acordo com dados do Facebook, esses três fatores podem afetar nosso consumo de informações. Quando a equipe de ciência de dados da empresa examinou as opiniões políticas entre usuários americanos durante 2014-2015, descobriu que as pessoas tendiam a ser expostas a visões similares às suas muito mais do que seriam se escolhessem seus amigos aleatoriamente. Do conteúdo que esses amigos postaram, o algoritmo do Facebook — que decide o que aparece no feed dos usuários — filtrou entre 5% e 8% de visões políticas opostas. Do conteúdo que as pessoas viram, elas demonstraram menos probabilidade de clicar naqueles que iam contra sua posição política. Os usuários também tenderam muito mais a clicar em posts que surgiam no topo do feed, demonstrando o quão intensamente o conteúdo precisa competir por atenção. Isso sugere que, se câmaras de eco existem no Facebook, elas começam com nossa escolha de amigos, mas podem ser amplificadas pelo algoritmo do feed.[23]

E quanto às informações que recebemos de outras fontes? Elas são polarizadas de maneira similar? Em 2016, pesquisadores das universidades de Oxford e Stanford e da Microsoft Research analisaram os padrões de navegação de 50 mil americanos. Eles descobriram que os artigos que as pessoas viam nas mídias sociais e nas ferramentas de busca geralmente eram mais polarizados que aqueles que encontravam em seus sites de notícias favoritos.[24] No entanto, as mídias sociais e as ferramentas de busca também expuseram os usuários a uma variedade mais ampla de visões. Os artigos podiam ter forte conteúdo ideológico, mas as pessoas também viram mais do lado oposto.

Isso pode parecer uma contradição: se as mídias sociais nos expõem a uma variedade mais ampla de informações que as fontes tradicionais de notícias, por que não ajudam a reduzir os ecos? Nossa reação à informação online pode ter algo a ver com isso. Quando sociólogos da Universidade Duke fizeram com que voluntários americanos seguissem contas de Twitter com visões opostas, descobriram que eles tendiam a se entrincheirar ainda mais em seu próprio território político.[25] Em média, os republicanos se tornaram mais conservadores e os democratas, mais liberais. Isso não é exatamente igual ao "efeito tiro pela culatra" que vimos no capítulo 3, mas indica que reduzir a polarização política não é tão simples quanto criar conexões online. Como na vida real, podemos nos ressentir de sermos expostos a visões das quais discordamos.[26] Embora ter significativas conversas cara a cara possa ajudar a modificar essas atitudes — como acontece com o preconceito e a violência —, ver opiniões em um feed não necessariamente tem o mesmo efeito.

NÃO É SOMENTE O CONTEÚDO ONLINE, em si, que pode criar conflito, mas também o contexto que o cerca. Na internet, encontramos muitas ideias e comunidades com as quais podemos não nos deparar com tanta frequência na vida real. Isso pode levar a discordâncias se as pessoas postam algo com um público em mente, mas são lidas por outro. A pesquisadora de mídias sociais danah boyd (ela usa seu nome em caixa baixa) chama isso de "colapso do contexto". Na vida real, uma conversa com um amigo próximo pode ter um tom muito diferente de uma conversa com um colega ou um estranho: o fato de que nossos amigos nos conhecem bem significa que há menos potencial para má interpretação. Boyd indica eventos como casamentos como outra fonte potencial de colapso do contexto. Um discurso criado para amigos pode deixar membros da família desconfortáveis; muitos de nós já presenciamos um padrinho de casamento contar uma história constrangedora e causar problemas. Mas, embora esses eventos, normalmente, sejam planejados com cuidado, interações online podem inadvertidamente incluir amigos, familiares, colegas e estranhos na mesma conversa. Os comentários podem facilmente ser tirados do contexto, com discussões emergindo da confusão.[27]

De acordo com boyd, os contextos também podem mudar com o tempo, especialmente quando as pessoas estão crescendo. "Embora o conteúdo postado pelos adolescentes possa ser público, a maior parte não foi publicada ali com o objetivo de ser lida por todas as pessoas, em todas as épocas e todos os lugares", escreveu ela em 2008. Conforme a geração criada nas mídias sociais envelhece, essa questão surgirá mais frequentemente. Vistos fora de contexto, muitos posts históricos — que podem ficar online por décadas — parecerão inapropriados ou precipitados.

Em alguns casos, as pessoas decidem explorar o colapso do contexto que ocorre na internet. Embora "trolar" tenha se tornado um termo amplo para a agressão online, na cultural inicial da internet o troll era um travesso, não alguém que destilava ódio.[28] O objetivo era provocar uma reação sincera a uma situação implausível. Muitos dos experimentos pré-BuzzFeed de Jonah Peretti usaram essa abordagem, publicando uma série de pegadinhas para atrair atenção.

Desde então, trolar se tornou uma tática efetiva nos debates das mídias sociais. Ao contrário da vida real, as interações online ocorrem em um palco. Se um troll consegue criar uma resposta aparentemente exagerada de seu oponente, isso pode ter bons resultados com observadores aleatórios, que possivelmente não conhecem todo o contexto. O oponente, que pode muito bem ter um argumento justificado, termina parecendo absurdo. "Ó Senhor, torne meus inimigos ridículos", como pediu Voltaire.[29]

Muitos trolls — do tipo travesso e do tipo agressivo — não se comportariam assim na vida real. Os psicólogos se referem a isso como "efeito online de desinibição": protegidos das respostas cara a cara e das identidades da vida real, a personalidade de cada um pode assumir uma forma muito diferente.[30] Mas não se trata simplesmente de alguns poucos indivíduos serem potenciais trolls. Análises de comportamento antissocial online descobriram que muitos tipos de pessoas podem se tornar trolls nas circunstâncias certas. Em particular, somos mais propensos a agir como trolls quando estamos de mau humor ou quando outros interlocutores já estão trolando a conversa.[31]

Além de criar novos tipos de interação, a internet também está criando novas maneiras de estudar como as coisas se disseminam. No campo das doenças infecciosas, geralmente não é possível infectar deliberadamente as pessoas para ver como algo se dissemina, como Ronald Ross tentou fazer com a malária na década de 1890. Quando pesquisadores modernos fazem estudos sobre infecção, esses estudos costumam ser pequenos, caros e sujeitos a cuidadoso escrutínio ético. Na maior parte do tempo, temos de nos basear em dados observados, usando modelos matemáticos para fazer perguntas do tipo "e se?" em relação aos surtos. A diferença, no ambiente virtual, é que pode ser relativamente fácil e barato iniciar deliberadamente o contágio, especialmente para quem é dono de uma empresa de mídia social.

SE ESTIVESSEM PRESTANDO ATENÇÃO, milhares de usuários do Facebook teriam notado que, em 11 de janeiro de 2012, seus amigos estavam ligeiramente mais felizes que o usual. Ao mesmo tempo, milhares de outros poderiam ter reparado que seus amigos estavam mais tristes que o esperado. Mas, mesmo que tenham notado alterações no que seus amigos postavam, não se tratava de uma mudança genuína de comportamento. Tratava-se de um experimento.

Pesquisadores do Facebook e da Universidade Cornell queriam explorar como as emoções se disseminam online; assim, alteraram os feeds dos usuários por uma semana e observaram. A equipe publicou os resultados no início de 2014. Ao ajustar aquilo a que as pessoas eram expostas, eles descobriram que a emoção era contagiosa: em média, indivíduos que viam menos posts positivos postavam conteúdo menos positivo, e vice-versa. Em retrospecto, esse resultado pode não ser surpreendente, mas, na época, foi contrário a uma noção popular. Antes do experimento, muitas pessoas acreditavam que ver conteúdo alegre no Facebook podia fazer com que nos sentíssemos inadequados e, logo, menos felizes.[32]

A pesquisa em si gerou muitas emoções negativas, com vários cientistas e jornalistas questionando sua ética. "O Facebook manipulou o humor dos usuários em experimentos secretos", dizia uma manchete do *Independent*. Um argumento que se destacava era o de que a equipe deveria ter obtido consentimento, perguntando se os usuários concordavam em participar do estudo.[33]

Verificar como o design influencia o comportamento das pessoas não é necessariamente antiético. Na verdade, organizações médicas regularmente fazem experimentos aleatórios para descobrir como encorajar comportamentos saudáveis. Por exemplo, elas podem enviar um tipo de lembrete sobre os exames preventivos de câncer para algumas pessoas e um lembrete diferente para outras, e ver qual obtém a melhor resposta.[34] Sem esse tipo de experimento, seria difícil descobrir o quanto uma abordagem particular realmente modificou comportamentos.

Mas, se um experimento pode ter efeitos prejudiciais sobre os usuários, os pesquisadores precisam considerar alternativas. No estudo do Facebook, a equipe poderia ter esperado que um "experimento natural" — como tempo chuvoso — modificasse o estado emocional dos usuários ou tentado responder à mesma questão com menos usuários. Mesmo assim, solicitar consentimento antes do estudo provavelmente não teria sido possível. Em seu livro *Bit by Bit* [Bit por bit], o sociólogo Matthew Salganik indica que os experimentos psicológicos podem produzir resultados dúbios se as pessoas sabem o que está sendo estudado. Os participantes do estudo do Facebook poderiam ter se comportado de maneira diferente se soubessem desde o início que a pesquisa era sobre emoções. Porém, diz Salganik, quando os pesquisadores enganam os participantes a fim de obter uma reação natural, eles frequentemente os informam após o estudo.

Além de debater a ética do experimento, a comunidade de pesquisa mais ampla também se preocupou com a extensão do contágio emocional no estudo do Facebook. Não porque ele foi grande, mas porque foi tão pequeno. O experimento demonstrou que, quando um usuário via menos posts positivos em seu feed, o número de palavras positivas em seus próprios posts caía em média 0,1%. Do mesmo modo, quando havia menos posts negativos, as palavras negativas diminuíam 0,07%.

Uma das idiossincrasias dos grandes estudos é que eles podem demonstrar efeitos muito pequenos, que não seriam detectáveis em estudos menores. Como o estudo do Facebook teve tantos usuários, foi possível identificar mudanças incrivelmente pequenas no comportamento. A equipe responsável pelo experimento argumentou que, mesmo assim, tais diferenças são relevantes, dado o tamanho da rede social: "No início de 2013, isso teria correspondido a centenas de milhares de expressões de emoção em atualizações de status por dia." Mas algumas pessoas não ficaram convencidas. "Mesmo que você aceite esse argumento", escreveu Salganik, "ainda não está claro se um efeito desse tamanho é importante em relação à questão científica mais geral sobre a disseminação de emoções."

EM ESTUDOS SOBRE CONTÁGIO, as empresas de mídias sociais têm uma grande vantagem, porque podem monitorar uma parte muito maior do processo de transmissão. No experimento sobre emoções do Facebook, os pesquisadores sabiam quem postara o que, quem vira e qual fora o efeito. Empresas externas de marketing não têm o mesmo nível de acesso, e precisam se basear em mensurações alternativas para estimar a popularidade de uma ideia. Por exemplo, elas podem rastrear quantas pessoas clicam em um post ou o compartilham ou quantas curtidas e quantos comentários um post recebe.

Que tipo de ideia se torna popular online? Em 2011, os pesquisadores da Universidade da Pensilvânia Jonah Berger e Katherine Milkman analisaram quais matérias do *New York Times* eram compartilhadas por e-mail pelos leitores. Eles reuniram três meses de dados — quase 7 mil artigos — e catalogaram as características de cada um, além de registrar se ele entrara ou não na lista de "mais compartilhados por e-mail".[35] E descobriram que os artigos que geravam as respostas emocionais mais intensas tinham mais probabilidade de ser compartilhados. Isso era verdade tanto no caso de emoções positivas, como fascínio, quanto negativas, como raiva. Por outro lado, artigos que evocavam emoções inibidoras, como tristeza, eram compartilhados com menos frequência. Outros pesquisadores descobriram um efeito emocional similar: as pessoas se mostraram mais dispostas a disseminar histórias que evocavam sentimentos de repulsa, por exemplo.[36]

Mas emoções não são as únicas razões pelas quais nos lembramos de artigos. Ao levar em conta o conteúdo emocional dos artigos do *New York Times*, Berger e Milkman puderam explicar cerca de 7% da variação no compartilhamento. Em outras palavras, 93% da variação se devia a outra coisa. Isso porque a popularidade não depende somente do conteúdo emocional. Por meio de sua análise, Berger e Milkman descobriram que características como conter um elemento-surpresa ou ter valor prático também pode influenciar o potencial de compartilhamento de um artigo. E, da mesma forma, os detalhes envolvendo a aparição da história também pesavam: a popularidade de um artigo dependia de quando ele fora publicado, em qual seção do site e por qual autor. Quando a dupla levou em consideração essas características adicionais, pôde explicar muito mais da variação da popularidade.

É tentador pensar que podemos — ao menos em teoria — analisar conteúdo mal e bem-sucedido e identificar o que torna um tuíte ou artigo altamente contagioso. Mas, mesmo que consigamos identificar características que expliquem por que algumas coisas são mais populares, essas conclusões podem não resistir por muito tempo. A pesquisadora de tecnologias Zeynep Tufekci indicou a aparente mudança nos interesses das pessoas ao usarem plataformas online. No YouTube, por exemplo, ela suspeita que o algoritmo de recomendação de vídeos esteja alimentando apetites pouco saudáveis, empurrando os usuários cada vez mais para o fundo da toca do coelho. "O algoritmo parece ter concluído que as pessoas são atraídas por conteúdo mais extremo do que aquele com o qual começaram ou por conteúdo incendiário em geral", escreveu ela em 2018.[37] Essa mudança de interesse significa que, a menos que o novo conteúdo evolua — tornando-se mais dramático, evocativo, surpreendente —, ele provavelmente receberá menos atenção que seus predecessores. Aqui, a evolução não está relacionada a obter uma vantagem, mas à sobrevivência.

A mesma situação surge no mundo biológico. Muitas espécies têm de se adaptar simplesmente para acompanhar seus competidores. Depois que os seres humanos inventaram antibióticos para tratar infecções bacterianas, algumas bactérias evoluíram e se tornaram resistentes às drogas comuns. Em resposta, passamos a usar antibióticos ainda mais fortes. Isso pressionou as bactérias a evoluírem novamente. Os tratamentos gradualmente se tornaram mais extremos apenas para ter o mesmo impacto que as drogas mais fracas tinham décadas antes.[38] Em biologia, essa corrida armamentista é conhecida como "efeito Rainha Vermelha", em homenagem ao personagem de Lewis Carroll em *Através do espelho*. Quando Alice reclama que correr no mundo do espelho não a leva a lugar nenhum, a Rainha Vermelha responde que "aqui, você precisa correr o máximo que puder para ficar no mesmo lugar".

Essa corrida evolutiva está relacionada à mudança, mas também à transmissão. Mesmo que uma nova mutação surja, a bactéria não se disseminará automaticamente por toda uma população humana. Do mesmo modo, quando surge um novo conteúdo, nada garante que ele será popular. Todos sabemos de novos artigos e ideias que se disseminaram amplamente, mas também sabemos de posts — inclusive, possivelmente, os nossos — que se extinguiram sem que ninguém notasse. Assim, quão comum é a popularidade online? Qual é a aparência de um surto típico?

OS RUMORES SOBRE O BÓSON DE HIGGS se disseminaram gradualmente no início. Em 1º de julho de 2012, os usuários do Twitter começaram a especular se a elusiva partícula — apelidada de "partícula divina" — não fora finalmente descoberta. Originalmente sugerido por Peter Higgs em 1964, o bóson era uma peça faltante, mas crucial no quebra-cabeça subatômico. As leis da física de partículas diziam que ele devia existir, mas ainda não fora observado na realidade.

Isso mudaria em breve. Inicialmente, o burburinho no Twitter alegava que os físicos haviam descoberto o bóson no acelerador de partículas Tevatron, no Illinois. O surto de rumores cresceu a uma taxa de mais ou menos um novo usuário por minuto durante esse período. No dia seguinte, os pesquisadores de Tevatron anunciaram ter encontrado evidências promissoras — mas não definitivas — sobre a existência do bóson. O surto no Twitter acelerou, atingindo cada vez mais usuários, e a atenção se voltou para o grande colisor de hádrons do CERN. Estes últimos rumores se provaram verdadeiros: dois dias depois, pesquisadores do CERN anunciaram ter encontrado o bóson de Higgs. Quando o interesse da mídia pela descoberta aumentou, mais usuários se uniram ao surto no Twitter. Ele cresceu a mais de quinhentos usuários por minuto no dia seguinte, chegando ao pico logo depois. Em 6 de julho, cinco dias após o surgimento dos primeiros rumores, o interesse pelo assunto declinou dramaticamente.[39]

Quando os rumores sobre o bóson começaram, alguns usuários tuitaram sobre a potencial descoberta, e outros retuitaram para seus próprios seguidores. Se analisarmos como as primeiras centenas de retuítes estão conectadas, encontraremos muita variação na transmissão (ver imagem). A maioria dos tuítes não se propagou muito, disseminando a notícia para somente um ou dois usuários. Mas, no meio da rede de transmissão, há uma grande cadeia de retuítes, incluindo dois eventos de transmissão em grande escala, com usuários singulares disseminando a informação para muitos outros.

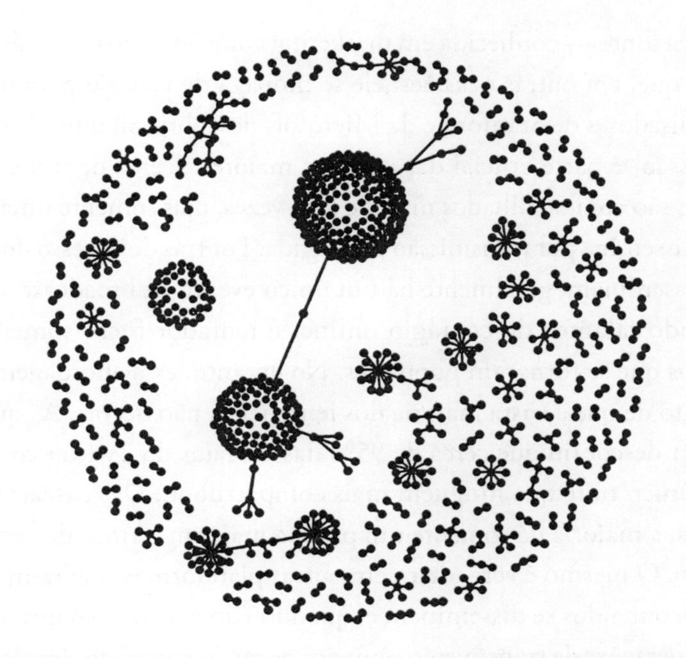

Retuítes iniciais do rumor sobre o bóson de Higgs, 1º de julho de 2012. Cada ponto representa um usuário, com as linhas mostrando os retuítes

Fonte: De Domenico et al., 2013

Esse tipo de diversidade de transmissão é comum no compartilhamento online. Em 2016, Duncan Watts, então trabalhando na Microsoft Research, juntamente com colaboradores da Universidade de Stanford, analisou as "cascatas" de compartilhamento no Twitter. O grupo rastreou mais de 620 milhões de tuítes, registrando quais usuários haviam retuitado links compartilhados por terceiros. Alguns deles passaram por múltiplos usuários, em uma longa cadeia de transmissão. Outros desapareceram muito mais rapidamente. E houve aqueles que sequer se disseminaram.[40]

No caso das doenças infecciosas, vimos que há dois tipos de surto, que ocorrem em diferentes extremos. A transmissão por "fonte comum" ocorre quando todo mundo é infectado pela mesma fonte, como no caso da intoxicação alimentar. No outro extremo, um surto propagado se dissemina de pessoa para pessoa por diversas gerações. Há uma diversidade similar nas cascatas. Às vezes, o conteúdo se dissemina para muitas pessoas a partir de uma única fonte — conhecida em marketing como evento de broadcast —, ao passo que, em outras ocasiões, ele se propaga de usuário para usuário. Os pesquisadores de Stanford e da Microsoft descobriram que o broadcast [transmissão] é parte crucial das cascatas maiores. Cerca de um em cada mil tuítes são compartilhados mais de cem vezes, mas somente uma fração deles se dissemina por transmissão propagada. Por trás do sucesso dos tuítes que se disseminam, geralmente há um único evento de broadcast.

Quando falamos de contágio online, é tentador focar somente nos conteúdos que se tornaram populares. No entanto, essa abordagem ignoraria o fato de que a vasta maioria dos fenômenos não decola. A equipe da Microsoft descobriu que cerca de 95% das cascatas do Twitter consistem em um único tuíte que ninguém mais compartilhou. Das cascatas remanescentes, a maioria dá somente um passo a mais em termos de compartilhamento. O mesmo é verdadeiro em outras plataformas: é extremamente raro que conteúdos se disseminem e, quando isso ocorre, não ultrapassam algumas gerações de transmissão. A maior parte do conteúdo simplesmente não é contagiosa.[41]

NO CAPÍTULO ANTERIOR, analisamos surtos de tiroteios em Chicago, nos quais a transmissão geralmente terminava após um pequeno número de eventos. Várias doenças também oscilam entre as populações humanas. Por exemplo, cepas de gripe aviária, como H5N1 e H7N9, causaram grandes surtos entre aves domésticas, mas não se disseminaram bem entre pessoas (ao menos até agora).

Que tipo de surto devemos esperar se algo não se dissemina muito efetivamente? Já vimos como usar o número de reprodução para avaliar se uma doença infecciosa tem potencial de se disseminar. Se R estiver acima do valor crítico 1, há potencial para uma grande epidemia. Mas, mesmo que R fique abaixo de 1, ainda há a chance de uma pessoa infectada passar a doença para outra. Pode ser improvável, mas é possível. A menos que o número de reprodução seja 0, devemos esperar alguns casos secundários. Esses novos casos podem permitir gerações adicionais de infecção antes que o surto finalmente termine.

Se sabemos o número de reprodução de uma infecção oscilante, podemos prever, em média, o tamanho do surto? Sim, graças a um cálculo matemático muito útil. Além de ser parte crucial da análise de surtos, essa ideia modelou aquilo que Jonah Peretti e Duncan Watts abordaram por meio do marketing viral nos dias iniciais do Buzzfeed.[42]

Suponha que um surto tenha início com uma única pessoa infectada. Por definição, esse primeiro caso irá gerar, em média, R casos secundários. Então cada uma dessas novas infecções irá gerar R mais casos — o que se traduz em R2 novos casos — e assim por diante:

$$\text{Tamanho do surto} = 1 + R + R^2 + R^3 + \ldots$$

Podemos somar todos esses valores para descobrir o tamanho esperado do surto. Mas, felizmente, há uma opção mais fácil. No século XIX, os matemáticos demonstraram uma elegante regra que podemos aplicar a sequências como essa. Se R está entre 0 e 1, a seguinte equação é verdadeira:

$$1 + R + R^2 + R^3 + \ldots = 1/(1-R)$$

Em outras palavras, desde que o número de reprodução seja inferior a 1, o tamanho esperado do surto será igual a 1/(1–R). Mesmo que você não esteja especialmente interessado em matemática do século XIX, vale a pena tirar um momento para apreciar quão útil é esse atalho. Em vez de ter de simular como uma infecção pode oscilar de geração para geração até desaparecer, podemos estimar o tamanho final do surto diretamente a partir do número de reprodução.[43] Se R = 0,8, por exemplo, podemos esperar um surto com 1/(1–0,8), ou seja, cinco casos no total. E isso não é tudo que podemos fazer. Também podemos trabalhar no sentido inverso, a fim de estimar o número de reprodução a partir do tamanho médio do surto. Se o surto consiste em uma média de cinco casos, isso significa que R = 0,8.

Em minha área de pesquisa, usamos regularmente esse cálculo simples para estimar o número de reprodução de uma nova doença. Durante os primeiros meses de 2013, havia 130 casos humanos de gripe aviária H7N9 na

China. Embora a maioria tenha sido contagiada por meio do contato com aves domésticas, havia quatro agrupamentos de infecção que provavelmente foram resultado de transmissão entre seres humanos.[44] Como a maioria das pessoas não infectou ninguém, o tamanho médio do surto humano de H7N9 foi de 1,04 casos, sugerindo que R em seres humanos era um irrisório 0,04.

Essa ideia não é útil somente no caso de doenças. Em meados da década de 2000, Jonah Peretti e Duncan Watts aplicaram o mesmo método a campanhas de marketing. Assim, eles podiam chegar à transmissibilidade subjacente de uma ideia, em vez de somente descrever como fora a campanha. Em 2004, por exemplo, The Brady Campaign, um grupo que trabalha para reduzir a violência armada, enviou e-mails pedindo que as pessoas apoiassem as novas medidas de controle de armas. Eles as encorajaram a encaminhar o e-mail a seus amigos; alguns desses amigos o encaminharam a seus próprios amigos e assim por diante. Para cada e-mail enviado, uma média de 2,4 pessoas acabou lendo a mensagem. Com base nesse tamanho típico de surto, o número de reprodução da campanha foi de mais ou menos 0,58. Uma campanha subsequente tentou conseguir dinheiro para auxiliar as vítimas do furacão Katrina, com R = 0,77. No entanto, nem sempre a taxa de transmissão é tão alta. Pense nos executivos de marketing que tentam disseminar mensagens sobre produtos de limpeza: Peretti e Watts descobriram que os e-mails promovendo o sabão líquido Tide Coldwater tinham R de somente 0,04 (ou seja, o mesmo que a gripe aviária H7N9). Enquanto a maior parte dos e-mails referentes ao Katrina se disseminou entre múltiplas pessoas, mais de 99% dos surtos relacionados ao Tide terminaram após somente um evento de transmissão.[45]

Por que nos importamos em mensurar uma infecção se ela não levará a um grande surto? No caso dos patógenos biológicos, uma grande preocupação é o fato de elas se adaptarem aos novos hospedeiros. Durante um pequeno surto, os vírus podem sofrer mutações que facilitem a transmissão. Quanto mais pessoas são infectadas, mais chance de tal adaptação ocorrer. Antes que houvesse um grande surto de SARS em Hong Kong em fevereiro de 2003, houve uma série de pequenos agrupamentos de infecções na província de Guangdong, no sul da China.[46] Entre novembro de 2002 e janeiro de 2003, sete surtos foram reportados em Guangdong, com o número de casos variando entre um e nove em cada um deles. O tamanho médio dos surtos foi de cinco casos, sugerindo que R podia estar em torno de 0,8 durante esse período. Mas, na época do surto de Hong Kong alguns meses depois, a SARS tinha um R muito mais preocupante, superior a 2.

Há várias razões para o crescimento do número de reprodução de uma infecção. Lembre-se que R depende dos quatro DOTS: *duração* da infecção, *oportunidades* de transmissão, probabilidade de *transmissão* durante cada oportunidade e *suscetibilidade* média. No caso dos vírus biológicos, essas quatro características podem influenciar a transmissão. Dos vírus que podem se disseminar entre seres humanos, os mais bem-sucedidos tendem a causar infecções mais longas (ou seja, de duração maior) e a se disseminar diretamente de pessoa para pessoa, em vez de usar uma fonte intermediária (ou seja, mais oportunidades).[47] A probabilidade de transmissão também pode fazer diferença: vírus de gripe aviária têm dificuldade para se disseminar entre as pessoas porque não conseguem se acoplar às células de nossas vias respiratórias com a mesma facilidade que os vírus humanos.[48]

O mesmo tipo de adaptação pode ocorrer com o conteúdo online. Há muitos exemplos de memes — como posts e imagens — evoluindo para aumentar sua capacidade de pegar. Quando a pesquisadora Lada Adamic e seus colegas analisaram a disseminação de memes no Facebook, notaram que o conteúdo mudava frequentemente com o tempo.[49] Um exemplo era um post que dizia: "Ninguém deveria morrer porque não tem plano de saúde e ninguém deveria falir porque ficou doente." Em sua forma original, o meme foi partilhado quase meio milhão de vezes. Mas variantes logo surgiram, com um em cada dez posts acrescentando uma mutação ao texto. Algumas dessas edições ajudaram o meme a se propagar: quando as pessoas incluíam frases como "Compartilhe se você concorda", o meme tinha quase duas vezes mais probabilidade de se disseminar. Ele também foi altamente resiliente. Após um pico inicial de popularidade, ele persistiu, de uma forma ou de outra, por quase dois anos.

Mesmo assim, parece haver um limite ao potencial de contágio do conteúdo online. As tendências mais populares do Facebook durante 2014-

-2016 tiveram um número de reprodução em torno de 2. Esse limite parece ocorrer devido à variação entre os diferentes componentes da transmissão. Algumas tendências — como o desafio do balde de gelo — envolveram poucas marcações por pessoa, mas tinham alta probabilidade de transmissão durante cada marcação. Outros conteúdos, como vídeos e links, tiveram muito mais oportunidades de se disseminar, mas somente alguns dos amigos que viram os posts os compartilharam.[50] Notavelmente, não há exemplo de conteúdo do Facebook que tenha chegado a muitos amigos *e* tido uma probabilidade consistentemente alta de se disseminar para cada pessoa que o viu. Isso serve como lembrete de quão fracos são os surtos online se comparados às infecções biológicas: mesmo o conteúdo mais popular do Facebook é dez vezes menos contagioso do que o sarampo.

As perspectivas são ainda piores no caso de uma campanha típica de marketing. Embora Jonah Peretti certa vez tenha apostado que era possível fazer com que algo decolasse deliberadamente, desde então ele reconheceu que é muito mais difícil garantir o contágio ao trabalhar com o briefing de um cliente.[51] Considere a diferença entre seu e-mail original para a Nike, que se disseminou amplamente, e suas campanhas de e-mail posteriores, que foram muito menos transmissíveis. Peretti e Watts indicaram que as doenças infecciosas têm milênios de evolução a seu lado; os profissionais de marketing não contam com todo esse tempo. "Portanto, as chances são de que mesmo profissionais criativos talentosos tipicamente projetem produtos que exibirão R inferior a 1, por mais que se esforcem", sugeriram eles.[52]

Felizmente, há outra maneira de aumentar o tamanho de um surto: levar a mensagem a mais pessoas desde o início. Nos exemplos citados, analisamos surtos oscilantes ao assumir que somente uma pessoa foi infectada no início. Se o número de reprodução é baixo, ocorre um pequeno surto que desaparece rapidamente. Uma maneira de consertar isso é simplesmente introduzir mais infecções. Peretti e Watts chamam isso de "marketing de grande semeadura". Se levamos uma mensagem ligeiramente contagiosa a muitas pessoas, ela pode receber atenção adicional durante pequenos surtos subsequentes. Por exemplo, se enviamos uma mensagem não contagiosa a mil pessoas, atingimos mil pessoas. Se lançamos uma mensagem com

R = 0,8, esperamos atingir 5 mil pessoas no total. Grande parte do conteúdo inicial do BuzzFeed se tornou popular dessa maneira. As pessoas liam artigos no site e o compartilhavam com alguns amigos em plataformas como o Facebook. Tendo sido pioneira na ideia de "repostagem" no início da década de 2000, a equipe de Peretti a aproveitou integralmente na década que se seguiu. Em 2013, o BuzzFeed foi considerado o perfil editorial mais "social" do Facebook, com maior número de comentários, curtidas e compartilhamentos que qualquer outra organização.[53] (O *Huffington Post*, a antiga empresa de Peretti, foi o segundo.)

Se o conteúdo da web geralmente tem R baixo e precisa ser introduzido várias vezes para se disseminar, provavelmente não deveríamos pensar no contágio online como pensamos na gripe de 1918 ou na SARS. Infecções como a gripe pandêmica se disseminam facilmente de pessoa para pessoa, o que significa que, no início, os surtos crescem cada vez mais durante várias gerações de transmissão. Por outro lado, a maioria do conteúdo online não chega a muitas pessoas, a menos que seja algum tipo de evento de broadcast. De acordo com Peretti, as empresas de marketing frequentemente falam de coisas "viralizando", como se fossem uma doença, mas só querem dizer que algo se tornou popular. "Estamos pensando em termos da real definição epidemiológica de viral, com certo limiar de contágio que resulta em crescimento ao longo do tempo", disse ele.[54] "Em vez de declínio exponencial, temos crescimento exponencial. É isso que significa viral."

A maioria das cascatas não é viral como as pandemias; elas não crescem exponencialmente. Elas são mais como os surtos oscilantes de varíola que ocorreram na Europa durante a década de 1970. Esses surtos geralmente se desvaneciam, embora um ocasional evento superdisseminador levasse a maiores agrupamentos de casos. Porém, a analogia com a superdisseminação da varíola só vai até certo ponto, porque veículos de mídia e celebridades têm um alcance muito maior que a transmissão biológica. "Um superdisseminador é alguém que infecta, por exemplo, onze pessoas em vez de duas", disse Watts em 2018. "Não existem superdisseminadores infectando 11 milhões de pessoas."

COMO AS CASCATAS DAS MÍDIAS SOCIAIS não são iguais aos surtos de doenças infecciosas, um modelo tradicional de doenças não necessariamente nos ajudará a prever o que acontecerá online. Mas talvez não precisemos nos basear em previsões inspiradas na biologia. Visto o imenso volume de dados gerados nas mídias sociais, os pesquisadores cada vez mais tentam identificar padrões de transmissão e usá-los para prever a dinâmica das cascatas.

Quão fácil é prever a popularidade online? Em 2016, Watts e seus colegas da Microsoft Research analisaram dados de quase 1 bilhão de cascatas no Twitter.[55] Eles reuniram informações sobre os próprios tuítes — como tópico e horário da postagem — e informações sobre os autores, como número de seguidores e se tinham ou não histórico de receber muitos retuítes. Analisando as dimensões das cascatas resultantes, eles descobriram que o conteúdo do tuíte fornece pouca informação capaz de determinar se ele se tornará ou não popular. Como em sua análise inicial dos influenciadores, a equipe descobriu que o sucesso passado dos tuítes de um usuário era muito mais importante. Mesmo assim, sua capacidade geral de previsão era bastante limitada. A despeito de ter o tipo de conjunto de dados com o qual um pesquisador de doenças só pode sonhar, a equipe pôde explicar menos da metade da variabilidade do tamanho das cascatas.

Então o que explica a outra metade? Eles reconheceram que pode haver características adicionais e ainda desconhecidas do sucesso que seriam capazes de aumentar sua capacidade de previsão. No entanto, grande parte da variação da popularidade depende do acaso. Mesmo que tenhamos dados detalhados sobre o que está sendo tuitado e quem está tuitando, o sucesso de um único tuíte inevitavelmente depende da sorte. Novamente, isso demonstra por que é importante gerar múltiplas cascatas, em vez de tentar encontrar um único tuíte "perfeito".

Tendo em vista que é tão difícil prever a popularidade de um tuíte antes de ele ser publicado, uma alternativa é esperar o início da cascata para fazer a previsão. Isso é conhecido como "método da espiadela", porque observamos os dados do início da disseminação antes de prever o que acontecerá em seguida.[56] Quando Justin Cheng e seus colegas analisaram o compartilhamento de fotos no Facebook em 2014, descobriram que suas previsões melhoravam muito quando eles tinham alguns dados sobre as dinâmicas iniciais das cascatas. Grandes cascatas tendem a ter uma disseminação inicial parecida com a do broadcast, recebendo muita atenção rapidamente. Mas a equipe descobriu que algumas características eram mais elusivas, mesmo com o método da espiadela. "Prever o tamanho da cascata ainda é muito mais fácil que prever sua forma", comentaram eles.[57]

Não é somente o conteúdo das mídias sociais que se torna mais fácil de prever depois de algum tempo. Em 2018, Burcu Yucesoy e seus colegas na Universidade do Nordeste analisaram a popularidade dos livros da lista de best-sellers do *New York Times*. Embora seja difícil prever se um livro ficará em primeiro lugar, livros que se tornam populares tendem a seguir um padrão consistente. A equipe descobriu que a maioria das obras na lista de best-sellers passava por um rápido crescimento inicial das vendas, chegando ao pico cerca de dez semanas após a publicação e então declinando para um nível muito baixo. Em média, somente 5% das vendas ocorriam após o primeiro ano.[58]

A despeito do progresso na compreensão dos surtos online, a maioria das análises ainda depende de bons dados históricos. Em geral, é difícil prever a duração de uma nova tendência, porque não conhecemos as regras subjacentes que governam a transmissão. Ocasionalmente, porém, uma cascata segue regras conhecidas. E foi uma delas que despertou meu interesse pelo contágio nas mídias sociais.

USANDO UM BONÉ DE BEISEBOL QUE DIZIA "EU AMO HATERS", uma mulher tirou um peixinho dourado de um saco e o jogou em um copo cheio de bebida alcoólica. Então virou o drinque, com peixe e tudo. Estagiária de direito, ela viajava pela Austrália e fez a performance após ser marcada por uma amiga. A coisa toda foi filmada. Pouco tempo depois, o vídeo foi postado em sua página no Facebook, marcando mais uma pessoa.[59]

Era início de 2014 e a mulher era a última participante do jogo *neknomination*. As regras eram simples: os jogadores filmavam a si mesmos virando uma bebida alcóolica, postavam o vídeo na mídia social e marcavam outros para fazerem o mesmo em 24 horas. O jogo percorrera toda a Austrália, com os drinques se tornando cada vez mais ambiciosos — e alcoólicos — conforme as marcações se disseminavam. As pessoas bebiam enquanto andavam de skate, dirigiam quadriciclos e saltavam de paraquedas. Os drinques variavam de destilados puros a coquetéis que incluíam insetos e até mesmo ácido de bateria.[60]

A cobertura do *neknomination* se disseminou juntamente com o jogo. O vídeo do peixinho dourado foi amplamente compartilhado, e os jornais publicavam histórias cada vez mais extremas. Quando o jogo chegou ao Reino Unido, gerou pânico na mídia. Por que todo mundo estava fazendo aquilo? Quão ruins as coisas podiam ficar? O jogo deveria ser proibido?[61]

Quando o *neknomination* chegou ao Reino Unido, concordei em examiná-lo para um programa da Rádio BBC.[62] Eu notara que, durante jogos assim, os participantes transmitiam a ideia a um grupo de pessoas específicas, que então a passavam a outras, criando uma clara cadeia de transmissão propagada, muito parecida com a de um surto de doença.

Se queremos prever a forma de um surto, precisamos saber duas coisas: quantas infecções adicionais, em média, são geradas por cada caso (ou seja, o número de reprodução) e a demora entre uma rodada de infecções e a seguinte (ou seja, o tempo de geração). Durante surtos de doenças novas, raramente conhecemos esses valores, e temos de estimá-los. Mas, no caso do *neknomination*, a informação era fornecida como parte do jogo. Cada pessoa marcava outras duas ou três e elas tinham de aceitar o desafio — e fazer suas próprias marcações — em 24 horas. Quando fiz um prognóstico do *neknomination* em 2014, não tive de estimar nada; coloquei os números diretamente em um modelo de doenças simples.[63]

Minhas simulações de surto sugeriam que a tendência *neknomination* não duraria muito. Após uma ou duas semanas, haveria imunidade de grupo, fazendo com que o surto chegasse a um pico e começasse a declinar. Essas previsões simples, aliás, tendiam a superestimar a transmissão. Amigos costumam se agrupar na vida real; se várias pessoas marcassem o mesmo amigo durante o jogo, isso reduziria o número de reprodução e levaria a um surto menor. De fato, o interesse pelo *neknomination* diminuiu rapidamente. A despeito do frenesi da mídia britânica no início de fevereiro de 2014, tudo tinha praticamente acabado no fim do mês. Jogos subsequentes nas mídias sociais seguiram uma estrutura familiar, das "*selfies* sem maquiagem" ao muito divulgado "desafio do balde de gelo". Com base nas regras desses jogos, meu modelo previu que todos chegariam ao pico em poucas semanas, como de fato aconteceu.[64]

Embora jogos baseados em marcações tipicamente tendam a terminar após algumas semanas, surtos nas mídias sociais nem sempre desaparecem após seu pico inicial de popularidade. Analisando memes populares no Facebook, Justin Cheng e seus colaboradores descobriram que quase 60% tiveram recorrência em algum momento. Em média, passou-se somente um mês entre o primeiro e o segundo picos de popularidade. Quando somente dois picos ocorriam, a segunda cascata de compartilhamento geralmente era menor e mais breve; quando múltiplos picos ocorriam, eles frequentemente eram do mesmo tamanho.[65]

O que faz com que um meme se torne popular novamente? A equipe descobriu que um grande pico inicial de interesse torna menos provável que o meme ressurja. "Não são as cascatas mais populares que têm a maior recorrência, mas as moderadamente populares." Isso ocorre porque uma pequena cascata inicial faz com que restem mais pessoas que ainda não viram o meme. Com um grande surto inicial, não há pessoas suscetíveis o bastante para sustentar a transmissão. Para que uma cascata tenha recorrência, também é útil haver várias cópias do meme em circulação. Isso é consistente com o que já vimos sobre surtos oscilantes: ter múltiplas origens pode fazer com que as infecções se disseminem mais.

Cheng analisou imagens populares, mas e quanto a outros tipos de conteúdo? Em 2016, fiz uma palestra na Royal Institution de Londres. Nos dois anos seguintes, um vídeo dessa palestra de algum modo recebeu mais de 1 milhão de visualizações no YouTube. Na mesma época, fiz uma palestra sobre um tópico similar no Google, que também foi postada no YouTube, em um canal com um número similar de assinantes. Durante o mesmo período, esse vídeo foi visualizado cerca de 10 mil vezes. (Idealmente, a popularidade teria sido inversa: se você dá duas palestras relacionadas, mas faz besteira em uma delas, é essa que se torna popular online.)

Eu não esperava que a palestra na Royal Institution recebesse tanta atenção, mas o que realmente me surpreendeu foi como as visualizações se acumularam. Durante seu primeiro ano online, o vídeo despertou relativamente pouco interesse, chegando a mais ou menos cem visualizações por dia. Então, subitamente, no espaço de poucos dias, recebeu mais atenção do que em todo o ano anterior.

Quem sabe as pessoas tivessem começado a compartilhá-lo, fazendo com que viralizasse? Analisando os dados, a explicação real se revelou muito mais simples: o vídeo havia aparecido na página inicial do YouTube. Quando as visualizações aumentaram, o algoritmo do YouTube o acrescentou às listas de "vídeos sugeridos" que aparecem abaixo dos vídeos populares. Quase 90% das pessoas que assistiram à palestra a encontraram na página inicial ou em uma dessas listas. Foi um clássico evento de broadcast, com uma fonte gerando quase todas as visualizações. E, quando o vídeo se tornou popular, sua popularidade criou um efeito de retroalimentação, atraindo ainda mais interesse. Isso demonstra o quanto o vídeo se beneficiou da amplificação, primeiro por intermédio da Royal Institution para receber aqueles poucos milhares de visualizações iniciais, e então através do algoritmo do YouTube para chegar a um público muito maior.

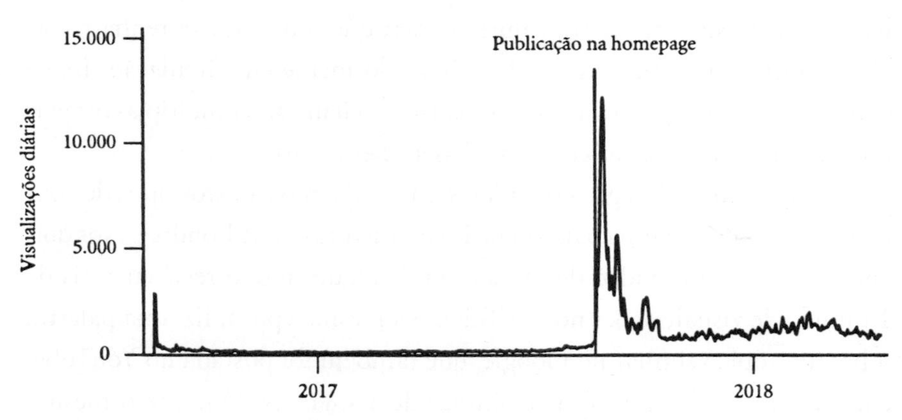

Número de visualizações diárias da minha palestra de 2016
na Royal Institution, publicada no YouTube

Fonte: Royal Institution

Há três tipos principais de popularidade no YouTube: o primeiro é quando os vídeos recebem um nível baixo e consistente de visualizações. Esse número flutua aleatoriamente de um dia para o outro, sem aumento ou diminuição notáveis. Cerca de 90% dos vídeos do YouTube seguem esse padrão. O segundo tipo ocorre quando um vídeo subitamente é exibido na página inicial, talvez em resposta a um evento jornalístico. Nessa situação, quase toda a atividade se dá após o primeiro pico. O terceiro tipo ocorre quando um vídeo é compartilhado em outra plataforma, gradualmente acumulando visualizações antes de chegar a um pico e declinar novamente. Também é possível observar uma mistura dessas formas: um vídeo compartilhado pode receber um impulso e então se estabilizar novamente em um nível baixo, como aconteceu com o meu.[66]

Os vídeos são uma forma particularmente perene de mídia, com o interesse por eles tendendo a durar muito mais que o interesse por artigos jornalísticos. Um ciclo típico de notícia nas mídias sociais dura mais ou menos dois dias; nas primeiras 24 horas, a maior parte do conteúdo surge na forma de artigos, seguidos por compartilhamentos e comentários.[67] Mas nem todas as notícias são iguais. Pesquisadores do MIT descobriram que notícias falsas tendem a se disseminar mais, e com maior velocidade, que notícias verdadeiras.[68] Uma hipótese era a de que pessoas proeminentes, com muitos seguidores, tivessem maior tendência de espalhar mentiras. Mas os pesquisadores descobriram que o oposto é verdadeiro: geralmente são pessoas com menos seguidores que disseminam notícias falsas. Se pensarmos no contágio em termos dos quatro DOTS, isso sugere que as informações falsas se disseminam porque a probabilidade de transmissão é alta, e não porque há mais oportunidades de disseminação. E qual seria a razão para a alta probabilidade de transmissão? A novidade pode ter algo a ver com isso: as pessoas gostam de compartilhar informações novas, e notícias falsas geralmente são mais recentes que notícias verdadeiras.

Mas não se trata somente da novidade. Para entender como as coisas se disseminam online, também precisamos pensar no reforço social. E isso significa dar mais uma olhada no conceito de contágio complexo: às vezes, precisamos ser expostos a uma ideia várias vezes antes de a adotarmos.

Por exemplo, evidências mostram que compartilhamos memes sem muito estímulo, mas só compartilhamos conteúdo político quando várias outras pessoas já fizeram o mesmo. Quando os usuários do Facebook mudaram sua foto de perfil para o sinal de igual (=) em apoio à igualdade matrimonial no início de 2013, só fizeram isso depois de oito amigos, em média, terem feito o mesmo. O contágio complexo também influenciou a adoção inicial de muitas plataformas, incluindo Facebook, Twitter e Skype.[69]

Uma idiossincrasia do contágio complexo é que ele se dissemina melhor em comunidades unidas. Se as pessoas têm vários amigos em comum, isso cria as múltiplas exposições necessárias para que uma ideia pegue. Mas, em seguida, essas ideias podem ter dificuldade para sair do grupo e se disseminar mais amplamente.[70] De acordo com Damon Centola, a estrutura das redes pode agir como barreira ao contágio complexo.[71] Muitos de nossos contatos são conhecidos, e não amigos próximos. Embora possamos adotar uma posição política se muitos de nossos amigos fizerem o mesmo, temos menos tendência a fazer isso a partir de uma única fonte.

Isso significa que o contágio complexo — como visões políticas refinadas — pode ter uma grande desvantagem na internet. Em vez de encorajar os usuários a desenvolverem ideias desafiadoras e socialmente complexas, a estrutura das interações sociais favorece conteúdos simples e fáceis de digerir. Assim, talvez não surpreenda que seja isso que as pessoas escolhem produzir.

COM A CRESCENTE DISPONIBILIDADE de dados no início do século XXI, algumas pessoas sugeriram que os pesquisadores já não precisavam buscar explicações para o comportamento humano. Uma delas foi Chris Anderson, então editor da revista *Wired*, que em 2008 escreveu um famoso artigo proclamando o "fim da teoria". "Quem sabe por que as pessoas fazem o que fazem? A questão é que fazem, e agora podemos rastrear e mensurar isso com uma fidelidade sem precedentes."[72]

Atualmente, temos vastas quantidades de dados sobre as atividades humanas; estima-se que a quantidade global de informações digitais dobre a cada dois anos, com grande parte sendo gerada online.[73] Mesmo assim, ainda temos dificuldade para mensurar muitos fenômenos. Considere, por exemplo, os estudos sobre contágio de obesidade ou fumo, que mostraram quão difícil pode ser compreender os processos de transmissão. Nossa inabilidade de mensurar o comportamento não é o único problema. Em um mundo de cliques e compartilhamentos, nem sempre mensuramos corretamente.

Inicialmente, os cliques pareceram ser uma maneira razoável de quantificar o interesse em uma matéria. Mais cliques significam que mais pessoas estão abrindo e potencialmente lendo a matéria. Assim, os escritores que recebem mais cliques devem ser recompensados de acordo com isso, certo? Não necessariamente. "Quando a mensuração se torna um alvo, ela deixa de ser uma boa mensuração", como supostamente disse o economista Charles Goodhart.[74] Recompensar o sucesso com base em uma métrica simples de desempenho cria um loop de retroalimentação: as pessoas começam a correr atrás da métrica, em vez de buscar a qualidade subjacente que ela tenta mensurar.

Esse problema pode ocorrer em qualquer campo. Nos meses anteriores à crise financeira de 2008, os bancos pagaram bônus a corretores e vendedores com base em seus lucros recentes. Isso encorajou estratégias de trading que geravam benefícios de curto prazo, com pouca preocupação com o futuro. As métricas modelaram até mesmo a literatura. Quando Alexandre Dumas escreveu *Os três mosqueteiros* em forma de série, seu editor pagava por linha. Assim, Dumas acrescentou o criado Grimaud, que falava em frases curtas, a fim de esticar o texto (e o matou quando o editor disse que linhas curtas não contavam).[75]

Basear-se em métricas como cliques e curtidas pode dar uma impressão errônea sobre como as pessoas realmente se comportam. Durante 2007--2008, mais de 1,1 milhão de pessoas se uniram à causa "Salve Darfur" no Facebook, que tentava levantar fundos e chamar atenção para o conflito no Sudão. Alguns membros fizeram doações e recrutaram outros membros, mas a maioria nada fez. Das pessoas que se uniram à causa, somente 28% recrutaram alguém e apenas 0,2% fizeram doações.[76]

A despeito desses problemas com a mensuração, há um foco crescente em tornar as matérias clicáveis e compartilháveis. Esse formato pode ser altamente efetivo. Quando pesquisadores da Universidade de Columbia e do Instituto Nacional francês analisaram artigos da mídia convencional mencionados por usuários do Twitter, eles descobriram que quase 60% dos links nunca foram abertos.[77] Mas isso não impediu que alguns artigos se disseminassem: os usuários compartilharam milhares de tuítes contendo um desses links jamais abertos. Evidentemente, muitos de nós ficam mais felizes compartilhando coisas que as lendo.

Talvez isso não seja surpresa, dado que certos tipos de comportamento exigem mais esforço que outros. Dean Eckles, ex-cientista de dados do Facebook, indica que não é preciso muito para fazer com que as pessoas interajam de maneiras simples nas mídias sociais. "Esse é um comportamento relativamente fácil de produzir", disse ele.[78] "O comportamento de que falamos são curtidas e comentários em posts." Como as pessoas não têm de fazer muito esforço, é bem mais fácil levá-las à ação. "É um estímulo muito leve para um comportamento fácil e de baixo custo."

Isso cria um desafio para os profissionais de marketing. Uma campanha pode gerar muitas curtidas e muitos cliques, mas esse não é o comportamento no qual eles estão interessados. Eles não querem somente que as pessoas interajam com seu conteúdo, mas que comprem seu produto ou acreditem em sua mensagem. Assim como pessoas com mais seguidores não necessariamente geram cascatas maiores, conteúdo mais clicável ou compartilhável não gera automaticamente mais receita ou adesão.

Quando enfrentamos o surto de uma doença nova, geralmente queremos saber duas coisas: Quais são as principais rotas de transmissão? E quais dessas rotas precisamos interromper para controlar a infecção? Os profissionais de marketing enfrentam uma tarefa similar quando projetam uma campanha. Primeiro, eles precisam conhecer as maneiras pelas quais uma pessoa pode ser exposta a uma mensagem. Em seguida, precisam decidir quais delas empregar. A diferença, claro, é que as agências de saúde gastam dinheiro para bloquear os caminhos cruciais de transmissão e as agências de publicidade gastam dinheiro para expandi-las.

No fim das contas, é uma questão de custo-benefício. Quer estejamos lidando com um surto de doença ou com uma campanha de marketing, desejamos encontrar a melhor maneira de alocar um orçamento limitado. O problema é que, historicamente, nem sempre está claro que caminho leva a qual resultado. "Metade do dinheiro que gasto em publicidade é desperdiçado; o problema é que não sei qual metade", teria dito o pioneiro do marketing John Wanamaker.[79]

O marketing moderno tentou lidar com esse problema ligando os anúncios vistos pelas pessoas às ações que elas iniciam em seguida. Em anos recentes, a maioria dos grandes sites empregou o *ad tracking*; se as empresas fazem anúncios, elas sabem se os vimos e se fizemos buscas ou compramos algo em seguida. Do mesmo modo, se nos interessamos por um produto, a empresa pode nos seguir pela internet, mostrando mais anúncios.[80]

Quando clicamos no link de um site, frequentemente nos tornamos parte de um leilão em alta velocidade. Em aproximadamente 0,03 segundos, o servidor do site reúne todas as informações que possui a nosso respeito e as envia a seu provedor de anúncios. O provedor repassa essa informação a um grupo de corretores automatizados que agem em nome dos anunciantes. Após outros 0,07 segundos, os corretores fazem lances para nos mostrar um anúncio. O provedor de anúncios seleciona o lance vencedor e envia o anúncio para nosso navegador, que o insere na página que está sendo carregada na tela.[81]

As pessoas nem sempre percebem que os sites funcionam dessa maneira. Em março de 2013, o Partido Trabalhista do Reino Unido tuitou um link para um comunicado de imprensa que criticava o então secretário da Educação, Michael Gove. Um parlamentar conservador respondeu tuitando sobre a escolha de anúncios no site do Partido Trabalhista. "Sei que os trabalhistas estão sem dinheiro, mas colocar um convite para 'namorar garotas árabes' bem acima de seu comunicado de imprensa?", escreveu ele. Infelizmente para o parlamentar, outros usuários responderam que o site do Partido Trabalhista tinha anúncios personalizados: as ofertas em exibição dependiam especificamente da atividade online do usuário.[82]

Alguns dos mais avançados rastreadores surgiram em lugares inesperados. Para investigar a extensão da personalização online, o pesquisador Jonathan Albright passou o início de 2017 visitando mais de cem sites de propaganda extremista, o tipo de lugar que está cheio de teorias da conspiração, pseudociência e visões de extrema direita. A maior parte parecia incrivelmente amadora, criada por um iniciante. Mas, analisando os bastidores, Albright descobriu que eles escondiam ferramentas de rastreamento extremamente sofisticadas. Os sites coletavam dados detalhados sobre identidades, comportamentos de navegação e mesmo movimentos do mouse. Isso lhes permitia seguir os usuários suscetíveis, fornecendo-lhes conteúdos ainda mais extremos. Não era o que os usuários podiam ver que tornava esses sites tão influentes, mas a colheita de dados que eles não viam.[83]

Quanto valem, realmente, nossos dados online? Os pesquisadores estimaram que usuários que não partilham seus dados de navegação valem cerca de 60% menos para os anunciantes no Facebook. Com base na receita do Facebook em 2019, isso implica que dados sobre o comportamento do usuário americano médio valem, no mínimo, 48 dólares ao ano. Entrementes, o Google supostamente pagou 12 bilhões de dólares à Apple para ser o motor de busca padrão do iPhone em 2019. Com a quantidade de iPhones em uso estimada em 1 bilhão, isso sugere que o valor que o Google dá a nossas buscas online é de cerca de 12 dólares por aparelho.[84]

Devido ao fato de nossa atenção ser tão valiosa, as empresas de tecnologia têm grande incentivo para nos manter online. Quanto mais tempo passamos usando seus produtos, mais informações elas podem coletar e mais fielmente conseguem personalizar seu conteúdo e seus anúncios. Sean Parker, presidente fundador do Facebook, já falou sobre a mentalidade daqueles que criaram os primeiros aplicativos para mídias sociais. "O processo mental era o seguinte: 'Como consumir o máximo possível de seu tempo e de sua atenção consciente?'", disse ele em 2016.[85] Outras empresas seguiram o exemplo. "Estamos competindo com o sono", brincou o CEO da Netflix, Reed Hastings, em 2017.[86]

Uma maneira de nos manter conectados a um aplicativo é o design. Tristan Harris, especializado em ética do design tecnológico, comparou o processo a um truque de mágica. Ele disse que as empresas frequentemente tentam guiar nossas escolhas na direção de um resultado específico. "Os mágicos fazem a mesma coisa", escreveu ele. "Eles tornam mais fácil para o espectador escolher a coisa que querem que ele escolha, e mais difícil escolher a coisa que não querem que ele escolha."[87] Os truques de mágica funcionam porque controlam nossa percepção do mundo; as interfaces de usuário podem fazer o mesmo.

As notificações são uma maneira particularmente poderosa de nos manter engajados. O usuário médio do iPhone desbloqueia seu aparelho mais de oitenta vezes ao dia.[88] De acordo com Harris, esse comportamento é similar aos efeitos psicológicos do vício em jogo: "Quando tiramos o telefone do bolso, estamos jogando em um caça-níqueis para ver as notificações que recebemos.". Os cassinos capturam a atenção dos jogadores incluindo recompensas infrequentes e altamente variáveis. Às vezes, os jogadores ganham um prêmio; às vezes, não ganham nada. Em muitos aplicativos, quem enviou a mensagem pode ver quando a lemos, o que nos encoraja a responder mais rapidamente. Quanto mais interagimos com o aplicativo, mais precisamos manter a interação. "É um loop de retroalimentação de validação social", disse Sean Parker. "É exatamente o tipo de coisa que um hacker como eu criaria, porque explora uma vulnerabilidade na psicologia humana."[89]

Várias outras características de design nos mantêm visualizando e compartilhando conteúdo. Em 2010, o Facebook introduziu a "rolagem infinita", removendo a distração de ter de mudar de página. O conteúdo ilimitado agora é comum na maioria dos feeds das mídias sociais; desde 2015, o YouTube automaticamente inicia outro vídeo quando o atual termina. O design das mídias sociais também é centrado no compartilhamento: é difícil postarmos conteúdo sem vermos o que as outras pessoas estão fazendo.

Embora nem todas as características tenham sido originalmente projetadas para serem tão viciantes, as pessoas estão cada vez mais conscientes de como os aplicativos influenciam seu comportamento.[90] Até mesmo os desenvolvedores se tornaram cautelosos em relação a suas invenções. Justin Rosenstein e Leah Pearlman fizeram parte da equipe que introduziu o botão "curtir" no Facebook. Em anos recentes, os dois supostamente tentaram escapar da atração das notificações. Rosenstein fez com que seu assistente colocasse restrições de acesso em seu telefone; Pearlman, que se tornou ilustradora, contratou um gerente de mídias sociais para cuidar de sua página no Facebook.[91]

Mas assim como pode encorajar as interações, o design também pode prejudicá-las. O WeChat, popularíssimos aplicativo de mídia social da China, tinha mais de 1 bilhão de usuários ativos em 2019. O aplicativo possui uma ampla variedade de serviços: os usuários podem fazer compras, pagar contas e agendar viagens, além de enviar mensagens uns aos outros. As pessoas também podem partilhar "momentos" (imagens ou mídias) com seus amigos, de modo muito parecido com o feed de notícias do Facebook. Ao contrário do Facebook, porém, os usuários do WeChat só podem ver os comentários de seus amigos.[92] Isso significa que, se você tem dois amigos que não são amigos entre si, eles não podem ver tudo que foi dito. Isso modifica a natureza das interações. "Isso impede o surgimento do que eu descreveria como conversa", disse Dean Eckles. "Qualquer um que poste qualquer comentário sabe que é possível que ele seja retirado totalmente do contexto, porque os outros podem ver somente seus próprios comentários, e não o que aconteceu anteriormente." O Facebook e o Twitter têm posts amplamente compartilhados, seguidos de milhares de comentários públicos. Em contraste, as tentativas de discussão no WeChat inevitavelmente parecem fragmentadas e confusas, o que desestimula as tentativas dos usuários.

A mídia social chinesa desencoraja a ação coletiva de várias maneiras, incluindo barreiras deliberadas criadas pela censura governamental. Há alguns anos, a cientista política Margaret Roberts e seus colegas tentaram reconstruir o processo da censura chinesa Eles criaram contas, postaram diferentes tipos de conteúdo e rastrearam o que foi removido. Ao estudarem os mecanismos de censura, descobriram que as críticas a líderes ou a políticas não eram bloqueadas, mas discussões sobre protestos ou manifestações, sim. Roberts mais tarde dividiria as estratégias de censura online no que chamou de "três Fs": *flooding* [inundação], *fear* [medo] e *friction* [atrito]. Ao *inundar* as plataformas online com visões opostas, os censores podem abafar as outras mensagens. A ameaça de repercussões por quebrar as regras leva ao *medo*. E remover ou bloquear conteúdos cria *atrito* ao desacelerar o acesso à informação.[93]

Em minha primeira viagem à China continental, lembro-me de tentar conectar meus aparelhos ao Wi-Fi quando cheguei ao hotel. Levei algum tempo para notar que já estava online. Todos os aplicativos que normalmente uso para conferir minha conexão — Google, WhatsApp, Instagram, Twitter, Facebook, Gmail — estavam bloqueados. Além de demonstrar o poder do firewall chinês, aquilo me fez perceber a influência das empresas americanas de tecnologia. A maior parte de minha atividade online está nas mãos de somente três empresas.

Partilhamos uma quantidade imensa de informações com tais plataformas. Talvez a melhor ilustração disso seja quantos dados as empresas de tecnologia puderam coletar de um estudo do Facebook realizado em 2013.[94] Elas analisaram quem digitava comentários na plataforma, mas não os postava. A equipe deixou claro que o conteúdo não era enviado aos servidores do Facebook, somente o registro de que alguém começara a digitar. Talvez esse tenha sido o caso nesse estudo. Mesmo assim, isso mostra o nível de detalhe com que as empresas podem rastrear nosso comportamento e nossas interações online. Ou mesmo, como no caso em questão, nossa falta de interações.

Considerando o poder de nossos dados de mídias sociais, as organizações podem ter muito a ganhar com o acesso a eles. De acordo com Carol Davidsen, que trabalhou na campanha de Obama durante as eleições presidenciais de 2012, as configurações de privacidade do Facebook naquela época permitiam baixar a rede de amizades de qualquer um que concordasse em apoiar a campanha na plataforma. Essas conexões forneceram uma quantidade enorme de informações. "Fomos capazes de assimilar toda a rede social americana que estava no Facebook", disse ela.[95] Mais tarde, o Facebook removeu a capacidade de reunir dados sobre amizades. Davidsen alegou que, como os republicanos foram lentos, os democratas tiveram acesso a informações que eles não tinham. Tal análise de dados não quebrou nenhuma regra, mas a experiência suscitou questões sobre como a informação é coletada e quem a controla. "Quem é dono do fato de que eu e você somos amigos?", perguntou Davidsen.

Na época, muitos consideraram inovador o uso de dados pela campanha de Obama.[96] Tratava-se de um método moderno para uma nova era na política. Assim como a indústria financeira ficara excitada com os novos produtos hipotecários na década de 1990, as mídias sociais foram vistas como algo que mudaria a política para melhor. Mas, assim como aqueles produtos financeiros, essa atitude não duraria.

"MEU BEM, EM QUEM VOCÊ VAI VOTAR nessas eleições?" Nas eleições gerais de 2017 no Reino Unido, milhares de pessoas tentando conseguir um encontro no Tinder foram recebidas com essa frase. As londrinas Charlotte Goodman e Yara Rodrigues Fowler queriam encorajar seus colegas de vinte e poucos anos a votarem no Partido Trabalhista e criaram um bot para atingir um público mais amplo.[97]

Quando o bot foi instalado, ele automaticamente definiu sua localização em um distrito eleitoral periférico, disse "sim" a todos os usuários na mesma área e começou a conversar com todos os matches. Se a mensagem inicial era bem recebida, os voluntários iniciavam uma conversa real. O bot enviou mais de 30 mil mensagens, chegando a pessoas com as quais os cabos eleitorais usualmente não conversavam. "Um ou outro match ficou desapontado por estar conversando com um bot, e não com um ser humano, mas houve muito pouco feedback negativo", escreveram Goodman e Rodrigues Fowler. "O Tinder é uma plataforma casual demais para que os usuários se sentissem enganados por um pouco de conversa política."

Os bots permitem um vasto número de interações simultâneas. Com uma rede deles, é possível realizar ações em uma escala simplesmente impensável para um ser humano operando manualmente. Essas redes de bots consistem em milhares ou mesmo milhões de contas. Assim como os usuários humanos, podem postar conteúdo, iniciar conversas e promover ideias. No entanto, o papel de tais contas tem sido alvo de uma observação mais cuidadosa em anos recentes. Em 2016, duas eleições chocaram o mundo ocidental: em junho, os britânicos decidiram deixar a União Europeia (UE); em novembro, Donald Trump conquistou a presidência americana. O que causou esses eventos? Houve especulações de que informações falsas — criadas principalmente pela Rússia e por grupos de extrema direita — foram amplamente disseminadas durante essas duas eleições. Muitas pessoas no Reino Unido e nos Estados Unidos teriam sido enganadas por histórias inverídicas postadas por bots e outras contas questionáveis.

Inicialmente, os dados pareceram apoiar as especulações. No Facebook, há evidências de que mais de 100 milhões de americanos podem ter visto posts criados pela Rússia nas eleições de 2016. No Twitter, quase 700 mil americanos foram expostos a propaganda ligada à Rússia, disseminada por mais de 50 mil contas de bots.[98] A ideia de que muitos eleitores acreditaram na propaganda postada por sites falsos e espiões estrangeiros é atraente, especialmente para aqueles que se opõem politicamente ao Brexit e a Trump. Mas, ao analisarmos as evidências mais atentamente, essa teoria simples se desfaz.

A despeito da propaganda ligada à Rússia que circulou durante as eleições de 2016, Duncan Watts e David Rothschild mostraram que muitos outros conteúdos circularam simultaneamente. Os usuários americanos do Facebook podem ter sido expostos a conteúdo russo, mas, durante o mesmo período, viram mais de 11 *trilhões* de outros posts na plataforma. Para cada post russo a que eram expostos, havia uma média de quase 90 mil posts com outros conteúdos. No Twitter, menos de 0,75% dos tuítes relacionados à eleição vieram de contas ligadas à Rússia. "Em termos numéricos, a esmagadora maioria das informações a que os eleitores foram expostos durante a campanha não foi produzida por sites de *fake news* ou por fontes de extrema direita, mas por nomes famosos", comentaram Watts e Rothschild.[99] De fato, estima-se que, no primeiro ano de campanha, Trump tenha obtido o equivalente a 2 bilhões de dólares em cobertura gratuita da mídia convencional.[100] Watts e Rothschild destacaram o foco da mídia na controvérsia sobre os e-mails de Hillary Clinton como exemplo do que os veículos decidiram informar a seus leitores. "Em somente seis dias, o *New York Times* publicou sobre os e-mails de Hillary Clinton o mesmo número de matérias de capa que publicou sobre todas as questões políticas combinadas nos 69 dias anteriores à eleição."

Outros pesquisadores chegaram a conclusões similares sobre a escala das notícias falsas em 2016. Brendan Nyhan e seus colegas descobriram que, embora alguns eleitores americanos tenham consumido muitas notícias de sites duvidosos, eles foram minoria. Em média, somente 3% dos artigos visualizados foram publicados por sites de matérias enganosas. Mais tarde, eles publicaram uma análise suplementar sobre as eleições de meio de mandato que ocorreram em 2018, em relação às quais os resultados sugerem que as notícias questionáveis tiveram um alcance ainda menor. No Reino Unido, também há poucas evidências de que conteúdo russo tenha dominado as conversas no Twitter ou no YouTube antes do referendo sobre a saída da UE.[101]

Isso parece sugerir que não deveríamos nos preocupar com bots e sites questionáveis, mas, novamente, não é tão simples. Quando se trata de manipulação online, vem acontecendo algo muito mais sutil — e preocupante.

BENITO MUSSOLINI DISSE CERTA VEZ que "é melhor viver um dia como leão que cem anos como ovelha". Mas, de acordo com o usuário do Twitter @ilduce2016, essa afirmação na verdade teria sido feita por Donald Trump. Criado originalmente por dois jornalistas do *Gawker*, esse bot enviou milhares de tuítes atribuindo frases de Mussolini a Trump. Um dos tuítes finalmente chamou a atenção de Trump: em 28 de fevereiro de 2016, logo após a quarta primária republicana, ele retuitou a citação sobre o leão.[102]

Enquanto alguns bots de mídias sociais visam ao grande público, outros têm um objetivo muito mais restrito. Conhecidos como "potes de mel", eles tentam atrair a atenção de usuários específicos e persuadi-los a responder.[103] Você se lembra de como as cascatas do Twitter frequentemente se apoiam em um único evento de broadcast? Se quiser que uma mensagem se dissemine, é útil que alguém proeminente a amplifique. Como muitos surtos sequer começam, também é útil ter um bot para tentar repetidamente: @ilduce2016 tuitou mais de 2 mil vezes antes que Trump finalmente retuitasse uma citação. Os criadores de bots parecem estar conscientes do quão poderosa essa abordagem pode ser. Quando bots do Twitter postaram conteúdo dúbio em 2016-2017, eles visaram desproporcionalmente aos usuários populares.[104]

Não são somente os bots que usam essa estratégia. Depois do tiroteio de 2018 no colégio de ensino médio Marjory Stoneman Douglas, em Parkland, na Flórida, alguns relatos afirmaram que o atirador era membro de um pequeno grupo de supremacistas brancos baseado na capital do estado,

Tallahassee. Mas tais relatos não eram verdadeiros. A farsa começou com trolls em fóruns online, que conseguiram persuadir jornalistas curiosos de que se tratava de uma alegação genuína. "Só é preciso uma única matéria", disse um usuário. "Então todo mundo passa a reproduzir a história."[105]

Embora pesquisadores como Watts e Nyhan tenham sugerido que as pessoas não receberam uma parte significativa de suas informações de fontes dúbias em 2016, isso não significa que notícias falsas na internet não sejam um problema. "Eu acho que isso é importante, mas não da maneira como as pessoas pensam", disse Watts. Quando grupos periféricos postam ideias ou matérias falsas no Twitter, eles não estão necessariamente tentando chegar a grandes públicos. Ao menos não inicialmente. Em vez disso, costumam ter em mente jornalistas ou políticos que passam muito tempo nas mídias sociais. A esperança é que esses jornalistas e políticos disseminem a ideia para um público maior. Em 2017, por exemplo, os jornalistas citaram regularmente mensagens de uma usuária do Twitter chamada @wokeluisa, que parecia ser uma jovem pós-graduanda em ciência política de Nova York. Na realidade, a conta era gerenciada por trolls russos que aparentemente usavam veículos de mídia para obter credibilidade e amplificar suas mensagens.[106] Essa é uma tática comum entre grupos que querem ter suas ideias disseminadas. "Os jornalistas não são somente parte do jogo de manipulação da mídia", sugeriu Whitney Phillips, que pesquisa mídias online na Universidade de Siracusa. "Eles são os troféus."[107]

Quando um veículo de mídia relata uma história, isso pode gerar um efeito de retroalimentação, com outros veículos fazendo o mesmo. Há alguns anos, inadvertidamente experimentei esse efeito em primeira mão. Tudo começou quando comentei com um jornalista do *Times*, de Londres, sobre uma peculiaridade matemática da nova Loteria Nacional (eu acabara de escrever um livro sobre a ciência das apostas). Dois dias depois, foi publicada uma matéria a respeito. Às 8h30 da manhã da publicação, recebi uma mensagem do produtor do programa *This Morning*, da ITV, que lera a matéria. Às 10h30, eu estava ao vivo em rede nacional. Logo depois, recebi uma mensagem da Rádio BBC 4; eles também haviam lido a matéria e queriam me entrevistar no programa que era seu carro-chefe, exibido no horário do almoço. Mais cobertura se seguiu. Acabei chegando a um público de milhões de pessoas, tudo a partir de uma única história inicial.

Minha experiência foi um acidente inofensivo, embora surreal. Mas outros fazem esforços estratégicos para explorar os efeitos de retroalimentação na mídia. É assim que informações falsas podem se disseminar amplamente, a despeito de grande parte do público evitar os sites periféricos. Em essência, trata-se de um tipo de lavagem de informações. Assim como os cartéis de drogas podem direcionar seu dinheiro para negócios legítimos a fim de ocultar sua origem, os manipuladores online conseguem fontes críveis para amplificar e disseminar suas mensagens, fazendo com que a população em geral ouça a ideia de uma personalidade ou veículo familiar, e não de uma conta anônima.

Tal lavagem permite influenciar o debate e a cobertura de uma questão. Escolhendo cuidadosamente os alvos que realizarão a amplificação, os manipuladores podem criar a ilusão de popularidade disseminada de políticas ou candidatos específicos. No marketing, essa estratégia, que imita artificialmente o apoio das bases, é conhecida como *astroturfing*. Isso torna mais difícil para jornalistas e políticos ignorarem a história, de modo que, no fim das contas, ela se torna uma notícia real.

É claro que a influência da mídia não é um fenômeno novo; há muito se sabe que os jornalistas podem modelar o ciclo de notícias. Quando Evelyn Waugh escreveu seu romance satírico *Scoop* [Furo jornalístico] em 1938, ele incluiu a história de um astro do jornalismo chamado Wenlock Jakes, enviado para cobrir uma revolução. Infelizmente, Jakes adormece no trem e acorda no país errado. Sem se dar conta do engano, ele inventa uma história sobre "barricadas nas ruas, igrejas em chamas e metralhadoras respondendo ao som das teclas de sua máquina de escrever". Outros jornalistas, não querendo ficar para trás, chegam e escrevem matérias similares. Em pouco tempo, as bolsas de ações entram em colapso e o país sofre uma crise econômica, levando ao estado de emergência e, finalmente, a uma revolução.

A história de Waugh é fictícia, mas a subjacente retroalimentação de notícias que ele descreveu ainda ocorre. Contudo, há algumas diferenças importantes nas informações modernas. Uma é a velocidade com que elas podem se disseminar. Em questão de horas, algo pode passar de meme periférico a tema de debate na mídia convencional.[108] Outra distinção é o custo de produzir contágio. Bots e contas falsas são baratos, e a amplificação em massa por políticos ou fontes jornalísticas é essencialmente gratuita. Em alguns casos, artigos falsos, mas populares, podem até mesmo gerar receita publicitária. E há, ainda, o potencial da manipulação algorítmica: se um grupo usa contas falsas para produzir o tipo de reação valorizado pelos algoritmos de mídias sociais — como comentários e curtidas —, ele pode ser capaz de popularizar um tópico mesmo que poucas pessoas realmente estejam falando sobre ele.

Com essas novas ferramentas, que tipo de coisas as pessoas tentaram popularizar? Desde 2016, *fake news* se tornou uma expressão comum para descrever a manipulação online das notícias. Mas ela não é particularmente útil. A pesquisadora tecnológica Renée DiResta afirmou que essa expressão pode se referir a diferentes tipos de conteúdo, incluindo *clickbait*, teorias da conspiração, informações errôneas e desinformação. Como vimos, o *clickbait* simplesmente tenta persuadir as pessoas a visitarem uma página; os links frequentemente levam a notícias reais. Por outro lado, as teorias da conspiração modificam ligeiramente histórias da vida real a fim de incluir uma "verdade secreta", que pode ser exagerada ou elaborada conforme a teoria se expande. Existem também as informações errôneas, que DiResta define como conteúdos falsos que geralmente são partilhados por acidente. Eles podem incluir farsas e pegadinhas, que são deliberadamente falsas, mas se disseminam por engano por intermédio de pessoas que acreditam que são verdadeiras.

Por fim, temos a forma mais perigosa de *fake news*: a desinformação. Uma visão comum sobre a desinformação é a de que seu propósito é fazer com que acreditemos em algo falso. Mas a realidade é mais sutil. Quando a KGB treinava seus agentes internacionais durante a guerra fria, ela ensinava como criar contradições na opinião pública e minar sua confiança em notícias acuradas.[109] Isso é desinformação. Ela não existe para nos persuadir de que histórias falsas são verdadeiras, mas para nos fazer duvidar da própria noção de verdade. O objetivo é embaralhar os fatos, tornando a realidade difícil de apreender. E a KGB não era boa somente em semear desinformação; ela também sabia como amplificá-la. "Nos velhos tempos, quando os espiões da KGB empregavam essa tática, o objetivo era chamar a atenção de um grande veículo de mídia", disse DiResta, "porque isso fornecia legitimidade e garantia a distribuição."[110]

Na última década, mais ou menos, algumas comunidades foram particularmente bem-sucedidas em fazer com que suas mensagens chamassem atenção. Um exemplo inicial ocorreu em setembro de 2008, quando um usuário postou no fórum online do *Oprah Winfrey Show*. Ele afirmou representar uma grande rede de pedófilos, com mais de 9 mil membros. Mas o post não era exatamente o que parecia: a expressão "mais de 9 mil" [*over 9000!*] — uma referência ao grito de um lutador a respeito do poder de luta de seu oponente no desenho animado *Dragon Ball Z* — era na verdade um meme do 4chan, um fórum anônimo popular entre trolls. Para deleite dos usuários do 4chan, Winfrey levou a alegação de pedofilia a sério e leu a mensagem no ar.[111]

Fóruns como o 4chan — além dos sites Reddit e Gab — agem como incubadoras de memes contagiosos. Usuários postando imagens e slogans podem gerar grande número de novas variantes. Esses memes recém-modificados se disseminam e competem nos fóruns, com os mais contagiosos sobrevivendo e os mais fracos desaparecendo. Trata-se da sobrevivência do mais forte, o mesmo tipo de processo que ocorre na evolução biológica.[112] Embora o processo em nada se pareça com a escala de tempo milenar dos patógenos, essa evolução colaborativa pode fornecer uma grande vantagem ao conteúdo online.

Um dos truques evolutivos mais bem-sucedidos desenvolvidos pelos trolls tem sido tornar os memes absurdos ou extremos, de modo a não ficar claro se são sérios ou não. Esse verniz de ironia pode ajudar visões desagradáveis a se disseminarem. Caso os usuários se ofendam, o criador do meme pode alegar que se tratava de uma brincadeira; se os usuários presumem que era uma brincadeira, o meme não é criticado. Grupos de supremacia branca adotaram essa tática. Um guia de estilo do site Daily Stormer foi vazado, e seu conteúdo aconselhava os autores a manterem a leveza a fim de não afugentarem os leitores: "De modo geral, os insultos raciais devem parecer uma meia piada."[113]

Conforme a proeminência dos memes aumenta, eles podem se tornar um recurso efetivo para políticos hábeis no uso da mídia. Em outubro de 2018, Donald Trump adotou o slogan "Jobs Not Mobs" [Empregos, não turbas], alegando que os republicanos favoreciam mais a economia que a imigração. Quando os jornalistas rastrearam a ideia até sua fonte, descobriram que o meme provavelmente se originara no Twitter. Então passara algum tempo evoluindo nos fóruns do Reddit, tornando-se mais cativante no processo, antes de se disseminar de forma mais ampla.[114]

Não são somente os políticos que adotam conteúdo periférico. Rumores e desinformação online levaram a ataques contra grupos minoritários no Sri Lanka e em Mianmar, e a surtos de violência no México e na Índia. Ao mesmo tempo, campanhas de desinformação já agitaram os dois lados de uma disputa. Em 2016 e 2017, trolls russos supostamente criaram múltiplos eventos no Facebook com o objetivo de fazer com que multidões antagônicas organizassem manifestações de extrema direita e contramanifestações correspondentes.[115] A desinformação sobre tópicos específicos, como a vacinação, também pode se alimentar de inquietações sociais mais amplas: a desconfiança em relação à ciência tende a estar associada à desconfiança em relação ao governo e ao sistema de justiça.[116]

A disseminação de informações danosas tampouco é um problema novo. Até mesmo a expressão *fake news* já foi empregada antes, tornando-se brevemente popular no fim da década de 1930.[117] Mas a estrutura das redes online tornou a questão mais ampla, mais rápida e menos intuitiva. Como certas doenças infecciosas, a informação pode evoluir para se disseminar com mais eficiência. Então, o que podemos fazer a respeito?

O GRANDE TERREMOTO NO LESTE DO JAPÃO foi o maior da história do país. Ele foi suficientemente poderoso para deslocar o eixo da Terra em vários centímetros. O tsunami que ocorreu logo em seguida gerou ondas de 40 metros de altura. Então começaram os rumores. Três horas após o terremoto de 11 de março de 2011, um usuário do Twitter alegou que poderia haver chuva tóxica porque um tanque de gasolina explodira. A explosão era real, mas a chuva tóxica, não. Entretanto, isso não impediu as especulações. No dia seguinte, milhares de pessoas haviam visto e compartilhado a falsa advertência.[118]

Em resposta ao rumor, o governo da cidade próxima de Urayasu tuitou uma correção. A despeito de a falsa informação ter surgido primeiro, a correção logo a alcançou. Na noite seguinte, havia mais retuítes da correção que do boato original. De acordo com um grupo de pesquisadores baseado em Tóquio, uma resposta mais rápida teria obtido ainda mais sucesso. Usando modelos matemáticos, eles estimaram que, se a correção tivesse sido publicada duas horas antes, o surto do rumor teria sido 25% menor.

Correções pontuais podem não impedir um surto, mas são capazes de desacelerá-lo. Pesquisadores do Facebook descobriram que, se os usuários são rápidos em indicar que um amigo compartilhou uma farsa — como um esquema para enriquecer rapidamente —, há até 20% de chance de que ele apague o post.[119] Em alguns casos, as empresas desaceleram deliberadamente a transmissão ao alterar a estrutura de seu aplicativo. Depois que uma série de ataques na Índia foi ligada a rumores falsos, o WhatsApp dificultou o compartilhamento de conteúdo pelos usuários. Em vez de serem capazes de compartilhar mensagens com mais de cem pessoas, os usuários na Índia só podiam compartilhá-las com cinco.[120]

Note como essas contramedidas alteram diferentes aspectos do número de reprodução. O WhatsApp reduziu as oportunidades de transmissão. Os usuários do Facebook persuadiram seus amigos a apagarem um post, e isso diminuiu a duração da infecção. A prefeitura de Urayasu reduziu a suscetibilidade ao expor milhares de pessoas à informação correta antes que elas ouvissem o rumor. Como no caso das doenças, algumas partes do número de reprodução podem ser mais fáceis de manipular que outras. Em 2019, o Pinterest anunciou que impediria que conteúdo antivacinação aparecesse nas buscas (reduzindo as oportunidades de transmissão), após ter tido dificuldades para remover completamente esse conteúdo, o que teria diminuído a duração da infecção.[121]

E há o aspecto final do número de reprodução: a transmissibilidade inerente de uma ideia. Lembre-se das orientações para a mídia em relação a como noticiar a ocorrência de eventos como suicídios, a fim de limitar potenciais efeitos contagiosos. Pesquisadores como Whitney Phillips sugeriram que tratemos as informações manipulativas da mesma maneira, evitando a cobertura, que só dissemina ainda mais o problema: "Assim que relata uma farsa particular ou outro esforço para manipular a mídia, você o está legitimando e fornecendo um manual que outras pessoas podem seguir."[122]

Eventos recentes demonstraram que alguns veículos de comunicação ainda têm muito a aprender. Em 2019, após tiroteios em uma mesquita na cidade de Christchurch, na Nova Zelândia, vários destes veículos ignoraram orientações estabelecidas sobre como relatar ataques terroristas. Muitos publicaram o nome do atirador, detalharam sua ideologia e até mesmo exibiram seu vídeo e o link para seu manifesto. De modo preocupante, essa informação pegou: as histórias que foram amplamente compartilhadas no Facebook tendiam muito mais a ser aquelas que tinham ignorado as orientações de como noticiar esse tipo de evento.[123]

Isso mostra que precisamos repensar a maneira como interagimos com ideias maliciosas e quem realmente se beneficia quando damos atenção a elas. Um argumento comum para a divulgação de visões extremas é o de que elas se disseminariam de qualquer modo, mesmo sem amplificação da mídia. Mas estudos sobre contágio online descobriram o oposto: conteúdos raramente vão longe sem eventos de broadcast para amplificá-los. Se uma ideia se torna popular, geralmente é porque personalidades e meios de comunicação a ajudaram a se disseminar, deliberadamente ou não.

Infelizmente, mudanças na natureza do jornalismo tornaram mais difícil resistir aos manipuladores da mídia. O crescente desejo por compartilhamentos e cliques deixou muitos veículos vulneráveis à exploração de pessoas que podem introduzir ideias contagiosas, e a atenção que as acompanha. Isso atrai trolls e manipuladores, que entendem o contágio online muito melhor que a maioria. Do ponto de vista tecnológico, a maior parte dos manipuladores não está abusando do sistema. Eles estão apenas respondendo a seus estímulos. "O insidioso é que eles usam as mídias sociais precisamente da maneira como elas foram projetadas", disse Phillips. Em sua pesquisa, ela entrevistou dezenas de jornalistas, muitos dos quais se sentiam desconfortáveis por lucrarem com matérias sobre visões extremas. "É muito bom para mim, mas ruim para o país", disse um deles. Para reduzir o potencial de contágio, Phillips defende que o processo de manipulação seja discutido juntamente com a história: "É preciso deixar claro, durante a cobertura, que a matéria, o jornalista e o leitor fazem parte de uma cadeia de amplificação."

Embora jornalistas possam ter um papel relevante nos surtos de informações, existem outros elos na cadeia de transmissão, mais notadamente as plataformas de mídias sociais. Entretanto, estudar o contágio nessas plataformas é mais complicado que reconstruir a sequência de casos de uma doença ou de incidentes com armas. O ecossistema online tem um número imenso de dimensões, com trilhões de interações sociais e uma grande variedade de potenciais rotas de transmissão. A despeito de sua complexidade, as soluções propostas para lidarmos com informações danosas frequentemente são unidimensionais, com sugestões de que precisamos fazer mais disso ou menos daquilo.

Como em qualquer questão social complexa, é improvável que haja uma resposta simples e definitiva. "Acho que a mudança pela qual passamos é como a que ocorreu nos Estados Unidos no caso da guerra contra as drogas", disse Brendan Nyhan.[124] "Estamos nos movendo de 'esse é um problema que temos de resolver' para 'essa é uma condição crônica que temos de administrar'. As vulnerabilidades psicológicas que tornam os seres humanos propensos a percepções enganosas não vão desaparecer. As ferramentas online que as ajudam a circular tampouco vão desaparecer."

O que podemos fazer é trabalhar para tornar os veículos de mídia, as organizações políticas e as plataformas de mídias sociais — para não falar de nós mesmos — mais resistentes à manipulação. Isso significa ter um entendimento muito melhor do processo de transmissão. Não basta nos concentrarmos em alguns grupos, países ou plataformas. Da mesma forma que ocorre com os surtos de doenças, as informações raramente respeitam fronteiras. Assim como a "gripe espanhola" de 1918 foi atribuída à Espanha porque era o único país reportando casos, nosso retrato do contágio online pode ser distorcido pelos lugares onde vemos surtos. Em anos recentes, os pesquisadores publicaram quase cinco vezes mais estudos analisando contágio no Twitter que no Facebook, a despeito de o Facebook ter sete vezes mais usuários.[125] Isso porque, historicamente, tem sido muito mais fácil para os pesquisadores acessarem dados públicos do Twitter que avaliarem o que se dissemina em aplicativos fechados como o Facebook ou o WhatsApp.

Há esperanças de que a situação possa mudar — em 2019, o Facebook anunciou uma parceria com doze equipes acadêmicas para estudar seus efeitos sobre a democracia —, mas ainda temos um longo caminho pela frente antes de compreendermos o ecossistema de informações.[126] Uma das razões para a investigação do contágio online ser tão complicada é o fato de que, para a maioria de nós, é difícil enxergar aquilo a que as pessoas realmente estão expostas. Há duas décadas, se quiséssemos ver quais campanhas estavam em circulação, bastava abrir um jornal ou ligar a televisão. As mensagens eram visíveis, mesmo que seu impacto não fosse claro. Em termos de surtos, todo mundo podia ver as fontes de infecção, mas ninguém entendia realmente como ocorria a transmissão ou que infecção vinha de qual fonte. Compare isso com o surgimento das mídias sociais e das campanhas de manipulação que seguem usuários específicos pela internet. Quando se trata de disseminar ideias, os grupos que semeiam informações recentemente têm uma noção muito melhor dos caminhos de transmissão, mas as fontes de infecção permanecem invisíveis para todos os outros.[127]

Revelar e mensurar a disseminação de informações errôneas e de desinformação será crucial se quisermos projetar contramedidas efetivas. Sem um bom entendimento do contágio, há o risco de culparmos a fonte errada, como o "ar ruim", ou propormos estratégias simplistas como a abstinência, que — como método de prevenção de ISTs — podem funcionar na teoria, mas não na prática. Ao levar em conta os processos de transmissão, teremos maior chance de evitar erros epidemiológicos como esses.

Também seremos capazes de gozar dos benefícios secundários. Quando algo é contagioso, as medidas de controle têm um efeito direto e um indireto. Pense na vacinação. Vacinar alguém tem o efeito direto de evitar que essa pessoa seja infectada e o efeito indireto de evitar que passe a infecção adiante. Quando vacinamos uma população, nos beneficiamos de efeitos diretos e indiretos.

O mesmo ocorre no contágio online. Combater o conteúdo prejudicial terá um efeito direto, evitando que uma pessoa o veja, e um efeito indireto, evitando que ela o dissemine para outras pessoas. Isso significa que medidas bem projetadas podem se mostrar desproporcionalmente efetivas. Uma pequena queda no número de reprodução pode levar a uma grande redução no tamanho do surto.

"PASSAR TEMPO NAS MÍDIAS SOCIAIS é ruim para nós?", perguntaram dois pesquisadores do Facebook no fim de 2017. David Ginsburg e Moira Burke analisaram evidências de como as mídias sociais afetam o bem-estar. Os resultados, publicados pelo Facebook, sugeriam que nem todas as interações eram benéficas. Por exemplo, uma pesquisa anterior de Burke descobrira que receber mensagens genuínas de amigos próximos parecia aumentar o bem-estar dos usuários, mas receber feedback casual, como as curtidas, não. "Assim como nos casos presenciais, interagir com pessoas que se importam com você pode ser benéfico", sugeriram Ginsburg e Burke, "ao passo que ser deixado de lado e simplesmente observar os outros pode fazer com que você se sinta pior."[128]

A habilidade de testar hipóteses comuns sobre o comportamento humano é uma grande vantagem dos estudos online. Por volta da última década, pesquisadores usaram enormes conjuntos de dados para questionar ideias estabelecidas sobre a disseminação de informações. Essa pesquisa já desafiou concepções errôneas sobre influência, popularidade e sucesso online. E derrubou até mesmo o conceito de "viralizar". Os métodos online também são empregados na análise de doenças: ao adaptar técnicas usadas para estudar memes, pesquisadores da malária descobriram novas maneiras de rastrear sua disseminação na América Central.[129]

As mídias sociais podem ser a mudança mais proeminente em nossas interações, mas não são as únicas redes que vêm crescendo em nossas vidas. Como veremos no próximo capítulo, as conexões tecnológicas se expandem de outras maneiras, com novas ligações permeando nossa rotina diária. Tais tecnologias podem ser altamente benéficas, mas também apresentam riscos. No mundo dos surtos, toda nova conexão é uma nova rota potencial de contágio.

6

Como dominar a internet

QUANDO UM GRANDE ATAQUE CIBERNÉTICO derrubou sites que incluíam Netflix, Amazon e Twitter, ele também atingiu chaleiras, geladeiras e torradeiras. Em 2016, um programa chamado Mirai infectou milhares de dispositivos inteligentes em todo o mundo. Esses itens permitem que os usuários controlem coisas como a temperatura por meio de aplicativos online, criando conexões vulneráveis à infecção. Depois de infectados com o Mirai, os dispositivos formaram uma vasta rede de bots, criando uma poderosa arma online.[1]

Em 21 de outubro de 2016, o mundo descobriu que a arma fora disparada. Os hackers por trás da rede de bots atacaram o Dyn, um popular sistema de domínios. Esses sistemas são cruciais para a navegação pela web. Eles convertem endereços familiares — como Amazon.com — em um IP (protocolo de internet) numérico que diz ao computador onde encontrar o site. Pense nisso como uma lista telefônica para sites. Os bots Mirai inundaram o Dyn com requisições desnecessárias, paralisando o sistema. Tendo em vista que o Dyn fornece detalhes de sites muito frequentados, os computadores dos usuários já não sabiam como acessá-los.

Sistemas como o Dyn lidam com muitas requisições diariamente sem problemas, de modo que é preciso um grande esforço para derrubá-los. Esse esforço veio do tamanho da rede. O Mirai foi capaz de realizar seu ataque — um dos maiores da história — porque não infectou os suspeitos habituais.

Tradicionalmente, as redes de bots são formadas por computadores ou roteadores de internet, mas o Mirai se disseminou através da "internet das coisas": além de eletrodomésticos de cozinha, ele infectou Smart TVs e babás eletrônicas. Esses itens oferecem uma vantagem clara quando se trata de ataques cibernéticos em massa: as pessoas desligam seus computadores à noite, mas frequentemente deixam outros aparelhos eletrônicos ligados. "O Mirai tinha um insano poder de fogo", disse um agente do FBI à revista *Wired*.[2]

A escala do ataque mostrou quão facilmente as infecções artificiais podem se disseminar. Outro exemplo de destaque ocorreria alguns meses depois, em 12 de maio de 2017, quando um programa chamado WannaCry começou a tomar milhares de computadores como reféns. Ele bloqueava os arquivos e exibia uma mensagem dizendo que os usuários tinham três dias para transferir o equivalente a 300 dólares, em Bitcoins, para uma conta anônima. Caso se recusassem a pagar, os arquivos ficariam bloqueados permanentemente. O WannaCry causou muitos problemas. Quando atingiu os computadores do Serviço Nacional de Saúde do Reino Unido, causou o cancelamento de 19 mil consultas. Em uma questão de dias, mais de cem países foram afetados, levando a um prejuízo equivalente a mais de 1 bilhão de dólares.[3]

Ao contrário dos surtos de contágio social ou de infecções biológicas, que levam dias ou semanas para crescer, as infecções artificiais operam em uma escala de tempo muito menor. Surtos de softwares maliciosos — *malwares* — podem se disseminar em questão de horas. Nos estágios iniciais, os surtos do Mirai e do WannaCry dobravam a cada oitenta minutos. Outros *malwares* podem se disseminar ainda mais rapidamente, com alguns surtos dobrando de tamanho em segundos.[4] Mas o contágio de computadores nem sempre foi tão rápido.

O PRIMEIRO VÍRUS DE COMPUTADOR a se disseminar "na natureza" (ou seja, fora da rede de um laboratório) começou como uma pegadinha. Em fevereiro de 1982, Rich Skrenta criou um vírus que atacava computadores domésticos Apple II. Skrenta, que tinha 15 anos e era aluno do ensino médio na Pensilvânia, o criara para ser irritante, não prejudicial. Os computadores infectados exibiam ocasionalmente um pequeno poema escrito por ele.[5]

O vírus, que ele chamou de Elk Cloner, se disseminava quando as pessoas trocavam jogos. De acordo com o cientista de redes Alessandro Vespignani, a maioria dos primeiros computadores não estava em rede, de modos que os vírus se pareciam muito com infecções biológicas. "Eles se disseminavam através de disquetes. Era uma questão de padrões de contato e redes de socialização."[6] Por causa desse processo de transmissão, o Elk Cloner não contaminou muito mais computadores que os do grupo de amigos de Skrenta. Embora tenha chegado a seus primos em Baltimore e ao computador de um amigo na Marinha americana, essas jornadas mais longas foram raras.

Mas a era de vírus localizados e relativamente inofensivos não duraria muito. "Os vírus de computador entraram rapidamente em um mundo diferente", disse Vespignani. "Eles sofreram mutação. As rotas de transmissão se modificaram." Em vez de depender de interações humanas, os *malwares* se adaptaram para se disseminar diretamente de máquina para máquina. Quando se tornaram mais comuns, as novas ameaças exigiram nova terminologia. Em 1984, o cientista da computação Fred Cohen criou a primeira definição de vírus de computador, descrevendo-o como um programa que se replica ao infectar outros programas, assim como um vírus biológico precisa infectar células hospedeiras para se reproduzir.[7] Continuando com a analogia biológica, Cohen fez uma distinção entre os vírus e os *worms* [vermes], que podiam se multiplicar e se disseminar sem se acoplar a outros programas.

Os *worms* chegaram à atenção pública em 1988, graças ao *worm* Morris, criado pelo estudante de Cornell Robert Morris. Lançado em 2 de novembro, ele se disseminou rapidamente pela ARPANET, uma versão inicial da internet. Morris alegou que programa deveria se transmitir silenciosamente, em um esforço para estimar o tamanho da rede. Mas uma pequena peculiaridade no código causaria muitos problemas.

Morris criara o programa para que, ao chegar a um novo computador, ele verificasse se já havia uma infecção, a fim de evitar múltiplos *worms*. O problema com essa abordagem era que ela facilitava o bloqueio; os usuários podiam "vacinar" seus computadores ao imitar uma infecção. Para superar esse bloqueio, Morris fez com que o programa se duplicasse mesmo em um computador já infectado. Mas ele subestimou o efeito que isso teria. Quando foi liberado, o *worm* se disseminou e se replicou muito rapidamente, fazendo com que muitos computadores travassem.[8]

Diz a história que o *worm* Morris infectou 6 mil computadores, quase 10% da internet na época. Mas, de acordo com um contemporâneo de Morris, Paul Graham, isso foi somente uma estimativa, que logo se disseminou. "As pessoas gostam de números", lembrou ele mais tarde. "E esse número se replicou por toda a internet, como se fosse um vermezinho."[9]

MESMO QUE OS NÚMEROS DO SURTO MORRIS sejam reais, eles empalidecem quando comparados ao impacto dos *malwares* modernos. Um dia após o início do surto Mirai em agosto de 2016, quase 65 mil dispositivos estavam infectados. No pico, a rede de bots resultante tinha quase meio milhão de máquinas, antes de encolher no início de 2017.

Mas o Mirai tinha uma similaridade com o *worm* Morris: seus criadores não esperavam que seu surto fosse tão descontrolado. Embora o Mirai tenha chegado às manchetes quando afetou sites como Amazon e Netflix em outubro de 2016, a rede de bots foi projetada por uma razão mais específica. Quando o FBI rastreou suas origens, descobriu que ela começara com um aluno universitário de 21 anos chamado Paras Jha, dois amigos seus e o jogo de computador Minecraft.

Globalmente, o Minecraft tem mais de 50 milhões de usuários ativos, que jogam ao mesmo tempo em vastos mundos online. O jogo foi muito lucrativo para seu criador, que comprou uma mansão de 70 milhões de dólares depois de vendê-lo para a Microsoft em 2014.[10] E tem sido muito lucrativo para os servidores independentes que abrigam os diferentes cenários virtuais do Minecraft. Enquanto a maioria dos jogos multijogadores são controlados por uma organização central, o Minecraft opera como um mercado livre: as pessoas podem pagar para acessar o servidor que quiserem. Quando o jogo se tornou popular, alguns donos de servidores se viram ganhando centenas de milhares de dólares ao ano.[11]

Dada a quantia cada vez maior envolvida, alguns donos de servidores decidiram tentar se livrar dos rivais. Se eles pudessem direcionar uma quantidade suficiente de atividade falsa para um servidor — o que é conhecido como "ataque de negação de serviço distribuído" (DDoS) —, isso deixaria lenta a conexão de todos os jogadores, fazendo com que ficassem frustrados e buscassem servidores alternativos, idealmente os daqueles que organizaram o ataque. Surgiu assim um mercado de armas online, com mercenários vendendo ataques DDoS cada vez mais sofisticados e, em muitos casos, proteção contra eles.

Foi então que o Mirai entrou em cena. A rede de bots era tão poderosa que seria capaz de superar quaisquer rivais tentando fazer o mesmo. Mas ela não permaneceu por muito tempo no mundo do Minecraft. Em 30 de setembro de 2016, algumas semanas antes do ataque ao Dyn, Jha e seus amigos publicaram o código-fonte em um fórum da internet. Essa é uma tática comum entre os hackers: se o código está publicamente disponível, é mais difícil para as autoridades descobrir quem foram seus criadores. Alguém — não está claro quem — baixou o código e o usou em um ataque DDoS ao Dyn.

Os criadores originais do Mirai — que moravam em Nova Jersey, Pittsburgh e Nova Orleans — finalmente foram pegos quando o FBI apreendeu dispositivos infectados e seguiu meticulosamente a cadeia de transmissão até a fonte. Em dezembro de 2017, os três confessaram ter desenvolvido a rede de bots. Como parte de sua sentença, concordaram em trabalhar com o FBI para evitar ataques similares no futuro. Um tribunal de Nova Jersey também ordenou que Jha pagasse 8,6 milhões de dólares em ressarcimento.[12]

A rede de bots Mirai conseguiu parar a internet ao atacar o diretório de domínios Dyn, mas, em outras ocasiões, sistemas de domínios ajudaram a interromper ataques. Quando o surto WannaCry começou a crescer em maio de 2017, o pesquisador britânico de segurança cibernética Marcus Hutchins conseguiu o código do *worm*. Ele continha um endereço falso — iuqerfsodp9ifjaposdfjhgosurijfaewrwergwea.com — que o WannaCry aparentemente tentava acessar. Hutchins notou que o domínio não estava registrado e o comprou por 10,69 dólares. Ao fazer isso, inadvertidamente acionou um *kill switch* que pôs fim ao ataque. "Confesso que não sabia que registrar o domínio interromperia o *malware*, foi acidental", tuitou ele.[13]

"Assim, só posso acrescentar a meu currículo que 'acidentalmente pus fim a um ataque cibernético internacional'."

Uma das razões para o Mirai e o WannaCry terem se disseminado tanto é o fato de que *worms* são muito eficientes em encontrar máquinas vulneráveis. Em termos de surto, os *malwares* modernos podem criar diversas oportunidades de transmissão, muito mais que seus predecessores. Em 2002, o cientista da computação Stuart Staniford e seus colegas escreveram um artigo intitulado "Como dominar a internet em seu tempo livre"[14] (na cultura hacker, *dominar* significa "controlar completamente"). A equipe demonstrou que o *worm* Code Red, que se disseminara pelos computadores no ano anterior, fora bastante lento. Em média, cada servidor infectado só infectara 1,8 computadores por hora. Isso era muito mais rápido que a disseminação do sarampo, uma das infecções humanas mais contagiosas; em uma população suscetível, uma pessoa com sarampo infecta em média 0,1 pessoas por hora.[15] Mas era lento o bastante para significar que, como um surto humano, o Code Red levou algum tempo para ter ampla dispersão.

Staniford e seus coautores sugeriram que um *worm* mais simples e eficiente geraria um surto muito mais rápido. Em função da ilustre frase de Andy Warhol a respeito dos "quinze minutos de fama", eles chamaram essa criação hipotética de "*worm* Warhol", porque ele seria capaz de chegar à maioria de seus alvos nesse tempo. A ideia não permaneceu hipotética por muito tempo. No ano seguinte, surgiu o primeiro *worm* Warhol, quando um *malware* chamado Slammer infectou mais de 75 mil máquinas.[16] O surto do Code Red dobrara a cada 37 minutos; o surto do Slammer dobrou a cada 8,5 *segundos*.

O Slammer se disseminou rapidamente no início, mas se extinguiu quando ficou mais difícil encontrar máquinas suscetíveis. Os danos também foram limitados. Embora o volume de infecções tenha deixado muitos servidores lentos, o *worm* não fora projetado para prejudicar as máquinas que infectava. Ele foi outro exemplo de como os *malwares* podem causar vários sintomas, assim como as infecções da vida real. Alguns *worms* são quase invisíveis ou exibem poemas; outros transformam computadores em reféns ou iniciam ataques DDoS.

Como demonstrado pelos ataques aos servidores de Minecraft, existe um mercado ativo para os *worms* mais poderosos. Tais *malwares* são comumente vendidos em locais virtuais ocultos, como os mercados da darknet, que operam fora dos sites familiares e visíveis que podemos acessar com motores de busca comuns. Quando a empresa de segurança Kaspersky Lab pesquisou as opções disponíveis nesses mercados, encontrou pessoas oferecendo ataques DDoS de cinco minutos por somente 5 dólares e um ataque de dia inteiro por 400 dólares. A Kaspersky calculou que organizar uma rede de bots de mais ou menos mil computadores custe 7 dólares por hora. Os vendedores cobram uma média de 25 dólares por ataques desse tamanho, obtendo uma bela margem de lucro.[17] No ano do ataque WannaCry, estimou-se que o mercado de *ransomwares* na darknet valia milhões de dólares, com alguns vendedores tendo salários de seis dígitos (livres de impostos, claro).[18]

A despeito da popularidade dos *malwares* entre os grupos criminosos, suspeita-se que alguns dos exemplos mais avançados evoluíram a partir de projetos originais do governo. Quando o WannaCry infectou computadores suscetíveis, ele o fez explorando a brecha chamada de "dia zero", uma vulnerabilidade de software que não é publicamente conhecida. A brecha por trás do WannaCry supostamente foi identificada pela Agência de Segurança Nacional dos Estados Unidos como maneira de obter informações, antes de, de algum modo, cair em outras mãos.[19] As empresas de tecnologia podem estar dispostas a pagar muito para fechar essas brechas. Em 2019, a Apple ofereceu uma recompensa de até 2 milhões de dólares para qualquer um que conseguisse hackear o novo sistema operacional do iPhone.[20]

Durante um surto de *malware*, brechas de dia zero podem impulsionar a transmissão ao aumentar a suscetibilidade das máquinas-alvo. Em 2010, descobriu-se que o *worm* Stuxnet infectara a instalação nuclear iraniana de Natanz. De acordo com relatos posteriores, ele teria sido capaz de danificar as vitais centrífugas. Para se disseminar pelos sistemas iranianos, o *worm* explorava brechas de dia zero, praticamente desconhecidas na época. Dada a sofisticação do ataque, muitos na mídia apontaram para os militares americanos e israelenses como seus potenciais criadores. Mas a infecção inicial pode ter sido resultado de algo muito mais simples: sugeriu-se que o *worm* entrou no sistema por intermédio de um agente duplo com um pendrive infectado.[21]

Redes de computador são tão fortes quanto seus elos mais fracos. Alguns anos antes do ataque Stuxnet, hackers conseguiram acessar o altamente fortificado sistema do governo americano no Afeganistão. De acordo com o jornalista Fred Kaplan, agentes da inteligência russa forneceram pendrives infectados a vários quiosques de um shopping perto da sede da OTAN em Cabul. Finalmente, um soldado americano comprou um e o utilizou em um computador seguro.[22] Mas não são só os seres humanos que representam riscos à segurança. Em 2017, um cassino americano ficou surpreso ao descobrir que seus dados estavam sendo enviados para o computador de um hacker na Finlândia. Mas o choque real foi a fonte do vazamento: em vez de atacar o protegido servidor central, o hacker entrara na rede por meio do aquário do cassino, que estava conectado à internet.[23]

HISTORICAMENTE, HACKERS têm se mostrado mais interessados em acessar ou destruir sistemas de computadores. Mas, conforme a tecnologia se torna cada vez mais conectada à internet, cresce o interesse em usar sistemas de computador para controlar outros dispositivos. Isso pode incluir tecnologia altamente pessoal. Enquanto o aquário daquele cassino era invadido em Nevada, Alex Lomas e seus colegas na empresa britânica de segurança Pen Test Partners se perguntavam se seria possível hackear brinquedos sexuais com Bluetooth. Eles não levaram muito tempo para descobrir que alguns brinquedos eram altamente vulneráveis. Usando somente algumas linhas de código, eles poderiam, em teoria, hackear um brinquedo e fazer com que vibrasse na velocidade máxima. E, como esses aparelhos só permitem uma conexão de cada vez, o dono não teria como desligá-lo.[24]

Dispositivos com Bluetooth têm um alcance limitado. Será que hackers realmente poderiam fazer isso? De acordo com Lomas, certamente é possível. Ele uma vez procurou dispositivos Bluetooth próximos enquanto caminhava por uma rua de Berlim. Olhando para a lista em seu telefone, ficou surpreso ao ver um ID familiar: era um dos brinquedos sexuais que sua equipe demonstrara que podiam ser hackeados. Alguém presumivelmente o carregava consigo, sem saber que um hacker poderia facilmente ligá-lo.

E não são apenas os brinquedos com Bluetooth que são suscetíveis. A equipe de Lomas encontrou outros dispositivos vulneráveis, incluindo uma marca de brinquedo sexual com câmara Wi-Fi. Se as pessoas não mudassem a senha padronizada, seria bastante fácil hackear o aparelho e acessar a transmissão. Lomas deixou claro que a equipe jamais tentou se conectar a um dispositivo fora de seu laboratório. Eles tampouco fizeram a pesquisa para constranger as pessoas que usam esses brinquedos. Muito pelo contrário: ao suscitar a questão, eles queriam ter certeza de que elas poderiam fazer o que quisessem sem medo de serem hackeadas, além de pressionar a indústria para elevar os padrões de segurança.

Mas não são somente os brinquedos sexuais que estão expostos ao risco. Lomas descobriu que o truque com o Bluetooth também funcionava no aparelho de surdez de seu pai. E alguns alvos são ainda maiores: cientistas da computação da Universidade Brown descobriram que era possível obter acesso a robôs de pesquisa, em razão de uma brecha em um popular sistema operacional de robótica. No início de 2018, a equipe conseguiu assumir o controle de uma máquina na Universidade de Washington (com permissão do proprietário). Eles também encontraram ameaças mais perto de casa. Dois de seus próprios robôs — um assistente industrial e um drone — podiam ser acessados por intrusos. "Nenhum deles foi intencionalmente disponibilizado na internet pública e ambos têm o potencial de causar dano físico se usados de maneira incorreta." Embora os pesquisadores tenham focado em robôs em universidades, eles avisam que problemas similares podem afetar máquinas por toda parte: "Conforme os robôs saem dos laboratórios e entram em cenários industriais e domésticos, o número de unidades que podem ser subvertidas tende a aumentar muito."[25]

A internet das coisas está criando conexões em diferentes aspectos de nossa vida. Mas, em muitos casos, não percebemos exatamente aonde elas levam. Essa rede oculta se tornou aparente em 28 de fevereiro de 2017, na hora do almoço, quando várias pessoas com casas conectadas notaram que não conseguiam acender suas luzes. Ou desligar seus fornos. Ou entrar em suas garagens.

A falha técnica logo foi rastreada até chegar à Amazon Web Services (AWS), a subsidiária de computação em nuvem da empresa. Quando uma pessoa aperta o interruptor para acender uma lâmpada inteligente, ela normalmente notifica um servidor baseado na nuvem — como a AWS —, que pode estar a milhares de quilômetros de distância. Naquele dia de fevereiro, alguns servidores da AWS ficaram offline por um breve período. Com os servidores desligados, grande número de dispositivos domésticos parou de funcionar.[26]

De modo geral, a AWS é muito confiável — a empresa promete servidores funcionais durante 99% do tempo —, tanto que impulsionou a popularidade de tais serviços de computação em nuvem. Na verdade, esses serviços se tornaram tão populares que quase três quartos dos lucros recentes da Amazon vieram da AWS.[27] Mas o uso da computação em nuvem, combinado ao potencial impacto de uma falha nos servidores, levou à sugestão de que a AWS poderia ser "grande demais para falhar".[28] Se grande parte da web depende de uma única empresa, pequenos problemas na fonte podem ser amplificados. Preocupações relacionadas surgiram em 2018, quando o Facebook anunciou que milhões de usuários haviam sido afetados por uma falha de segurança. Como muitas pessoas usam sua conta no Facebook para se cadastrar em outros sites, tais ataques podem se disseminar muito mais do que os usuários imaginam.[29]

Essa não é a primeira vez que encontramos essa combinação de links ocultos e hubs superconectados. São as mesmas peculiaridades de rede que tornaram o sistema financeiro pré-2008 vulnerável, permitindo que eventos aparentemente locais tivessem impacto internacional. Em redes online, porém, os efeitos podem ser ainda mais extremos e levar a surtos bastante incomuns.

LOGO DEPOIS DO BUG DO MILÊNIO, veio o bug do amor. No início de maio de 2000, pessoas em todo o mundo receberam e-mails com o assunto ILOVEYOU. A mensagem carregava um *worm* em um arquivo de texto que continha uma carta de amor. Quando o arquivo era aberto, o *worm* corrompia arquivos do computador e enviava a mensagem para todo mundo no catálogo de endereços. Ele se disseminou amplamente, travando o sistema de e-mails de várias organizações, incluindo o Parlamento do Reino Unido. Finalmente, os departamentos de tecnologia da informação criaram contramedidas para proteger os computadores. Mas algo estranho aconteceu. Em vez de desaparecer, o *worm* persistiu. Um ano depois, ele ainda era um dos *malwares* mais ativos da internet.[30]

O cientista da computação Steve White notara a mesma coisa em relação a outros *worms* e vírus. Em 1998, ele comentara que tais bugs frequentemente permaneciam online. "Eis o mistério", escreveu ele.[31] "Nossas evidências sobre incidentes com vírus indicam que, em qualquer momento determinado, poucos sistemas do mundo estão infectados." Embora os vírus persistissem por muito tempo a despeito das medidas de controle, sugerindo que eram altamente contagiosos, eles geralmente infectavam poucos computadores, o que implicava que não eram muito bons em se disseminar.

O que causava esse aparente paradoxo? Alguns meses depois do ataque ILOVEYOU, Alessandro Vespignani e o físico Romualdo Pastor-Satorras leram o artigo de White. Vírus de computador não pareciam se comportar como epidemias biológicas, de modo que os dois se perguntaram se a estrutura da rede não teria algo a ver com isso. No ano anterior, um estudo demonstrara que a popularidade variava amplamente na internet: a maioria dos sites tinha pouquíssimos links, ao passo que alguns tinham muitos.[32]

Já vimos que, no caso das ISTs, o número de reprodução de uma infecção é maior quando o número de parceiros sexuais varia muito. Uma infecção que desapareceria se todo mundo se comportasse do mesmo modo pode persistir se algumas pessoas tiverem muito mais parceiros que outras. Vespignani e Pastor-Satorras perceberam que algo ainda mais extremo pode acontecer nas redes de computadores.[33] Como há grande variabilidade no número de links entre diferentes servidores, mesmo infecções aparentemente fracas conseguem sobreviver. A razão é que, nesse tipo de rede, um computador nunca está a mais que alguns passos de um hub altamente conectado, que pode expandir a infecção em um evento superdisseminador. Trata-se de uma forma exagerada do problema que os bancos enfrentaram em 2008, com alguns hubs importantes capazes de impulsionar todo o surto.

Quando surtos são impulsionados por eventos superdisseminadores, o processo de transmissão é extremamente frágil. A menos que a infecção atinja um grande hub, ela provavelmente não irá muito longe. Mas a superdisseminação também pode tornar o surto imprevisível. Embora a maioria não siga em frente, aqueles que o fazem conseguem persistir, de forma oscilante, por um período surpreendentemente longo. Isso explica por que alguns vírus e *worms* de computador continuam a se disseminar, a despeito de não serem muito transmissíveis individualmente. O mesmo é verdadeiro para muitas tendências das mídias sociais. Se você já viu um meme estranho se disseminando e se perguntou como ele pôde persistir por tanto tempo, isso provavelmente se deveu mais à rede em si que à qualidade do conteúdo.[34] Graças a sua estrutura, as redes online dão às infecções vantagens que elas não encontram em outras áreas da vida.

EM 22 DE MARÇO DE 2017, desenvolvedores web em todo o mundo notaram que seus aplicativos não funcionavam direito. Do Facebook ao Spotify, as empresas que usavam a linguagem de programação Java Script se viram incapazes de operar partes de seus programas. As interfaces de usuário não funcionavam, as imagens não carregavam, as atualizações não eram instaladas.

O problema? Onze linhas de código — que muitas pessoas sequer sabiam que existiam — estavam faltando. O código em questão fora escrito por Azer Koçulu, um desenvolvedor baseado em Oakland, na Califórnia. Aquelas onze linhas formavam um programa de Java Script chamado left-pad. O programa em si não era particularmente complicado; ele somente acrescentava alguns caracteres ao início de um segmento de texto. Era o tipo de coisa que os programadores modernos podem criar a partir do zero, em questão de minutos.[35]

Mas a maioria dos programadores não cria a partir do zero. Para poupar tempo, eles usam ferramentas que outros desenvolveram e compartilharam. Muitos utilizam um recurso online chamado npm, que reúne códigos úteis como o left-pad. Em alguns casos, incorporam as ferramentas existentes a novos programas, que em seguida compartilham. Alguns desses programas são então inseridos em outros programas, criando uma cadeia de dependência na qual cada elo suporta o seguinte. Sempre que alguém instala ou atualiza um programa, precisa carregar também tudo que está na cadeia de dependência, ou receberá uma mensagem de erro. O left-pad estava inserido profundamente em uma dessas cadeias. Um mês antes de seu desaparecimento, ele fora baixado mais de 2 milhões de vezes.

Naquele dia de março, Koçulu retirara seu código do npm após uma discordância sobre marca registrada. A npm pedira que ele renomeasse um de seus pacotes porque outra empresa reclamara; Koçulu não gostou e reagiu removendo todos os seus códigos. Isso incluiu o left-pad, fazendo com que todas as cadeias de programas que usavam a ferramenta parassem de funcionar. E, como algumas dessas cadeias eram muito longas, muitos desenvolvedores não haviam percebido que dependiam tanto daquelas onze linhas de código.

O trabalho de Koçulu é somente um exemplo de código que se disseminou mais do que esperávamos. Logo após o incidente com o left-pad, o desenvolvedor de software David Haney notou que outra ferramenta encontrada no npm — que consistia em uma única linha de código — se tornara parte essencial de 72 programas. Ele listou vários outros programas altamente dependentes de pequenos fragmentos de código. "Fico pasmo ao ver desenvolvedores dependerem de funções de uma linha que eles deveriam ser capazes de escrever de olhos fechados", escreveu ele.[36] Partes emprestadas de código podem se disseminar mais do que as pessoas se dão conta. Quando pesquisadores da Universidade de Cornell analisaram artigos escritos com o LaTeX, um popular programa de preparação de textos científicos, eles descobriram que os acadêmicos frequentemente usavam códigos uns dos outros para novos propósitos. Alguns arquivos haviam se disseminado por redes de colaboradores durante mais de vinte anos.[37]

Conforme o código se dissemina, ele pode mudar. Depois que os três estudantes publicaram o Mirai no fim de setembro de 2016, surgiram dezenas de variantes, com características sutilmente diferentes. Foi somente uma questão de tempo antes que alguém o alterasse para iniciar um grande ataque. No início de outubro, algumas semanas antes do incidente com o Dyn, a empresa de segurança RSA encontrou uma notável alegação em um mercado da darknet: um grupo de hackers oferecia a possibilidade de inundar um alvo com 125 gigabytes de atividade por segundo. Por 7.500 dólares, alguém podia comprar acesso a uma rede de 100 mil bots, aparentemente baseada em uma adaptação do código Mirai.[38] Mas essa não foi a primeira vez que o Mirai mudou. Nas semanas antes de o publicarem, seus criadores fizeram mais de vinte alterações, presumivelmente em uma tentativa de aumentar o poder de contágio da rede de bots. As variações incluíam características que tornaram o *worm* mais difícil de detectar, bem como ajustes para combater outros *malwares* competindo pelas mesmas máquinas suscetíveis. Depois de publicado, o Mirai continuou a mudar, com novas variantes surgindo ainda em 2019.[39]

Quando Fred Cohen escreveu pela primeira vez sobre vírus de computador em 1984, ele afirmou que os *malwares* podiam evoluir com o tempo, tornando-se mais difíceis de detectar. Em vez de se estabilizar em uma posição equilibrada, o ecossistema de vírus e antivírus continuaria a mudar. "Com a evolução, os equilíbrios tendem a mudar, com o resultado eventual sendo claro somente nas circunstâncias mais simples", disse ele.[40] "Isso tem analogias muito fortes com as teorias biológicas da evolução, e pode se relacionar bem com as teorias genéticas sobre doenças."

Uma maneira comum de se proteger contra *malwares* é fazer com que o programa antivírus procure ameaças conhecidas. Tipicamente, isso envolve procurar segmentos familiares de código; quando uma ameaça é reconhecida, ela pode ser neutralizada.[41] O sistema imunológico humano faz algo muito similar quando somos infectados ou vacinados. As células imunológicas frequentemente aprendem a forma de patógenos a que fomos expostos; se somos infectados novamente, elas respondem e neutralizam a ameaça. Mas a evolução às vezes prejudica esse processo, com patógenos que já foram familiares mudando de aparência para evitar detecção.

Um dos exemplos mais proeminentes — e frustrantes — desse processo é a evolução do influenza. O biólogo Peter Medawar o chamou de "pedaço de ácido nucleico cercado por más notícias".[42] Dois tipos particulares de más notícias surgem na superfície do vírus: um par de proteínas conhecidas como hemaglutinina (HA) e neuraminidase (NA). A HA permite que o vírus se acople às células hospedeiras; a NA ajuda na liberação de novas partículas de vírus a partir das células infectadas. As proteínas podem assumir diferentes formas, e diferentes tipos de gripe — H1N1, H3N2, H5N1 e assim por diante — são nomeadas de acordo com isso.

As epidemias de gripe no inverno são causadas principalmente por H1N1 e H3N2. Esses vírus evoluem gradualmente, modificando a forma das proteínas HA e NA. Isso significa que nosso sistema imunológico já não reconhece o vírus modificado como ameaça. Temos epidemias anuais de gripe — e campanhas anuais de vacinação contra a gripe — porque nosso corpo participa de um jogo evolutivo de gato e rato com a infecção.

A evolução também pode ajudar infecções artificiais a persistirem. Em anos recentes, os *malwares* começaram a se alterar automaticamente para dificultar a identificação. Em 2014, por exemplo, a rede de bots Beebone infectou milhares de computadores em todo o mundo. O *worm* por trás dos bots mudava de aparência várias vezes ao dia, resultando em milhões de variantes únicas. Quando os programas antivírus aprendiam a aparência das versões atuais do código, ele mudava novamente, distorcendo todos os padrões conhecidos. O Beebone finalmente foi tirado do ar em 2015, quando a polícia investigou a parte do sistema que não evoluía: os domínios fixos usados para coordenar a rede de bots. Isso se provou muito mais efetivo que tentar identificar os *worms* metamorfos.[43] Similarmente, os biólogos esperam desenvolver vacinas mais eficientes ao estudar as partes do vírus da gripe que não se modificam.[44]

Dada a necessidade de evitar a detecção, os *malwares* continuarão a evoluir e as autoridades continuarão a tentar acompanhá-los. As rotas de transmissão também se modificam constantemente. Além de encontrar novos alvos — como os dispositivos domésticos —, as infecções se disseminam cada vez mais através de *clickbaits* e ataques personalizados nas mídias sociais.[45] Ao enviar mensagens diferenciadas para usuários específicos, os hackers podem aumentar as chances de que eles cliquem em um link e inadvertidamente permitam a entrada de um *malware*. No entanto, a evolução não está somente ajudando as infecções a se disseminarem mais efetivamente de computador para computador e de pessoa para pessoa. Ela também está revelando uma nova maneira de combater o contágio.

7

Rastreando surtos

O CASO TERMINARIA com uma tentativa de assassinato. Por mais de dez anos, Richard Smith, um gastroenterologista de Lafayette, na Louisiana, mantivera um relacionamento com Janice Trahan, uma enfermeira quinze anos mais nova. Ela se divorciara, mas, a despeito de suas promessas, Schmidt não abandonara a esposa e os três filhos. Trahan havia tentado romper antes, mas, daquela vez, era para valer.

Mais tarde, ela afirmaria que, algumas semanas depois, em 4 de agosto de 1994, Schmidt foi até sua casa enquanto ela dormia. Disse estar lá para aplicar uma injeção de vitamina B12. Ele já lhe dera vitaminas antes, para aumentar seus níveis de energia, mas, naquela noite, ela disse que não queria. Antes que ela pudesse reagir, ele enfiou a agulha no braço dela. Nenhuma das injeções anteriores doera, mas daquela vez a dor se espalhou pelo braço. Schmidt disse então que tinha de voltar ao hospital.

A dor persistiu por toda a noite e, nas semanas que se seguiram, Trahan começou a apresentar sintomas parecidos com os da gripe. Ela foi várias vezes ao hospital, mas todos os testes davam negativo. Um médico suspeitou de HIV, mas não pediu o teste. Mais tarde, ele comentou que um colega — um certo dr. Schmidt — lhe dissera que Trahan já testara negativo para a infecção. Ela continuou doente e, finalmente, outro médico pediu novos testes. Em janeiro de 1995, Trahan finalmente recebeu o diagnóstico correto: ela era portadora de HIV.

Em agosto, Trahan dissera a uma colega que suspeitava que aquela "injeção no escuro" não fora de B12. Não havia dúvida de que a infecção era recente: ela doara sangue várias vezes e, na doação mais recente, feita em abril de 1994, testara negativo para HIV. De acordo com um especialista local, a progressão dos sintomas era consistente com uma infecção em início de agosto. Quando a polícia vasculhou o consultório de Schmidt, encontrou evidências de que sangue fora retirado de um paciente com HIV em 4 de agosto — horas antes de ele supostamente ter dado a injeção a Trahan — e o procedimento não fora registrado da maneira habitual. Mas Schmidt negou ter visitado Trahan e aplicado a injeção.[1]

Talvez o vírus pudesse fornecer uma pista. Na época, usar testes de DNA para ligar suspeitos a cenas de crime já era comum. Mas a tarefa seria mais difícil naquele caso. Vírus como o HIV evoluem rápido, de modo que o vírus encontrado no sangue de Trahan não seria necessariamente igual ao vírus no sangue que a infectara. Enfrentando uma acusação de tentativa de homicídio, Schmidt argumentou que o HIV que infectara Trahan era muito diferente do vírus do paciente original; não era plausível que ele fosse a fonte da infecção. Como todas as outras evidências apontavam para ele, o promotor discordou. Ele só precisava de uma maneira de provar.

EM 20 DE JUNHO DE 1837, a coroa britânica passou de um ramo para outro na árvore genealógica real, de Guilherme IV para Vitória. Entrementes, perto dali, no Soho, um jovem biólogo também pensava em árvores genealógicas, embora em escala muito mais ampla. De volta à Inglaterra após uma viagem de cinco anos no HMS *Beagle*, Charles Darwin reuniu suas teorias em um caderno com capa de couro. Para ajudá-lo a pensar de modo mais claro, ele desenhou um diagrama simplificado de uma "árvore da vida". A ideia era que os ramos indicavam os relacionamentos evolutivos entre diferentes espécies. Como em uma árvore genealógica, Darwin sugeriu que organismos relacionados estariam próximos na árvore, ao passo que espécies distintas estariam longe umas das outras. Todos os ramos levariam a uma raiz partilhada: um único ancestral comum.

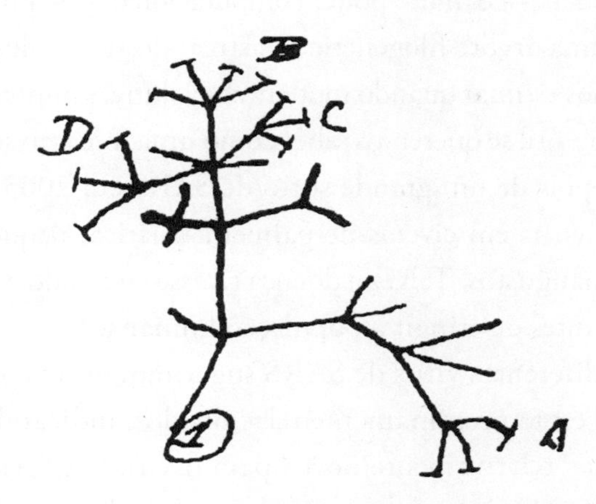

Esboço original da árvore da vida, de Darwin. A espécie A é parente distante de B, C e D, que são parentes mais próximas. No diagrama, todas as espécies evoluíram de um único ponto inicial, rotulado (1)

Darwin começou a desenhar árvores evolutivas com base em traços físicos. Durante a viagem no *Beagle*, ele categorizara as espécies de pássaros por características como formato do bico, comprimento da cauda e plumagem.[2] Esse campo de pesquisa seria conhecido como "filogenética", a partir das palavras gregas para "espécie" (*phylo*) e "origem" (*genesis*).

Embora a análise evolutiva inicial focasse na aparência das diferentes espécies, o surgimento do sequenciamento genético permitiria comparar organismos de modo muito mais detalhado. Se observamos dois genomas, podemos ver quão proximamente estão relacionados com base na quantidade de superposição nas listas de letras que formam suas sequências. Quanto mais superposição, menos mutações são necessárias para passar de uma sequência à outra. É um pouco como esperar que letras específicas apareçam em um jogo de Scrabble. Ir da sequência "AACG" para a sequência "AACC", por exemplo, é mais fácil que ir de "AACG" para "TTGG". E, como no Scrabble, podemos estimar há quanto tempo o processo evolutivo vem ocorrendo em função do quanto as letras mudaram em relação a sua sequência original.

Usando essa ideia — e muito poder computacional —, é possível arranjar sequências em uma árvore filogenética, rastreando sua evolução histórica. Também podemos estimar quando mudanças evolutivas importantes podem ter ocorrido. Isso é útil se queremos saber como uma infecção se disseminou. Por exemplo, depois de um grande surto de SARS em 2003, os cientistas identificaram o vírus em civetas-de-palmeira-asiática, pequenos animais parecidos com mangustos. Talvez a doença tivesse circulado rotineiramente entre as civetas antes de atingir a população humana.

Análises de diferentes vírus de SARS sugeriram outra coisa. Seres humanos e civetas estão proximamente relacionados, indicando que ambos eram hospedeiros relativamente novos para o vírus. A SARS potencialmente saltara das civetas para os seres humanos alguns meses antes do início do surto. Em contraste, o vírus circulava em morcegos há muito mais tempo, chegando às civetas em algum momento de 1998. Com base na história evolutiva dos diferentes vírus, as civetas provavelmente foram somente um breve trampolim para a SARS, antes que ela chegasse aos seres humanos.[3]

Durante o julgamento de Richard Schmidt, o promotor usou evidências filogenéticas similares para demonstrar que era plausível que a infecção de Trahan tivesse vindo do paciente com HIV que visitara Schmidt. O biólogo evolucionista David Hillis e seus colegas compararam os vírus isolados de Trahan e do paciente com vírus encontrados em outras pessoas com HIV em Lafayette. Em seu depoimento, Hillis disse que os vírus encontrados no paciente e em Trahan eram "as sequências mais proximamente relacionadas da análise, e tão proximamente relacionadas a sequências isoladas quanto dois indivíduos podem ser". Embora seu depoimento não tenha fornecido provas conclusivas de que a infecção de Trahan viera do paciente, ele minou a alegação da defesa de que os casos não estavam relacionados. Por fim, Schmidt foi considerado culpado e sentenciado a cinquenta anos de prisão. Trahan se casou novamente e continuou a viver com HIV, celebrando seu vigésimo aniversário de casamento em 2016.[4]

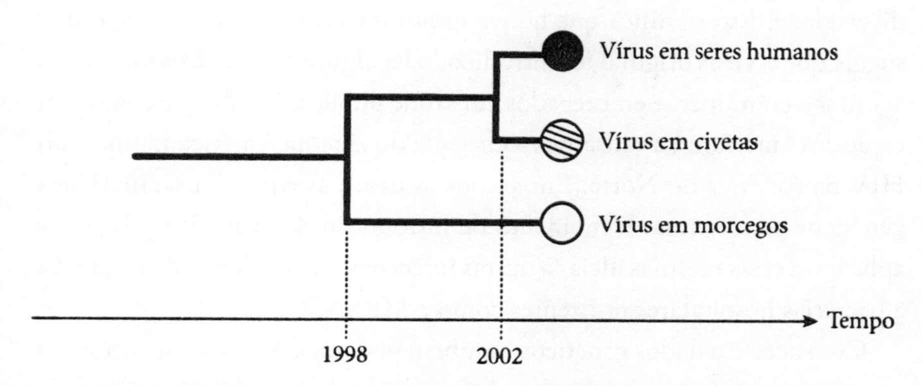

Árvore filogenética simplificada dos vírus SARS em diferentes espécies hospedeiras. As linhas pontilhadas mostram o momento estimado no qual os vírus divergem entre si, encontrando caminho até um novo grupo de hospedeiros

Fonte: Hon et al., 2008

O julgamento de Schmidt foi a primeira vez em que uma análise filogenética foi usada em um caso criminal nos Estados Unidos. Desde então, ela surgiu em outros casos ao redor do mundo. Depois do aumento de casos de hepatite C em Valencia, na Espanha, investigadores da polícia ligaram muitos pacientes a um anestesista chamado Juan Maeso. As análises filogenéticas confirmaram que ele era a provável fonte do surto e, em 2007, ele foi condenado por infectar centenas de pacientes ao reutilizar seringas.[5] Dados genéticos também ajudaram a provar inocência. Logo depois do caso Maeso, um grupo de médicos foi libertado de uma prisão na Líbia. Eles estavam presos há oito anos, acusados de terem deliberadamente infectado crianças com HIV. Foram libertados em parte porque análises filogenéticas demonstraram que muitas das infecções haviam ocorrido antes que eles chegassem ao país.[6]

Além de indicar a fonte provável de um surto, os métodos filogenéticos podem revelar quando uma doença chegou a determinada localização geográfica. Suponha que estamos investigando um vírus como o HIV, que evolui relativamente rápido. Se as cepas de HIV circulando em uma área são relativamente similares, isso sugere que elas não tiveram muito tempo para evoluir e o surto provavelmente é recente. Em contraste, se há muita diversidade, isso significa que houve muito tempo para a evolução, o que sugere que o vírus original foi introduzido há algum tempo. Esses métodos agora são comumente empregados em saúde pública. Lembre-se como, em capítulos anteriores, analisamos a chegada do zika na América Latina e do HIV na América do Norte. Em ambos os casos, as equipes usaram dados genéticos para estimar o momento de introdução do vírus. Pesquisadores aplicaram essas mesmas ideias a outras infecções, da pandemia de influenza a bactérias hospitalares resistentes como a MRSA.[7]

Com acesso a dados genéticos, também podemos descobrir se um surto começou com um único caso ou houve múltiplas introduções. Quando nossa equipe analisou vírus de zika isolados em Fiji em 2015 e 2016, encontramos dois grupos distintos na árvore filogenética. Com base na taxa de evolução, um grupo chegara à capital Suva em 2013-2014, disseminando-se em baixo nível durante um ou dois anos, e outro surto começara mais tarde no oeste do país.[8] Eu não percebi isso na época, mas alguns dos mosquitos que estapeei durante minha visita em 2015 provavelmente estavam infectados com zika.

Outro benefício da análise filogenética é que podemos rastrear a transmissão nos estágios finais de um surto. Em março de 2016, um novo agrupamento de casos de ebola surgiu na Guiné três meses depois de a OMS declarar o fim da epidemia na África Ocidental. Talvez o vírus estivesse se disseminando em seres humanos, sem ser detectado, durante todo aquele tempo. Quando o epidemiologista Boubacar Diallo e seus colaboradores sequenciaram os vírus do novo agrupamento de casos, eles encontraram uma explicação alternativa. Os novos vírus eram proximamente relacionados ao vírus de ebola encontrado no sêmen de um habitante local que se recuperara da doença em 2014. O vírus persistira em seu corpo por quase um ano e meio antes de se disseminar para um parceiro sexual e iniciar um novo surto.[9]

O sequenciamento está se tornando parte importante da análise de surtos, mas a ideia de evolução de vírus às vezes leva à cobertura alarmista. Durante as epidemias de ebola e zika, vários relatos da mídia enfatizaram que os vírus estavam evoluindo.[10] Mas isso nem sempre é tão ruim quanto parece: todos os vírus evoluem, no sentido de que sua sequência genética muda com o tempo. Ocasionalmente, essa evolução leva a diferenças com as quais nos importamos — como as modificações no vírus da gripe —, mas, muitas vezes, ocorre em segundo plano, sem efeito visível nos surtos.

A taxa de evolução, no entanto, pode afetar nossa habilidade de analisar os surtos. A análise filogenética é mais efetiva em patógenos que evoluem rapidamente, como HIV e gripe. Isso porque a sequência genética muda quando os patógenos se disseminam de uma pessoa para outra, tornando possível estimar o caminho provável da infecção. Em contraste, vírus como o do sarampo evoluem lentamente, sem muita variação de uma pessoa para outra.[11] Como resultado, determinar como os casos estão relacionados é mais ou menos como montar uma árvore genealógica em um país no qual todo mundo tem o mesmo sobrenome.

Além das limitações biológicas, também há limitações práticas aos métodos filogenéticos. Nos estágios iniciais da epidemia de ebola na África Ocidental, Pardis Sabeti, geneticista do Instituto Broad, em Boston, analisou dados de 99 vírus de Serra Leoa. As árvores filogenéticas demonstraram que a infecção se disseminara da Guiné para Serra Leoa em maio de 2014, possivelmente após um funeral. Dada a seriedade do surto, Sabeti e seus colegas rapidamente acrescentaram as novas sequências genéticas a um banco de dados público. Esse impulso inicial de pesquisa foi seguido por um período de relativo silêncio. Embora várias outras equipes coletassem amostras de vírus, ninguém publicou nenhuma sequência genética entre 2 de agosto e 9 de novembro de 2014. Durante esse período, mais de 10 mil casos de ebola foram reportados na África Ocidental, com a epidemia chegando ao pico em outubro.[12]

Há duas razões possíveis para a demora em liberar as sequências. A explicação cínica é que dados novos são uma valiosa moeda acadêmica. Artigos que usam sequências genéticas para estudar surtos tendem a ser publicados em cobiçados jornais científicos, o que incentiva os pesquisadores a reterem dados potencialmente importantes. Mas, com base em minhas interações com os pesquisadores nesse período, prefiro pensar que foi uma questão de distração, não de intenções maliciosas. A cultura científica não está adaptada à cronologia dos surtos. Os pesquisadores estão acostumados a desenvolver protocolos, realizar análises cuidadosas, descrever seus métodos e submeter os resultados à revisão de colegas cientistas. Esse processo pode levar meses — ou anos — e, historicamente, atrasa a liberação de novos dados.

Tais atrasos são um problema na ciência e na medicina. Quando Jeremy Farrar assumiu a direção do Wellcome Trust em março de 2014, ele disse ao *Guardian* que frequentemente a pesquisa clínica demora demais, algo que ficou aparente nos meses seguintes, com o crescimento do surto de ebola. "Nossos sistemas não são adequados a situações que mudam rapidamente", disse ele. "Não temos nada que nos permita responder em tempo real."[13]

Essa cultura está mudando. Em meados de 2018, teve início outro grande surto de ebola na República Democrática do Congo. Dessa vez, os pesquisadores liberaram rapidamente os novos dados de sequenciamento. Também fizeram um teste clínico com quatro tratamentos experimentais. Em agosto de 2019, demonstraram que a rápida introdução de células imunes ao ebola aumentava as chances de sobrevivência para mais de 90%, em contraste com a média histórica de aproximadamente 30%. Entrementes, cientistas que analisam surtos publicam versões iniciais de seus artigos em sites como bioRxiv e medRxiv, a fim de que as novas pesquisas estejam acessíveis antes de passar pela revisão por pares.[14]

Durante seu tempo em Serra Leoa, Sabeti descobriu que a palavra para Kenema, a cidade onde ela estava baseada, significava "claro como um rio, translúcido e aberto ao olhar público".[15] Essa transparência se refletiu no trabalho de sua equipe, que publicou aquelas 99 sequências no início do surto. A mesma atitude foi adotada pela comunidade mais ampla de pesquisadores de surtos. Um dos melhores exemplos é o projeto Nextstrain, iniciado pelos biólogos computacionais Trevor Bedford e Richard Neher. Essa plataforma online compara automaticamente as sequências genéticas para demonstrar como diferentes vírus estão relacionados e de onde podem ter vindo. Embora inicialmente Bedford e Neher tenham focado na gripe, hoje a plataforma rastreia tudo, do zika à tuberculose.[16] O Nextstrain se mostrou uma ideia poderosa não somente porque reúne e visualiza todas as sequências disponíveis, mas porque está separado do lento e competitivo processo de publicar artigos científicos.

Conforme sequenciar patógenos se torne mais fácil, os métodos filogenéticos continuarão a ampliar nosso entendimento sobre os surtos de doenças. Eles nos ajudarão a descobrir quando as infecções começaram, como os surtos cresceram e quais partes do processo de transmissão podemos ter ignorado. Os métodos também ilustram uma tendência mais ampla na análise de surtos: a habilidade de combinar novas fontes de dados para chegar a informações tradicionalmente difíceis de obter. Com a filogenética, podemos evidenciar a disseminação de surtos ao relacionar as informações dos pacientes aos dados genéticos dos vírus que os infectaram. Essas abordagens de "ligação de dados" estão se tornando uma poderosa ferramenta para compreender como as coisas se modificam e se disseminam em uma população. Mas elas nem sempre são usadas da maneira que poderíamos esperar.

CACHINHOS DOURADOS ERA UMA VELHA desonesta e boca-suja que invadiu a casa de três ursos bem-intencionados. Ao menos era quando o poeta Robert Southey publicou a história pela primeira vez em 1837. Depois de comer três tigelas de mingau e quebrar uma cadeira, xingando o tempo todo, ela ouviu os ursos voltando para casa e fugiu por uma janela. Southey não lhe deu nome ou cabelo dourado; esses detalhes vieram depois, quando a vilã se transformou em uma criança problemática e, finalmente, na Cachinhos Dourados que conhecemos hoje.[17]

A história dos três ursos circula há muito tempo. Alguns anos antes de Southey publicar sua versão, uma mulher chamada Eleanor Mure escreveu um livro caseiro para o sobrinho. Nele, os ursos capturam a mulher. Zangados com o prejuízo, eles a queimam na fogueira, tentam afogá-la e, por fim, a empalam no campanário da Catedral de São Paulo. Em uma versão folclórica anterior, três ursos espantam uma raposa travessa.

De acordo com Jamie Tehrani, antropólogo da Universidade Durham, podemos pensar na cultura como informações que se modificam ao serem transmitidas de pessoa para pessoa e de geração para geração. Se tentamos entender a disseminação e a evolução de uma cultura, as histórias folclóricas são úteis porque são produto daquela sociedade. "Por definição, elas não apresentam uma versão única e definitiva", disse Tehrani. "São histórias que pertencem a todos na comunidade. Elas têm uma qualidade orgânica."[18]

O trabalho de Tehrani com contos folclóricos começou com "Chapeuzinho Vermelho". Se vive na Europa Ocidental, você provavelmente está familiarizado com a versão contada pelos irmãos Grimm no século XIX: uma garota visita a casa da avó e é recebida pelo lobo disfarçado. Mas essa não é a única. Vários outros contos apresentam similaridades. Na Europa Oriental e no Oriente Médio, as pessoas contam um sobre "O lobo e os cabritinhos": um lobo disfarçado engana um grupo de cabritinhos e os convence a deixá-lo entrar na casa. Na Ásia Oriental, há "A vovó tigre", no qual um grupo de crianças encontra um tigre que finge ser sua avó.

O conto se disseminou pelo mundo, mas é difícil dizer em que direção. Uma teoria comum entre os historiadores era a de que a versão da Ásia Oriental seria a original, com as da Europa e do Oriente Médio tendo surgido depois. Mas será que "Chapeuzinho Vermelho" e "O lobo e os cabritinhos" realmente evoluíram a partir de "A vovó tigre"? Historicamente, contos folclóricos são orais, não escritos, fazendo com que os registros sejam superficiais e variáveis. Muitas vezes não está claro quando e como surgiu um conto particular.

É aqui que a abordagem filogenética pode ser útil. Para investigar a evolução de "Chapeuzinho Vermelho" e suas variantes, Tehrani reuniu quase sessenta versões diferentes, de vários continentes. No lugar de uma sequência genética, ele resumiu cada história com base em um conjunto de 72 características do roteiro, como quem era o personagem principal, que truque era usado para enganá-lo e como a história terminava. Então analisou como essas características evoluíram, resultando em uma árvore filogenética que mapeou o relacionamento entre as histórias.[19] Sua análise produziu uma conclusão inesperada: com base na árvore filogenética, parece que "O lobo e os cabritinhos" e "Chapeuzinho Vermelho" vieram antes. Contrariamente à crença comum, "A vovó tigre" parece ser uma mistura de histórias já existentes, e não uma versão original da qual as outras evoluíram.

O pensamento evolucionista tem uma longa história no estudo das línguas e das culturas. Décadas antes de Darwin desenhar sua árvore da vida, o linguista William Jones se interessara pela origem das línguas, um campo conhecido como "filologia". Em 1786, ele notara similaridades entre o grego, o sânscrito e o latim: "Nenhum filólogo podia examinar os três sem acreditar que tinham surgido da mesma fonte comum, que talvez já não existisse."[20] Em termos evolutivos, ele estava sugerindo que essas línguas evoluíram de um único ancestral comum. Suas ideias influenciaram muitos outros acadêmicos, incluindo os irmãos Grimm, que eram excelentes linguistas. Além de coletar variantes de contos folclóricos, eles tentaram estudar como o uso da língua mudara com o tempo.[21]

Os métodos filogenéticos modernos permitem analisar a evolução de tais histórias em muitos mais detalhes. Depois de estudar "Chapeuzinho Vermelho", Jamie Tehrani trabalhou com Sara Graça da Silva, da Universidade de Lisboa, para examinar uma variedade muito mais ampla de histórias, traçando a evolução de 275 delas. Eles descobriram que algumas são muito antigas: "Rumpelstichen" e "A bela e a fera" podem ter surgido há mais de 4 mil anos. Isso significaria que são tão antigas quanto as línguas indo-europeias através das quais se disseminaram. Embora muitas histórias folclóricas tenham viajado para longe, da Silva e Tehrani encontraram traços de rivalidades locais: "A proximidade espacial parece ter tido efeito negativo na distribuição, sugerindo que as sociedades tendiam mais a rejeitar que a adotar as histórias dos vizinhos."[22]

Os contos folclóricos frequentemente estão ligados à identidade de um país, mesmo que suas origens não estejam. Quando os irmãos Grimm compilaram sua coleção de contos tradicionais "alemães", eles notaram similaridades com contos de muitas outras culturas, da indiana à árabe. A análise filogenética confirma que houve muitos empréstimos. "Não há muitas coisas especiais na tradição oral de nenhum país", disse Tehrani. "Na verdade, elas são altamente globalizadas."

Aliás, por que os seres humanos começaram a contar histórias? Uma explicação é que elas ajudam a preservar informações úteis. Há evidências de que a contação de histórias era uma habilidade altamente valorizada nas sociedades de caçadores-coletores, levando a sugestões de que as narrativas se consolidaram nos estágios iniciais da história humana porque bons contadores eram mais desejáveis como parceiros.[23] Há duas teorias concorrentes sobre que tipo de informações baseadas em histórias passamos a valorizar com a evolução. Alguns pesquisadores sugerem que histórias relacionadas à sobrevivência são mais importantes: no fundo, queremos informações sobre onde estão a comida e os perigos. Isso explicaria por que as histórias que evocam reações como repulsa são memoráveis: não queremos nos envenenar. Outros argumentaram que, como as interações sociais dominam a vida humana, informações socialmente relevantes são as mais úteis. Isso implicaria que lembramos preferencialmente de detalhes sobre relacionamentos e de ações que desobedecem às normas sociais.[24]

Para testar essas duas teorias, Tehrani e seus colegas fizeram um experimento sobre a disseminação de lendas urbanas. Seu estudo imitou o jogo infantil telefone sem fio: contos eram passados de uma pessoa para outra, então para outra, com a versão final mostrando o quanto era lembrado. Eles descobriram que os contos contendo informações sociais ou sobre sobrevivência eram mais memoráveis que os contos neutros, com os sociais superando os de sobrevivência.

Outros fatores podem influenciar o sucesso. Experimentos anteriores com telefone sem fio revelaram que os contos tendem a se tornar mais curtos e simples ao se disseminar: as pessoas lembram a essência, mas esquecem os detalhes. As surpresas também podem ajudar. Há evidências de que contos são mais cativantes se incluem ideias contraintuitivas. No entanto, aqui há um equilíbrio a ser alcançado. Os contos precisam ter algumas, mas não muitas, características surpreendentes. Contos folclóricos de sucesso geralmente têm muitos elementos familiares, combinados a uma ou duas viradas absurdas. Veja "Cachinhos Dourados", que conta a história de uma garota que explora a casa de um pai, uma mãe e um bebê. A virada, claro, é que a família é composta de ursos. Esse truque narrativo também explica a atratividade das teorias da conspiração, que acrescentam um viés inesperado a eventos da vida real.[25]

Há também a estrutura. A popularidade de "Cachinhos Dourados" pode se dever não a ela, mas aos três ursos. Eles transformam a história em uma sequência de trios memoráveis: as tigelas de mingau estão: muito quente, muito fria, perfeita. As camas são: muito macia, muito dura, perfeita. Esse truque retórico é conhecido como "regra de três" e surge regularmente na política, em discursos de Abraham Lincoln a Barack Obama.[26] Por que as listas tríplices são tão poderosas? Isso pode ter relação com a importância matemática do trio: em geral, precisamos de ao menos três itens em uma sequência para estabelecer (ou romper) um padrão.[27]

Padrões também podem ajudar a disseminar palavras individuais. Conforme uma língua evolui, novas palavras têm de competir para deslocar as já populares. Em tais situações, podemos esperar que as pessoas prefiram palavras que seguem regras consistentes. Por exemplo, em inglês, os verbos no passado frequentemente terminam em *ed*, de modo que faz sentido que a palavra histórica *smelt* tenha cedido lugar a *smelled* ["cheirou"], ao passo que *wove* gradualmente se transforma em *weaved* ["teceu"].[28]

Mas algumas palavras evoluíram na direção oposta. Na década de 1830, as pessoas teriam *lighted* uma vela; hoje em dia, dizemos *lit* ["acendeu"]. Por que essas palavras irregulares superam as populares? Um grupo de biólogos e linguistas da Universidade da Pensilvânia acredita que a rima pode ter algo a ver com isso. Eles notaram que, em meados do século XX, os americanos começaram a dizer *dove*, em vez de *dived*, como passado de *dive* ["mergulhar"]. Por volta da mesma época, os recém-populares automóveis fizeram com que as pessoas adotassem palavras como *drive* ["dirigir"] e *drove* ["dirigiu"]. Similarmente, começaram a usar *lit* e *quit*, em vez de *lighted* ["acendeu"] e *quitted* ["desistiu"], no período em que *split* ["partir"] se tornou uma maneira popular de dizer que se ia embora.

Há duas maneiras principais através das quais novas palavras e histórias podem se disseminar por uma população. Elas passam de geração para geração, talvez adquirindo algumas variações pelo caminho, no que é conhecido como "transmissão vertical". Alternativamente, podem se espalhar pelas comunidades na mesma geração, em um processo de "transmissão horizontal". Da Silva e Tehrani descobriram que esses dois tipos de transmissão influenciaram a disseminação de contos folclóricos, mas, na maioria, a rota vertical foi mais importante. Em outras áreas da vida, a transmissão horizontal pode dominar. Os criadores de programas de computador frequentemente reutilizam linhas de código, em função de uma característica útil que precisam incluir ou porque querem poupar tempo. Em termos evolutivos, os códigos podem "viajar no tempo", com segmentos de velhos programas e linguagens surgindo subitamente nos novos.[29]

Se partes de histórias ou códigos de computador se misturam em uma única geração, torna-se difícil desenhar uma árvore evolutiva organizada. Se um pai conta ao filho uma história familiar tradicional e o filho incorpora a ela partes das histórias familiares de seus amigos, a nova história essencialmente funde todos os diferentes ramos. O mesmo problema é enfrentado pelos biólogos. Veja a pandemia de "gripe suína" de 2009. O surto começou quando genes de quatro vírus — um vírus de gripe aviária, um vírus de gripe humana e duas cepas de um vírus de gripe suína — se uniram no interior de um porco infectado no México, criando um novo vírus híbrido que se disseminou entre seres humanos.[30] Um dos genes era próximo de outros vírus de gripe humana; outro era similar a cepas de gripe aviária em circulação; outros dois eram como vírus suínos. Mesmo assim, no todo, o novo vírus da gripe não era parecido com nenhum outro. Mudanças como essa demonstram as limitações da metáfora simples da árvore. Embora a árvore da vida de Darwin capture muitas características da evolução, a realidade — com genes potencialmente se transmitindo em uma geração e entre gerações — se parece mais com uma cerca viva bizarra e desgrenhada.[31]

Os processos de transmissão horizontal e vertical podem fazer muita diferença na maneira como traços se disseminam em uma população. Nas águas da baía Shark, na costa ocidental da Austrália, um grupo de golfinhos-nariz-de-garrafa começou a usar ferramentas para procurar comida. Os biólogos marinhos notaram esse comportamento pela primeira vez em 1984: os golfinhos arrancavam pedaços de esponjas marinhas e os usavam como máscaras protetoras ao procurar peixes no fundo do mar. Mas nem todos os golfinhos da baía Shark usavam esponjas. Somente um em cada dez adotou a técnica.[32] Por que esse comportamento não se disseminou mais? Vinte anos depois de os biólogos observarem o fenômeno pela primeira vez, um grupo de pesquisadores usou dados genéticos para demonstrar que a tática era quase inteiramente resultado da transmissão vertical. Golfinhos são notoriamente sociais, mas parece que, quando um golfinho criou essa inovação, ela só se disseminou por sua linhagem familiar. Indivíduos não relacionados continuaram a procurar comida sem usar esponjas. Com efeito, essa família de golfinhos criou sua própria e exclusiva tradição.

De acordo com a ecologista Lucy Aplin, transmissões verticais e horizontais de cultura podem ocorrer no mundo animal: "Depende da espécie e do comportamento sendo aprendido." Ela indica que o tipo de transmissão pode afetar quão amplamente a nova informação se dissemina. "No caso dos golfinhos, por exemplo, entre os quais a maior parte do aprendizado ocorre verticalmente, há comportamentos específicos às famílias e é muito difícil que eles se disseminem mais amplamente pela população." Em contraste, a transmissão horizontal pode resultar na adoção muito mais rápida de inovações. Tal transmissão é comum entre certas espécies de pássaros, como os chapins-reais: "Grande parte de seu aprendizado social ocorre horizontalmente, com as informações sendo obtidas através da observação de indivíduos não relacionados na revoada de inverno, em vez de serem transmitidas dos pais para os filhotes."[33]

Para alguns animais, a diferença entre os tipos de transmissão pode se provar crucial para a sobrevivência. Conforme os seres humanos alteram seus ambientes naturais, as espécies que conseguem transmitir inovações de modo eficiente estão em melhor posição para se ajustar. "As evidências mostram que algumas espécies podem ter um comportamento muito flexível ao enfrentar modificações no ambiente. Como resultado, parecem ter sucesso em lidar com habitats modificados pela ação humana e mudanças induzidas por ela."

A transmissão eficiente também ajuda organismos a resistirem às mudanças humanas no nível microscópico. Vários tipos de bactérias adotaram mutações que as tornaram resistentes aos antibióticos. Além de se disseminarem verticalmente quando as bactérias se reproduzem, essas mutações genéticas muitas vezes se transmitem horizontalmente na mesma geração. Assim como desenvolvedores de software podem copiar e colar linhas de código entre arquivos, as bactérias podem colher fragmentos de material genético umas das outras. Em anos recentes, pesquisadores descobriram que a transmissão horizontal contribuiu para o surgimento de superbactérias como a MRSA, além de ISTs resistentes a medicamentos.[34] Com a evolução das bactérias, muitas infecções comuns podem se tornar intratáveis. Em 2018, por exemplo, um homem no Reino Unido foi diagnosticado com "supergonorreia", resistente a todos os antibióticos comuns. Ele pegou a infecção na Ásia, mas, no ano seguinte, surgiram dois outros casos no Reino Unido, dessa vez com ligações com a Europa.[35] Para que os pesquisadores consigam rastrear e impedir tais infecções, eles precisarão de todos os dados que puderem.

GRAÇAS À DISPONIBILIDADE de novas fontes de informação, como as sequências genéticas, somos cada vez mais capazes de desvendar como diferentes doenças e traços se disseminam pelas populações. De fato, uma das maiores mudanças na assistência médica do século XXI será a habilidade de sequenciar e analisar genomas de maneira rápida e barata. Além de analisar surtos, os pesquisadores serão capazes de estudar como os genes humanos influenciam condições que vão do Alzheimer ao câncer.[36] A genética também tem aplicações sociais. Como nossos genomas podem revelar características como ascendência, os kits de testes genéticos se tornaram presentes populares entre pessoas interessadas em sua história familiar.

Mas a disponibilidade de tais dados pode ter efeitos imprevistos na privacidade. Como partilhamos tantas características genéticas com nossos familiares, é possível descobrir coisas sobre pessoas que não foram testadas. Em 2013, por exemplo, o jornal londrino *The Times* relatou que o príncipe William tinha ascendência indiana após testar dois primos distantes do lado materno. Os pesquisadores de genética criticaram a matéria, porque ela revelou informações pessoais sobre o príncipe sem seu consentimento.[37] Em alguns casos, revelações de ascendência podem ter consequências devastadoras: houve vários relatos de famílias tendo problemas depois de descobrir adoções ou infidelidades em um teste de DNA ganho no Natal.[38]

Já vimos como dados sobre nosso comportamento online são reunidos e partilhados para que as empresas possam personalizar seus anúncios. Os profissionais de marketing não mensuram somente quantos usuários clicam em um anúncio; eles sabem que tipo de pessoa clicou, de onde veio e o que fez em seguida. Ao combinar esses conjuntos de dados, podem descobrir como uma coisa influencia outra. A mesma abordagem é comum ao analisar dados genéticos. Em vez de observar sequências genéticas isoladas, os cientistas as comparam a informações como identidade étnica ou histórico médico. O objetivo é revelar os padrões que ligam os diferentes conjuntos de dados. Se os pesquisadores conhecem esses padrões, podem prever coisas como etnia e risco de doença a partir do código genético subjacente. É por isso que empregas de testes genéticos como a 23andMe atraíram tantos investidores. Elas não estão somente coletando dados genéticos dos clientes; estão reunindo informações sobre quem eles são, o que permite obter insights muito mais profundos sobre sua saúde.[39]

E não são somente as empresas com fins lucrativos que montam tais conjuntos de dados. Entre 2006 e 2010, meio milhão de pessoas foram voluntárias no projeto Biobank do Reino Unido, que pretende estudar padrões genéticos e de saúde em décadas futuras. Quando o conjunto de dados se expandiu, ele foi disponibilizado para equipes de todo o globo, criando um valioso recurso científico. Desde 2017, milhares de pesquisadores já se cadastraram para acessar os dados, com projetos para investigar doenças, ferimentos, nutrição, forma física e saúde mental.[40]

Há grandes benefícios em partilhar informações de saúde com pesquisadores. Mas, se os conjuntos de dados ficam disponíveis para múltiplos grupos, precisamos pensar em como proteger a privacidade das pessoas. Uma maneira de reduzir o risco é remover informações que podem ser usadas para identificar os participantes. Por exemplo, quando os pesquisadores obtêm acesso aos conjuntos de dados médicos, informações pessoais como nomes e endereços frequentemente são removidas. Mesmo sem tais dados, ainda pode ser possível identificar as pessoas. Quando Latanya Sweeney era aluna de pós-graduação no MIT em meados da década de 1990, ela suspeitou que, sabendo a idade, o gênero e o CEP de um cidadão americano, seria possível encontrá-lo. Na época, vários conjuntos de dados médicos incluíam essas três informações. Se elas fossem comparadas ao registro eleitoral, Sweeney achava possível descobrir a quem os registros médicos pertenciam.[41]

E foi o que ela fez. “Para testar minha hipótese, eu precisava procurar alguém nos dados”, lembrou ela mais tarde.[42] O estado de Massachusetts recentemente tornara registros hospitalares “anonimizados” disponíveis para pesquisadores. Embora o governador William Weld tivesse afirmado que os registros protegiam a privacidade dos pacientes, a análise de Sweeney sugeriu outra coisa. Ela pagou 20 dólares para ter acesso ao registro dos eleitores de Cambridge, onde Weld vivia, e cruzou sua idade, gênero e CEP com o conjunto de dados do hospital. Rapidamente encontrou seus registros médicos e lhe enviou uma cópia. O experimento — e a publicidade que gerou — levou a grandes mudanças em como as informações de saúde são armazenadas e compartilhadas nos Estados Unidos.[43]

Assim como dados se disseminam de um computador para outro, o mesmo acontece com os resultantes insights sobre a vida das pessoas. Não temos de ter cuidado somente com informações médicas ou genéticas; mesmo conjuntos de dados aparentemente inócuos podem conter detalhes surpreendentemente pessoais. Em março de 2014, um autointitulado “viciado em dados” chamado Chris Whong usou a Lei de Liberdade de Informação para solicitar detalhes sobre cada corrida de táxi realizada em Nova York no ano anterior. Quando a Comissão de Táxis e Limusines da Cidade de Nova York liberou os dados, eles incluíam o horário e o local de embarque, o destino, o preço da corrida e as gorjetas.[44] Havia mais de 173 milhões de corridas. Em vez de fornecer as placas reais, cada táxi foi identificado por uma série de números aparentemente aleatórios. Mas as corridas não eram anônimas. Três meses depois de o conjunto de dados ser liberado, o cientista da computação Vijay Pandurangan mostrou como decifrar o código, convertendo os números misturados nas placas originais. Então o estudante de pós-graduação Anthony Tockar postou em seu blog uma explicação sobre o que mais podia ser descoberto. Ele mostrou que, com alguns truques simples, era possível extrair muitas informações sigilosas dos arquivos.[45]

Primeiro, ele mostrou como seguir celebridades. Depois de passar horas investigando as imagens de sua busca por “celebridades em táxis em Manhattan em 2013”, Tockar encontrou várias fotos com a placa legível.

Cruzando esses dados com blogs e revistas de celebridades, ele descobriu qual era o local de embarque ou de destino e o combinou ao conjunto de dados supostamente anônimo. Também conseguiu descobrir quanto as celebridades deram — ou não — de gorjeta. "Embora essas informações, reveladas um ano depois dos fatos, sejam relativamente benignas", escreveu Tockar, "*elas não eram de domínio público*".

Ele reconheceu que a maioria das pessoas não se preocuparia com tal análise, e por isso decidiu escavar um pouco mais. Ele voltou sua atenção para um clube de strip-tease no bairro Hell's Kitchen, procurando táxis que haviam recolhido passageiros de madrugada. Rapidamente identificou um cliente frequente e rastreou sua corrida até seu endereço residencial. Não foi preciso muito para encontrá-lo online e — após uma rápida busca nas redes sociais —, saber qual era sua aparência, quanto valia sua casa e qual era seu status de relacionamento. Tockar escolheu não publicar nenhuma dessas informações, mas não seria preciso muito esforço para outra pessoa chegar às mesmas conclusões. "As consequências potenciais dessa análise não podem ser exageradas", comentou ele.

Com dados de GPS de alta resolução, pode ser extremamente fácil identificar pessoas.[46] Nossas rotas de GPS podem revelar onde vivemos, que caminho pegamos para o trabalho, que compromissos tivemos e com quem nos encontramos. Como no caso dos dados sobre os táxis de Nova York, não é preciso muito para ver como tais informações podem ser um potencial tesouro para perseguidores, ladrões ou chantagistas. Em uma enquete de 2014, 85% dos abrigos para vítimas de violência doméstica disseram proteger pessoas de agressores que as perseguiam através do GPS.[47] Os dados de GPS dos consumidores podem colocar até mesmo operações militares em risco. Em 2017, oficiais do Exército americano usando rastreadores de atividade física inadvertidamente vazaram o layout exato das bases ao fazer upload de suas rotas de corrida e ciclismo.[48]

A despeito desses riscos, a disponibilidade de dados sobre movimentação também oferece valiosos insights científicos, ao permitir que os pesquisadores estimem onde os vírus podem se disseminar em seguida, ao ajudar equipes de emergência a socorrerem populações desalojadas após desastres naturais e ao mostrar aos planejadores como melhorar as redes de transporte das cidades.[49] Com dados de GPS de alta resolução, está se tornando possível analisar as interações entre grupos específicos de pessoas. Por exemplo, estudos usaram dados de telefones celulares para rastrear segregação social, agrupamento político e desigualdade em vários países, dos Estados Unidos à China.[50]

Se a última frase o deixou ligeiramente desconfortável, você não é o único. Conforme aumenta a disponibilidade de dados digitais, aumenta também a preocupação com a privacidade. Questões como desigualdade são um grande desafio social — e indubitavelmente precisam ser estudadas —, mas há intenso debate sobre o quanto a pesquisa deve se aprofundar em detalhes sobre nossa renda, nossa posição política e nossa vida social. Quando se trata de entender o comportamento humano, frequentemente temos uma decisão a tomar: qual é o preço aceitável pelo conhecimento?

Sempre que eu e meus colaboradores trabalhamos em projetos envolvendo dados sobre movimentação, a privacidade é imensamente importante. De um lado, queremos coletar o máximo possível de dados úteis, especialmente se eles puderam nos ajudar a proteger comunidades contra surtos. De outro, precisamos proteger as vidas privadas dos indivíduos nessas comunidades, mesmo que isso signifique limitar as informações que coletamos ou publicamos. Para doenças como gripe ou sarampo, enfrentamos um desafio particular, porque crianças — que correm alto risco de infecção — também são um grupo etário vulnerável para ser colocado sob vigilância.[51] Muitos estudos poderiam dizer coisas úteis e interessantes sobre comportamentos sociais, mas seria difícil justificá-los, dada a potencial invasão de privacidade.

Nos raros casos em que coletamos dados de GPS de alta resolução, os participantes do estudo nos dão permissão e sabem que somente nossa equipe terá acesso a sua localização exata. Mas nem todo mundo tem a mesma atitude em relação à privacidade. Imagine que seu telefone vaza dados de GPS continuamente, sem seu conhecimento, para empresas das quais você nunca ouviu falar. Isso é mais provável do que você pensa. Em anos recentes, surgiu uma pouco conhecida rede de corretores de dados de GPS. Essas empresas compram dados sobre movimentação de centenas de aplicativos aos quais as pessoas dão acesso ao GPS e então os vendem a profissionais de marketing, pesquisadores e outros grupos.[52] Muitos usuários esqueceram há muito que instalaram esses aplicativos — de fitness, previsão do tempo ou jogos —, quanto mais que concordaram com o rastreamento constante. Em 2019, o jornalista americano Joseph Cox relatou que pagou um caçador de recompensas para localizar um telefone usando dados de localização.[53] O serviço custou 300 dólares.

Quando os dados de localização se tornaram mais fáceis de acessar, eles inspiraram novos tipos de crime. Fraudadores há muito usam *phishing* para levar os consumidores a fornecer informações sigilosas. Agora estão desenvolvendo ataques de *spear phishing*, que incorporam dados específicos do usuário. Em 2016, vários moradores da Pensilvânia, nos EUA, receberam e-mails solicitando que pagassem uma multa por excesso de velocidade. Os e-mails listavam corretamente a velocidade e a localização do veículo. Mas não eram reais. A polícia suspeitava que os fraudadores haviam obtido dados de GPS vazados de um aplicativo e os usado para identificar pessoas que corriam nas estradas locais.[54]

Embora os conjuntos de dados sobre movimentação estejam se provando notavelmente poderosos, eles têm limitações. Mesmo com informações muito detalhadas, há um tipo de interação que é quase impossível mensurar. Trata-se de um evento breve, muitas vezes invisível e particularmente elusivo nos estágios iniciais de um surto. E que gerou alguns dos mais notórios incidentes da história da medicina.

O MÉDICO SE HOSPEDOU NO QUARTO 911 do Hotel Metropole, em Hong Kong, ao fim de uma semana cansativa. A despeito de não se sentir bem, viajara três horas de ônibus pelo sul da China para comparecer ao casamento do sobrinho. Começara a apresentar sintomas de gripe alguns dias antes e não conseguira se livrar deles. Mas as coisas estavam prestes a piorar. Vinte e quatro horas depois, ele estaria em uma unidade de tratamento intensivo. Dez dias depois, estaria morto.[55]

Era 21 de fevereiro de 2003 e o médico foi o primeiro caso de SARS em Hong Kong. Haveria outros dezesseis casos ligados ao Hotel Metropole:

pessoas que ficaram nos quartos em frente, ao lado ou no mesmo corredor do quarto que ele ocupara. Enquanto a doença se disseminava, havia necessidade urgente de entender o vírus que a causava. Os cientistas não tinham sequer informações básicas, como o tempo entre a infecção e o surgimento de sintomas (o período de incubação). Com casos surgindo em toda a Ásia Meridional, a estatística Christl Donnelly e seus colegas do Imperial College em Londres e em Hong Kong decidiram estimar essa informação crucial.[56]

O problema em determinar o período de incubação é que raramente vemos o momento da infecção. Tudo que vemos são pessoas exibindo sintomas mais tarde. Se queremos estimar o período médio de incubação, precisamos encontrar pessoas que só poderiam ter sido infectadas durante um intervalo específico. Por exemplo, a estadia de um executivo no Hotel Metropole só coincidiu com a estadia do médico chinês em um dia. Ele adoeceu seis dias depois, portanto esse devia ser o período de incubação de sua infecção. Donnelly e seus colegas tentaram reunir outros exemplos, mas não havia muitos. Dos 1.400 casos de SARS reportados em Hong Kong até o fim de abril, somente 57 tinham uma exposição claramente definida ao vírus. Juntos, esses exemplos sugeriam que a SARS tinha um período médio de incubação de 6,4 dias. O mesmo método foi usado para estimar o período de incubação de outras infecções, incluindo a pandemia de gripe em 2009, a de ebola em 2014 e a de Covid-19 em 2020.[57]

É claro que há outra maneira de determinar o período de incubação: infectar alguém deliberadamente e ver o que acontece. Um dos mais infames exemplos dessa abordagem ocorreu em Nova York durante as décadas de 1950 e 1960. A Escola Estadual Willowbrook, em Staten Island, abrigava mais de 6 mil crianças com deficiência intelectual. Superlotada e suja, lá ocorriam surtos frequentes de hepatite, que levaram o pediatra Saul Krugman a criar um projeto para estudar a infecção.[58] Com os colaboradores Robert McCollum e Joan Giles, a pesquisa envolvia infectar as crianças com hepatite para entender como a doença se desenvolvia e disseminava. Além de mensurar o período de incubação, a equipe descobriu estar lidando com dois tipos diferentes de vírus de hepatite. Um tipo, que hoje chamamos de hepatite A, se disseminava de pessoa para pessoa, ao passo que a hepatite B era transmitida pelo sangue.

A pesquisa gerou controvérsia e descobertas. No início da década de 1970, as críticas ao trabalho aumentaram e os experimentos foram interrompidos. A equipe de estudo argumentou que seu projeto era ético: além de ser aprovado por vários conselhos de ética médica, obtivera consentimento dos pais das crianças. Além disso, as pobres condições da escola fariam com que muitas crianças pegassem a doença, de qualquer modo. Os críticos responderam que, entre outras coisas, os formulários de consentimento não informavam todos os detalhes envolvidos, e Krugman exagerara as chances de as crianças serem infectadas naturalmente. "Eles foram os experimentos médicos mais antiéticos já realizados com crianças nos Estados Unidos", exclamou o pioneiro da vacina Maurice Hillman.[59]

Isso suscita a questão sobre o que fazer com tal conhecimento depois que ele é obtido. Artigos de pesquisa baseados no estudo de Willowbrook foram citados centenas de vezes, mas nem todo mundo concordava com esse reconhecimento. "Toda nova referência ao trabalho de Krugman e Giles lhe concede aparente respeitabilidade ética e, em minha opinião, as referências deveriam parar ou, ao menos, serem severamente restritas", escreveu o médico Stephen Goldby em uma carta ao *Lancet* em 1971.[60]

Há muitos outros exemplos de conhecimento médico com origens desconfortáveis. No início do século XIX, o crescente número de faculdades de medicina na Grã-Bretanha criou grande demanda por cadáveres para as aulas de anatomia. Em razão do limitado suprimento legal, surgiu um mercado criminoso que roubava corpos dos túmulos e os vendia aos professores.[61] No entanto, foram os experimentos com seres humanos vivos que se provaram mais chocantes. Durante a Segunda Guerra Mundial, médicos nazistas deliberadamente infectaram prisioneiros de Auschwitz com doenças que incluíam o tifo e a cólera, a fim de mensurar seu período de incubação.[62] Depois da guerra, a comunidade médica criou o Código de Nuremberg, com um conjunto de princípios para os estudos éticos. Mesmo assim, as controvérsias continuaram. Grande parte de nosso entendimento da febre tifoide vem de estudos envolvendo prisioneiros americanos nas décadas de 1950 e 1960.[63] Então, claro, houve Willowbrook, que transformou nosso conhecimento da hepatite.

A despeito de algumas histórias horrendas sobre experimentos em seres humanos, os estudos envolvendo infecções deliberadas estão aumentando.[64] Em todo o mundo, voluntários se apresentam para pesquisas envolvendo malária, influenza, dengue e outras doenças. Em 2019, havia dezenas de estudos assim em andamento. Embora alguns patógenos sejam simplesmente perigosos demais — o ebola claramente está fora de questão —, há situações nas quais os benefícios sociais e científicos de um experimento com infecções podem superar um pequeno risco para os participantes. Os experimentos modernos seguem orientações éticas muito mais estritas, particularmente ao informar os participantes e obter seu consentimento, mas todos eles precisam encontrar esse equilíbrio entre benefício e risco. Essa busca por equilíbrio se torna cada vez mais proeminente também em outras áreas da vida.

8

Um ponto problemático

GRENVILLE CLARK HAVIA ACABADO DE SE SENTAR na cadeira da presidência quando alguém lhe entregou um bilhete dobrado.[1] Advogado, Clark organizara a conferência para discutir o futuro da recém-formada Organização das Nações Unidas e o que ela significaria para a paz mundial. Sessenta delegados já haviam chegado à Universidade de Princeton, mas outra pessoa queria participar. O bilhete nas mãos de Clark era de Albert Einstein, que trabalhava no adjacente Instituto de Estudos Avançados.

Era janeiro de 1946 e muitos físicos estavam assombrados por seu papel nos recentes bombardeios atômicos de Hiroshima e Nagasaki.[2] Embora Einstein fosse pacifista de longa data — e tivesse se oposto aos bombardeios —, sua carta ao presente Roosevelt em 1939, advertindo sobre o perigo de uma bomba atômica nazista, dera início ao programa nuclear americano.[3] Durante a conferência de Princeton, um participante perguntou a Einstein sobre a capacidade humana de gerenciar novas tecnologias.[4] "Por que, se a mente do homem chegou ao ponto de descobrir a estrutura do átomo, fomos incapazes de criar os meios políticos de impedir que o átomo nos destruísse?" "É simples, meu amigo", respondeu Einstein. "Isso acontece porque a política é muito mais difícil que a física."

A física nuclear é um dos exemplos mais proeminentes de "tecnologia de uso dual".[5] As pesquisas trouxeram imensos benefícios científicos e sociais, mas receberam usos extremamente danosos. Nos capítulos anteriores, vimos vários outros exemplos de tecnologias com usos positivos e negativos. As mídias sociais podem nos conectar a velhos amigos e novas ideias, mas também podem permitir a disseminação de informações enganosas e outros conteúdos prejudiciais. As análises de surtos criminosos podem identificar pessoas em risco, permitindo interromper a propagação de crimes, mas também podem fazer parte de algoritmos policiais excessivamente focados em grupos minoritários. Dados de GPS em larga escala ajudam a entender como novas doenças se disseminam e revelam como responder efetivamente a catástrofes e melhorar os sistemas de transporte,[6] mas podem vazar informações pessoais sem nosso conhecimento, pondo em risco nossa privacidade e mesmo nossa segurança.

Em março de 2018, o jornal *Observer* relatou que a Cambridge Analytica secretamente reunira dados de milhões de usuários do Facebook, com o objetivo de construir perfis psicológicos dos eleitores americanos e britânicos.[7] Embora a efetividade de tais perfis tenha sido disputada pelos estatísticos,[8] o escândalo erodiu a confiança pública nas empresas de tecnologia. De acordo com o engenheiro de software — e físico — Yonatan Zunger, a história foi uma versão moderna de debates éticos que já ocorreram em ciências como a física nuclear e a medicina.[9] "A ciência da computação, ao contrário das outras, ainda não enfrentou sérias consequências negativas pelo trabalho de seus praticantes", escreveu ele na época. Com o surgimento de novas tecnologias, não podemos nos esquecer das lições que pesquisadores de outros campos já aprenderam, da maneira difícil.

Quando *big data* se tornou um jargão popular no início do século XXI, o potencial de múltiplos usos era fonte de otimismo. A esperança era que os dados coletados para um propósito ajudassem a lidar com questões de outras áreas da vida. Um exemplo importante foi o Google Flu Trends (GFT).[10] Ao analisar os padrões de busca de milhões de usuários, os pesquisadores sugeriram que seria possível acompanhar a evolução da gripe em tempo real, em vez de esperar uma ou duas semanas pela publicação do número oficial de casos em solo americano.[11] A versão inicial do GFT foi anunciada no início de 2009, com resultados promissores. Mas não demorou muito para que surgissem críticas.

O projeto GFT tinha três limitações principais. Primeiro, as previsões nem sempre funcionavam bem. O GFT reproduzira os picos das gripes sazonais de inverno nos EUA entre 2003 e 2008, mas, quando uma pandemia se iniciou inesperadamente na primavera de 2009, ele subestimou seu tamanho.[12] "A versão inicial do GFT era parte detector de gripe, parte detector de inverno", como disse um grupo de acadêmicos.[13]

O segundo problema era que não estava claro como as previsões eram feitas. O GFT era essencialmente uma máquina opaca; dados de busca entravam de um lado e previsões saíam de outro. O Google não disponibilizou os dados brutos nem os métodos para a comunidade de pesquisa mais ampla, de modo que não era possível revisar a análise e descobrir por que o algoritmo se saíra bem em algumas situações e mal em outras.

E então havia o terceiro — e talvez maior — problema: o GFT não era muito ambicioso. Temos epidemias de gripe todos os invernos porque o vírus evolui, tornando as vacinas menos efetivas. Similarmente, a principal razão pela qual os governos se preocupam tanto com uma futura pandemia de gripe é o fato de que não teremos vacinas efetivas contra as novas cepas. No evento de uma pandemia, seriam necessários seis meses para desenvolver uma vacina,[14] durante os quais o vírus se disseminaria amplamente. Para prever a forma dos surtos de gripe, precisamos entender melhor como os vírus evoluem, como as pessoas interagem e como as populações constroem imunidade.[15] Confrontado com essa situação altamente desafiadora, o GFT queria meramente relatar a atividade da gripe uma semana antes do que normalmente ocorreria. Era uma ideia interessante, em termos de análise de dados, mas não uma ideia revolucionária para lidar com surtos.

Essa é uma armadilha comum quando pesquisadores ou empresas falam de aplicar grandes conjuntos de dados a aspectos mais amplos da vida. A tendência é assumir que, com tantos dados, deve haver outras perguntas importantes que eles possam responder. Na verdade, eles se tornam uma solução em busca de um problema.

NO FIM DE 2016, a epidemiologista Caroline Buckee compareceu a um evento de arrecadação de fundos, falando de seu trabalho a insiders do Vale do Silício. Buckee tinha muita experiência no uso de tecnologias para estudar surtos. Em anos recentes, participara de vários estudos usando dados de GPS para investigar a transmissão da malária. Mas também estava ciente de que tais tecnologias tinham limitações. Durante o evento, ela ficou frustrada com a atitude prevalecente de que, com dinheiro e programadores suficientes, as empresas podiam solucionar os problemas de saúde do mundo. "Em um mundo no qual os magnatas da tecnologia estão se tornando os principais financiadores das pesquisas, precisamos não nos deixar seduzir pela ideia de que universitários jovens e atualizados podem, sozinhos, consertar a saúde pública em seus computadores", escreveu ela.[16]

Muitas abordagens tecnológicas não são exequíveis ou sustentáveis. Buckee citou muitas tentativas fracassadas de criar estudos ou aplicativos tecnológicos que iriam "abalar" os métodos tradicionais. Também há a necessidade de avaliar quão bem as medidas de saúde realmente funcionam, em vez de simplesmente supor que boas ideias surgirão naturalmente como startups bem-sucedidas. "A prontidão para pandemias requer o engajamento de longo prazo com problemas multidimensionais e politicamente complexos — não rupturas", disse ela.

A tecnologia pode ter papel importante na análise moderna de surtos. Os pesquisadores rotineiramente usam modelos matemáticos para projetar medidas de controle, smartphones para coletar dados dos pacientes e sequenciamento de patógenos para rastrear a disseminação da infecção.[17] Mas os maiores desafios frequentemente são práticos, não computacionais. Ser capaz de reunir e analisar dados é uma coisa; localizar um surto e ter recursos para fazer algo a respeito é outra, bem diferente. Durante a primeira grande epidemia de ebola em 2014, a transmissão estava centrada em Serra Leoa, na Libéria e na Guiné, três dos países mais pobres do mundo. A segunda epidemia importante começou em 2018, quando o ebola atingiu zonas de conflito no nordeste da República Democrática do Congo; em julho de 2019, com 2.500 casos e subindo, a OMS a declarou uma Emergência de Saúde Pública de Âmbito Internacional (PHEIC).[18] O desequilíbrio global na capacidade dos sistemas de saúde surge até mesmo na terminologia científica. A pandemia de gripe de 2009 surgiu no México, mas sua designação oficial é "A/California/7/2009(H1N1)", porque foi na Califórnia que um laboratório identificou o vírus pela primeira vez.[19]

Esses desafios logísticos significam que as pesquisas podem ter dificuldade para acompanhar os novos surtos. Em 2015 e 2016, o zika se disseminou amplamente, levando os pesquisadores a planejarem estudos clínicos e testes de vacinas em grande escala.[20] Porém, quando muitos desses estudos estavam prestes a começar, os casos pararam. Essa é uma frustração comum na pesquisa de surtos: quando a infecção termina, perguntas fundamentais sobre o contágio podem permanecer sem resposta. Por isso é essencial a capacidade de pesquisa de longo prazo. Embora nossa equipe tenha conseguido gerar muitos dados durante o surto de zika em Fiji, só fomos capazes de fazer isso porque já estávamos no local investigando a dengue. Similarmente, alguns dos melhores dados sobre o zika vieram de um prolongado estudo da dengue na Nicarágua, liderado por Eva Harris, da Universidade de Berkeley.[21]

Os pesquisadores também ficam para trás em outros campos. Muitos estudos sobre notícias falsas durante a eleição americana de 2016 só foram publicados em 2018 ou 2019. Outros projetos de pesquisa sobre interferências na eleição mal conseguiram começar e alguns se tornaram impossíveis, porque as empresas de mídias sociais — inadvertidamente ou de propósito — apagaram os dados necessários.[22] Ao mesmo tempo, dados fragmentados e pouco confiáveis atrapalham a pesquisa sobre crises bancárias, violência armada e uso de opioides.[23]

Mas obter dados é somente parte do problema. Mesmo os melhores dados sobre surtos terão peculiaridades e exceções que podem prejudicar a análise. Em seu trabalho sobre radiação e câncer, Alice Stewart notou que os epidemiologistas raramente têm o luxo de obter um conjunto de dados perfeito. "Você não está procurando um ponto problemático contra um pano de fundo imaculado", disse ela,[24] "mas um ponto problemático em uma situação muito bagunçada." O mesmo se dá em muitos campos, quer se tente estimar a disseminação da obesidade entre amigos, revelar padrões de uso de drogas na epidemia opioide ou determinar os efeitos da informação em diferentes plataformas de mídia social. Nossas vidas são confusas e complicadas, assim como os conjuntos de dados que elas produzem.

Se queremos entender melhor o contágio, precisamos levar em conta sua natureza dinâmica. Isso significa adaptar nossos estudos aos diferentes surtos, movendo-nos rapidamente para garantir que nossos resultados sejam tão úteis quanto possível e encontrando novas maneiras de reunir fontes diferentes de informação. Por exemplo, os pesquisadores de doenças agora combinam dados sobre os casos, o comportamento humano, a imunidade da população e a evolução do patógeno para investigar surtos elusivos. Considerado individualmente, todo conjunto de dados tem falhas, mas, juntos, eles podem revelar um retrato mais completo do contágio. Descrevendo tais abordagens, Caroline Buckee citou Virginia Woolf, que disse que "a verdade só é obtida ao reunirmos muitas variedades de erros".[25]

Além de melhorar nossos métodos, devemos focar na questão que realmente importa. Veja o contágio social. Considerando-se a quantidade de dados disponíveis, nosso entendimento de como as ideias se disseminam ainda é notavelmente limitado. Uma razão é o fato de os resultados com os quais nos importamos não serem necessariamente aqueles priorizados pelas empresas de tecnologia. No fim das contas, elas querem que os usuários interajam com seus produtos de uma maneira que gere receita com publicidade. Isso se reflete no modo como falamos sobre o contágio online. Tendemos a focar nas métricas projetadas pelas empresas de mídias sociais (Como conseguir mais likes? Como fazer um post viralizar?), em vez de nos resultados que nos tornarão mais saudáveis, felizes ou bem-sucedidos.

Com ferramentas computacionais modernas, há potencial para obtermos insights inéditos sobre comportamentos sociais, se fizermos as perguntas certas. A ironia, claro é que as perguntas com as quais nos importamos também são as que tendem a gerar controvérsia. Lembre-se do estudo sobre a disseminação de emoções no Facebook, durante o qual os pesquisadores alteraram o feed dos usuários para mostrar posts mais felizes ou tristes. A despeito das críticas sobre como a pesquisa foi projetada e conduzida, a equipe fez uma pergunta importante: como o conteúdo que vemos nas mídias sociais afeta nosso estado emocional?

Emoções e personalidade são, por definição, tópicos emocionais e pessoais. Em 2013, o psicólogo Michal Kosinski e seus colegas publicaram um estudo sugerindo que era possível prever traços de personalidade — como extroversão e inteligência — a partir das páginas do Facebook que as pessoas curtiam.[26] A Cambridge Analytica mais tarde usou uma ideia similar para perfilar eleitores, gerando muitas críticas.[27] Quando Kosinski e sua equipe publicaram seu método, eles estavam conscientes de que haveria usos alternativos desconfortáveis. Em seu artigo original, eles até mesmo anteciparam uma possível reação negativa às empresas de tecnologia. Eles especularam que, ao perceberem o que podia ser extraído de seus dados, as pessoas poderiam se afastar completamente das tecnologias digitais.

Se os usuários estão desconfortáveis com a maneira como seus dados são usados, pesquisadores e empresas têm duas opções. Uma é simplesmente não dizer a eles. Enfrentando preocupações com privacidade, muitas empresas de tecnologia simplesmente minimizaram a divulgação da extensão da coleta e análise de dados, temendo cobertura negativa da imprensa e protestos dos usuários. Entrementes, os corretores (dos quais a maioria de nós jamais ouviu falar) vêm ganhando dinheiro com a venda de dados (que não sabíamos que eles tinham) a pesquisadores externos (que não sabíamos que os estavam analisando). Nesses casos, a suposição parece ser a de que, se você contar às pessoas o que está fazendo, elas não concordarão. Graças às novas leis de privacidade, como o Regulamento Geral sobre a Proteção de Dados na Europa e a Lei de Privacidade do Consumidor na Califórnia, algumas dessas atividades se tornaram mais difíceis. Mas, se as equipes de pesquisa continuarem a deixar a ética de lado em suas análises, haverá mais escândalos e quebras de confiança. Os usuários ficarão mais relutantes em partilhar seus dados, mesmo para estudos válidos, e os pesquisadores recuarão perante o esforço e a controvérsia de analisá-los.[28] Como resultado, nosso entendimento dos comportamentos — e dos benefícios sociais e de saúde que podem vir de tais insights — irá estagnar.

A alternativa é aumentar a transparência. Em vez de analisar a vida das pessoas sem seu conhecimento, deixá-las pesar benefícios e riscos. Envolvê-las nos debates e pensar em termos de permissão, não perdão. Se os benefícios sociais são o propósito, transformar a pesquisa em um esforço social. Quando o Serviço Nacional de Saúde do Reino Unido anunciou seu esquema Care.data em 2013, a esperança era que o maior compartilhamento de dados pudesse levar a melhores pesquisas de saúde. Três anos depois, o esquema foi cancelado depois que o público — incluindo os médicos — perdeu a confiança na maneira como os dados estavam sendo usados. Em teoria, o Care.data poderia ter sido imensamente benéfico, mas os pacientes não sabiam sobre ele ou não confiavam nele.[29]

Talvez ninguém fosse concordar com pesquisas intensivas de dados se soubesse o que realmente está envolvido? Em minha experiência, isso não é necessariamente verdade. Na última década, eu e meus colaboradores implementamos diversos projetos de "ciência cidadã", combinando pesquisas de contágio e discussões mais amplas sobre surtos, dados e ética. Estudamos o formato das redes de interação, como os comportamentos sociais mudam com o tempo e o que isso significa para os padrões de infecção.[30] Nosso projeto mais ambicioso foi um maciço esforço de coleta de dados em colaboração com a BBC em 2017-2018.[31] Pedimos que o público baixasse um aplicativo para smartphone que acompanhava seus movimentos pelo primeiro quilômetro do dia e que registrassem suas interações sociais. Quando o estudo fosse completado, esse conjunto de dados seria um recurso gratuito para pesquisadores. Para nossa surpresa, dezenas de milhares de pessoas se voluntariaram, a despeito de o projeto não lhes trazer nenhum benefício imediato. Embora se trate de apenas um estudo, ele mostra que a análise de dados em grande escala pode ser feita de modo transparente e socialmente benéfico.

Em março de 2018, a BBC exibiu um programa chamado *Contagion!*, exibindo o conjunto inicial de dados que havíamos coletado. Não foi a única matéria sobre coleta de dados em grande escala na mídia naquela semana; alguns dias antes, estourara o escândalo da Cambridge Analytica. Ao passo que nós havíamos pedido que as pessoas voluntariassem seus dados para ajudar os pesquisadores a entender surtos de doenças, a Cambridge Analytica supostamente coletara vastas quantidades de dados no Facebook, sem conhecimento dos usuários, para ajudar políticos a influenciarem eleitores.[32] Eis aqui dois estudos de comportamento, dois conjuntos de dados gigantescos e dois resultados muito diferentes. Vários comentaristas falaram desse contraste, incluindo o jornalista Hugo Rifkind em sua crítica da TV para o *Times*. "Em uma semana na qual concordamos que a vigilância de dados e da internet está arruinando o mundo, *Contagion* foi um lembrete bem-vindo de que ela também pode ajudar a salvá-lo."[33]

NO TEMPO QUE VOCÊ LEVOU para ler este livro, cerca de trezentas pessoas morreram de malária. Mais de quinhentas morreram de HIV/aids e umas oitenta de sarampo, a maioria crianças. A melioidose, uma infecção bacteriana da qual você provavelmente nunca ouviu falar, matou mais de sessenta.[34]

As doenças infecciosas ainda causam muitos danos em todo o mundo. Além de ameaças conhecidas, enfrentamos o sempre presente risco de uma nova pandemia — como a Covid-19 — e de infecções resistentes a medicamentos. Mas, no geral, nosso conhecimento sobre as infecções aumentou e as doenças infecciosas declinaram. A taxa global de mortalidade de tais doenças caiu pela metade nas duas últimas décadas.[35]

Com esse declínio, a atenção muda gradualmente para outras ameaças, muitas das quais também podem ser contagiosas. Em 1950, a tuberculose era a principal causa de morte de homens britânicos por volta dos 30 anos. Desde a década de 1980, é o suicídio.[36] Em anos recentes, jovens adultos em Chicago têm mais probabilidade de morrer em razão de homicídios.[37] Então há os fardos sociais mais amplos do contágio. Quando analisei o *nek-nomination* em 2014, a transmissão online parecia uma questão tangencial, quase uma curiosidade. Três anos depois, ela dominava as primeiras páginas, com preocupações sobre a disseminação de informações falsas — e o papel das mídias sociais — levando a múltiplas investigações governamentais.[38]

Conforme aumenta nossa consciência sobre o contágio, muitas das ideias aperfeiçoadas no estudo das doenças infecciosas são traduzidas para outros tipos de surto. Depois da crise financeira de 2008, os bancos centrais adotaram a ideia de que a estrutura de uma rede pode amplificar o contágio, uma ideia criada por pesquisadores de ISTs nas décadas de 1980 e 1990. Esforços recentes para tratar a violência como infecção — em vez de simplesmente resultado de "pessoas más" — ecoam a rejeição das doenças causadas pelo "ar ruim" nas décadas de 1880 e 1890. Conceitos como número de reprodução ajudam pesquisadores a quantificar a disseminação de inovações e conteúdos online, ao passo que métodos usados para estudar as sequências de DNA de patógenos revelam a transmissão e a evolução da cultura. Pelo caminho, encontramos novas maneiras de acelerar ideias benéficas e desacelerar as prejudiciais. Como Ronald Ross desejou em 1916, uma "teoria dos acontecimentos" moderna nos ajuda a analisar tudo, de doenças e comportamentos sociais a política e economia.

Em muitos casos, isso significa derrubar noções populares sobre como os surtos funcionam. Como a ideia de que precisamos remover todos os mosquitos para controlar a malária ou vacinar todas as pessoas para controlar epidemias. Ou a suposição de que os sistemas bancários são naturalmente estáveis e o conteúdo online é altamente contagioso. Também significa buscar novas explicações e descobrir por que casos de síndrome de Guillain-Barré estão surgindo nas ilhas do Pacífico, por que vírus de computador persistem por tanto tempo e por que a maioria das ideias não se dissemina tão facilmente quanto as doenças.

Na análise de surtos, os momentos mais significativos não são aqueles nos quais estamos certos. São aqueles nos quais percebemos que estávamos errados. Nos quais algo não parece muito certo: um padrão captura nosso olhar, uma exceção contraria o que pensávamos ser a regra. Quer desejemos que uma inovação decole ou que uma infecção decline, esses são os momentos aos quais precisamos chegar o mais cedo possível. Os momentos que nos permitem desvendar cadeias de transmissão, procurando por elos fracos, ausentes e incomuns. Os momentos que nos permitem olhar para trás e descobrir como os surtos ocorreram no passado. E então olhar para a frente, a fim de mudar como ocorrerão no futuro.

Notas

Introdução

1. Tuíte original, que teve um total de 49.090 impressões. Sem surpresa, vários usuários subsequentemente apagaram seus retuítes: https://twitter.com/AdamJKucharski/status/885799460206510080. (É claro que grande número de impressões não necessariamente significa que os usuários leram o tuíte, como veremos no capítulo 5.)
2. Sobre a pandemia de 1918: Barry J.M., "The site of origin of the 1918 influenza pandemic and its public health implications", *Journal of Translational Medicine*, 2004; Johnson N.P.A.S. e Mueller J., "Updating the Accounts: Global Mortality of the 1918-1920 'Spanish' Influenza Pandemic", *Bulletin of the History of Medicine*, 2002. Tabelas de baixas e mortes da Primeira Guerra Mundial: PBS, outubro de 2016. https://www.uwosh.edu/faculty_staff/henson/188/WWI_Casualties%20and%20Deaths%20%20PBS.html. Note que, recentemente, surgiram outras teorias sobre a fonte da pandemia de 1918, com alguns argumentando que a introdução foi muito anterior do que previamente se pensara. Ver, por exemplo, Branswell H., "A shot-in-the-dark email leads to a century-old family treasure — and hope of cracking a deadly flu's secret", *STAT News*, 2018.
3. Exemplos de citações na mídia: Gerstel J., "Uncertainty over H1N1 warranted, experts say", *Toronto Star*, 9 out. 2009; Osterholm M.T., "Making sense of the H1N1 pandemic: What's going on?", Center for Infectious Disease Research and Policy, 2009.

4. Eames K.T.D. et al., "Measured Dynamic Social Contact Patterns Explain the Spread of H1N1v Influenza", *PLOS Computational Biology*, 2012; Health Protection Agency, "Epidemiological report of pandemic (H1N1) 2009 in the UK", 2010.
5. Outros grupos chegaram a conclusões similares, como WHO Ebola Response Team, "Ebola Virus Disease in West Africa — The First 9 Months of the Epidemic and Forward Projections", *The New England Journal of Medicine (NEJM)*, 2014.
6. "Ransomware cyber-attack: Who has been hardest hit?", BBC News Online, 15 de maio de 2017; "What you need to know about the WannaCry Ransomware", Symantec Blogs, 23 de outubro de 2017. As tentativas de ataque passaram de 2 mil para 80 mil em sete horas, implicando que dobraram a cada 1,32 horas: 7/log2(80000/2000) = 1,32.
7. Media Metrics #6: The Video Revolution. The Progress & Freedom Foundation Blog, 2 mar. 2008. http://blog.pff.org/archives/2008/03/print/005037.html. A adoção foi de 2,2% das residências em 1981 para 18% em 1985, implicando que dobraram a cada 481 dias: 365 × 4/log2(0.18/0.02) = 481.
8. Etimologia: influenza. *Emerging Infectious Diseases* 12(1):179, 2006.

1. Uma teoria dos acontecimentos

1. Dumas A., *O Conde de Monte Cristo* (1844-1846), capítulo 117.
2. Kucharski A.J. et al., "Using paired serology and surveillance data to quantify dengue transmission and control during a large outbreak in Fiji", *eLIFE*, 2018.
3. Pastula D.M. et al., "Investigation of a Guillain-Barré syndrome cluster in the Republic of Fiji", *Journal of the Neurological Sciences*, 2017; Musso D. et al., "Rapid spread of emerging Zika virus in the Pacific area", *Clinical Microbiology and Infection*, 2014; Sejvar J.J. et al., "Population incidence of Guillain-Barré syndrome: a systematic review and meta-analysis", *Neuroepidemiology*, 2011.
4. Willison H.J. et al., "Guillain-Barré syndrome", *The Lancet*, 2016.
5. Kron J., "In a Remote Ugandan Lab, Encounters With the Zika Virus and Mosquitoes Decades Ago", *New York Times*, 5 abr. 2016.
6. Amorim M. e Melo A.N., "Revisiting head circumference of Brazilian newborns in public and private maternity hospitals", *Arquivos de Neuro-Psiquiatria*, 2017.

7. Organização Mundial da Saúde, "WHO statement on the first meeting of the International Health Regulations (2005) (IHR 2005) Emergency Committee on Zika virus and observed increase in neurological disorders and neonatal malformations", 2016.
8. Rasmussen S.A. et al., "Zika Virus and Birth Defects — Reviewing the Evidence for Causality", *NEJM*, 2016.
9. Rodrigues L.C., "Microcephaly and Zika virus infection", *The Lancet*, 2016.
10. A menos que se diga o contrário, as informações vieram de Ross R., *The Prevention of Malaria* (Nova York, 1910); Ross R., Memórias, *With a Full Account of the Great Malaria Problem and its Solution* (Londre, 1923).
11. Barnes J., *The Beginnings Of The Cinema In England, 1894-1901: Volume 1: 1894-1896* (University of Exeter Press, 2015).
12. Joy D.A. et al., "Early origin and recent expansion of *Plasmodium falciparum*", *Science*, 2003.
13. Mason-Bahr P., "The Jubilee of Sir Patrick Manson: A Tribute to his Work on the Malaria Problem", *Postgraduate Medical Journal*, 1938.
14. To K.W.K. e Yuen K-Y., "In memory of Patrick Manson, founding father of tropical medicine and the discovery of vectorborne infections", *Emerging Microbes and Infections*, 2012.
15. Burton R., *First Footsteps in East Africa* (Londres, 1856).
16. Hsu E., "Reflections on the 'discovery' of the antimalarial *qinghao*", *British Journal of Clinical Pharmacololgy*, 2006.
17. Sallares R., *Malaria and Rome: A History of Malaria in Ancient Italy* (Oxford University Press, 2002).
18. Ross alegou que os participantes haviam sido informados sobre o que estava envolvido e que os riscos eram justificados: "Eu me sinto justificado a fazer esses experimentos por causa da vasta importância que teria um resultado positivo e porque tenho um preparado de quinino sempre à mão" (Ross, 1923). Mas não está claro quão claramente os riscos eram explicados aos participantes: o quinino não é tão efetivo quanto os tratamentos utilizados nos estudos modernos de malária (Achan J. et al., "Quinine, an old anti-malarial drug in a modern world: role in the treatment of malaria" *Malaria Journal*, 2011.) Veremos a ética dos experimentos em seres humanos com mais detalhes no capítulo 7.
19. Bhattacharya S. et al., "Ronald Ross: Known scientist, unknown man", *Science and Culture*, 2010.

20. Chernin E., "Sir Ronald Ross vs. Sir Patrick Manson: A Matter of Libel", *Journal of the History of Medicine and Allied Sciences*, 1988.
21. Manson-Bahr P., *History Of The School Of Tropical Medicine In London, 1899-1949* (Londres, 1956).
22. Reiter P., "From Shakespeare to Defoe: Malaria in England in the Little Ice Age", *Emerging Infectious Diseases*, 2000.
23. High R., "The Panama Canal — the American Canal Construction", *International Construction*, outubro de 2008.
24. Griffing S.M. et al., "A historical perspective on malaria control in Brazil", *Memórias do Instituto Oswaldo Cruz*, 2015.
25. Jorland G. et al., *Body Counts: Medical Quantification in Historical and Sociological Perspectives* (McGill-Queen's University Press, 2005).
26. Fine P.E.M., "John Brownlee and the Measurement of Infectiousness: An Historical Study in Epidemic Theory", *Journal of the Royal Statistical Society, Series A*, 1979.
27. Fine P.E.M., "Ross's *a priori* Pathometry — a Perspective", *Proceedings of the Royal Society of Medicine*, 1975.
28. Ross R., "The Mathematics of Malaria", *The British Medical Journal*, 1911.
29. Reiter P., "From Shakespeare to Defoe: Malaria in England in the Little Ice Age", *Emerging Infectious Diseases*, 2000.
30. Sobre McKendrick: Gani J., "Anderson Gray McKendrick", *StatProb: The Encyclopedia Sponsored by Statistics and Probability Societies*.
31. Carta GB 0809 Ross/106/28/60. Cortesia da Biblioteca & Serviço de Arquivos da Escola de Higiene e Medicina Tropical de Londres, © família Ross.
32. Carta GB 0809 Ross/106/28/112. Cortesia da Biblioteca & Serviço de Arquivos da Escola de Higiene e Medicina Tropical de Londres, © família Ross.
33. Heesterbeek J.A., "A Brief History of R0 and a Recipe for its Calculation", *Acta Biotheoretica*, 2002.
34. Sobre Kermack: Davidson J.N., "William Ogilvy Kermack", *Biographical Memoirs of Fellows of the Royal Society*, 1971; Coutinho S.C., "A lost chapter in the pre-history of algebraic analysis: Whittaker on contact transformations", *Archive for History of Exact Sciences*, 2010.
35. Kermack W.O. e McKendrick A.G., "A Contribution to the Mathematical Theory of Epidemics", *Proceedings of the Royal Society A*, 1927.

36. Fine P.E.M., "Herd Immunity: History, Theory, Practice", *Epidemiologic Reviews*, 1993; Farewell V. e Johnson T., "Major Greenwood (1880-1949): a biographical and bibliographical study", *Statistics in Medicine*, 2015.
37. Dudley S.F., "Herds and Individuals", *Public Health*, 1928.
38. Hendrix K.S. et al., "Ethics and Childhood Vaccination Policy in the United States", *American Journal of Public Health*, 2016.
39. Fine P.E.M., "Herd Immunity: History, Theory, Practice", *Epidemiologic Reviews*, 1993.
40. Duffy M.R. et al., "Zika Virus Outbreak on Yap Island, Federated States of Micronesia" *NEJM*, 2009.
41. Cao-Lormeau V.M. et al., "Guillain-Barré Syndrome outbreak associated with Zika virus infection in French Polynesia: a casecontrol study", *The Lancet*, 2016.
42. Mallet H-P. et al., "Bilan de l'épidémie à virus Zika survenue en Polynésie française, 2013-14", *Bulletin d'information sanitaires, épidémiologiques et statistiques*, 2015.
43. Stoddard S.T. et al., "House-to-house human movement drives dengue virus transmission", *PNAS*, 2012.
44. Kucharski A.J. et al., "Transmission Dynamics of Zika Virus in Island Populations: A Modelling Analysis of the 2013-14 French Polynesia Outbreak", *PLOS Neglected Tropical Diseases*, 2016.
45. Faria N.R. et al., "Zika virus in the Americas: Early epidemiological and genetic findings", *Science*, 2016.
46. Andronico A. et al., "Real-Time Assessment of Health-Care Requirements During the Zika Virus Epidemic in Martinique", *American Journal of Epidemiology*, 2017.
47. Rozé B. et al., "Guillain-Barré Syndrome Associated With Zika Virus Infection in Martinique in 2016: A Prospective Study", *Clinical Infectious Diseases*, 2017.
48. Fine P.E.M., "Ross's *a priori* Pathometry — a Perspective", *Proceedings of the Royal Society of Medicine*, 1975.
49. Ross R., "An Application of the Theory of Probabilities to the Study of a priori Pathometry — Part I", *Proceedings of the Royal Society A*, 1916.
50. Clarke B., "The challenge facing first-time buyers", *Council of Mortgage Lenders*, 2015.

51. Rogers E.M., *Diffusion of Innovations*, 3ª edição (Nova York, 1983).
52. Bass F.M., "A new product growth for model consumer durables", *Management Science*, 1969.
53. Comentários de Bass F.M. sobre "A New Product Growth for Model Consumer Durables", *Management Science*, 2004.
54. O simples modelo de "suscetíveis à infecção" de Ross pode ser escrito como: dS/dt = -bSI, dI/dt = bSI, onde b é a taxa de infecção. O pico das novas infecções ocorre quando dI/dt aumenta mais rapidamente, ou seja, quando o segundo derivativo de dI/dt é igual a zero. Usando a regra da multiplicação, obtemos: I = (3 – sqrt(3))/6 = 0,21.
55. Jackson A.C., "Diabolical effects of rabies encephalitis", *Journal of NeuroVirology*, 2016.
56. Robinson A. et al., "*Plasmodium*-associated changes in human odor attract mosquitoes", *PNAS*, 2018.
57. Van Kerckhove K. et al., "The Impact of Illness on Social Networks: Implications for Transmission and Control of Influenza", *American Journal of Epidemiology*, 2013.
58. Sobre Hudson: O'Connor J.J. et al., "Hilda Phoebe Hudson", JOC/EFR, 2002; Warwick A., *Masters of Theory: Cambridge and the Rise of Mathematical Physics* (University of Chicago Press, 2003).
59. Hudson H., "Simple Proof of Euclid II. 9 and 10", *Nature*, 1891.
60. Chambers S., "At last, a degree of honour for 900 Cambridge women", *The Independent*, 30 de maio de 1998.
61. Ross R. e Hudson H., "An Application of the Theory of Probabilities to the Study of *a priori* Pathometry. Part II and Part III", *Proceedings of the Royal Society A*, 1917.
62. Carta GB 0809 Ross/161/11/01. Cortesia da Biblioteca & Serviço de Arquivos da Escola de Higiene e Medicina Tropical de Londres, © família Ross.; Aubin D. et al., "The War of Guns and Mathematics: Mathematical Practices and Communities in France and Its Western Allies around World War I", *American Mathematical Society*, 2014.
63. Ross R., "An Application of the Theory of Probabilities to the Study of *a priori* Pathometry. Part I", *Proceedings of the Royal Society A*, 1916.

2. Pânicos e pandemias

1. O matemático Andrew Odlyzko indica que a o prejuízo final pode plausivelmente ter sido ainda maior que 20 mil libras esterlinas. Além disso, ele sugere que um múltiplo de mil é razoável para converter os valores monetários de 1720 para valores atuais; o salário de Newton como professor de Cambridge durante essa época era de mais ou menos 100 libras esterlinas ao ano. Odlyzko A., "Newton's financial misadventures in the South Sea Bubble", *Notes and Records, The Royal Society*, 2018.
2. Sobre Thorp e Simons: Patterson S., *The Quants* (Crown Business New York, 2010). Sobre LTCM: Lowenstein R., *When Genius Failed: The Rise and Fall of Long Term Capital Management* (Random House, 2000).
3. Allen F. et al., "The Asian Crisis and the Process of Financial Contagion", *Journal of Financial Regulation and Compliance*, 1999. Dados sobre o aumento da popularidade do termo "contágio financeiro" retirados do Google Ngram.
4. Sobre CDOs: MacKenzie D. et al., "'The Formula That Killed Wall Street'? The Gaussian Copula and the Cultures of Modelling", 2012.
5. "Deutsche Bank appoints Sajid Javid Head of Global Credit Trading, Asia", *Deutsche Bank Media Release*, 11 out. 2006; Roy S., "Credit derivatives: Squeeze is over for EM CDOs", *Euromoney*, 27 jul. 2006; Herrmann J., "What Thatcherite union buster Sajid Javid learned on Wall Street", *The Guardian*, 15 jul. 2015.
6. Derman E., "Model Risk" *Goldman Sachs Quantitative Strategies Research Notes*, abr. 1996.
7. Entrevista à CNBC, 1º jul. 2005.
8. De acordo com MacKenzie et al (2012): "A crise foi causada não pelos 'viciados em modelos', mas por protagonistas criativos, engenhosos, bem-informados e reflexivos explorando conscientemente o papel dos modelos na governança." Eles citaram vários exemplos de pessoas manipulando os cálculos para assegurar que os CDOs parecessem tanto lucrativos quanto de baixo risco.
9. Tavakoli J., "Comments on SEC Proposed Rules and Oversight of NRSROs", Carta à Comissão de Títulos e Câmbio, 13 fev. 2007.
10. MacKenzie D. et al., "'The Formula That Killed Wall Street'? The Gaussian Copula and the Cultures of Modelling", 2012.

11. *New Directions for Understanding Systemic Risk* (National Academies Press, Washington DC, 2007).
12. Chapple S., "Math expert finds order in disorder, including stock market", *San Diego Union-Tribune*, 28 ago. 2011.
13. May R., "Epidemiology of financial networks". Apresentado durante o evento comemorativo do bicentenário de John Snow na Escola de Higiene e Medicina Tropical de Londres em abril de 2013. Disponível no YouTube.
14. Sobre o envolvimento de May, ver nota anterior.
15. "Was tulipmania irrational?" *The Economist*, 4 out. 2013.
16. Goldgar A., "Tulip mania: the classic story of a Dutch financial bubble is mostly wrong", *The Conversation*, 12 fev. 2018.
17. Dicionário online de etimologia. Origem e significado de "bolha". https://www.etymonline.com/word/bubble.
18. Frehen R.G.P. et al., "New Evidence on the First Financial Bubble", *Journal of Financial Economics*, 2013.
19. Reproduzido com permissão dos autores. Frehen R.G.P. et al., "New Evidence on the First Financial Bubble", *Journal of Financial Economics*, 2013.
20. Odlyzko A., "Newton's financial misadventures in the South Sea Bubble", *Notes and Records, The Royal Society*, 2018.
21. Odlyzko A., "Collective hallucinations and inefficient markets: The British Railway Mania of the 1840s", 2010.
22. Kindleberger C.P. et al., *Manias, Panics and Crashes: A History of Financial Crises* (Palgrave Macmillan, Nova York, 1978).
23. Chow E.K., "Why China Keeps Falling for Pyramid Schemes", *The Diplomat*, 5 mar. 2018; "Pyramid schemes cause huge social harm in China", *The Economist*, 3 fev. 2018.
24. Rodrigue J-P., "Stages of a bubble", retirado de *The Geography of Transport Systems* (Routledge, Nova York, 2017). https://transportgeography.org/?pageid=9035.
25. Sornette D. et al., "Financial bubbles: mechanisms and diagnostics", *Review of Behavioral Economics*, 2015.
26. Coffman K.G. et al., "The size and growth rate of the internet", *First Monday*, out. 1998.
27. Odlyzko A., "Internet traffic growth: Sources and implications", 2000.
28. John Oliver sobre criptomoedas: "Você não está investindo, está apostando", *The Guardian*, 12 mar. 2018.

29. Dados retirados de https://www.coindesk.com/price/bitcoin. O preço era 19.395 dólares em 18 de dezembro de 2017 e 3.220 dólares em 16 de dezembro de 2018.
30. Rodrigue J-P., "Stages of a bubble", retirado de *The Geography of Transport Systems* (Routledge, Nova York, 2017). https://transportgeography.org/?pageid=9035.
31. Kindleberger C.P. et al., *Manias, Panics and Crashes: A History of Financial Crises* (Palgrave Macmillan, Nova York, 1978).
32. Odlyzko A., "Collective hallucinations and inefficient markets: The British Railway Mania of the 1840s", 2010.
33. Sandbu M., "Ten years on: Anatomy of the global financial meltdown", *Financial Times*, 9 ago. 2017.
34. Alessandri P. et al., "Banking on the State", *Bank of England Paper*, nov. 2009.
35. Elliott L. e Treanor J., "The minutes that reveal how the Bank of England handled the financial crisis", *The Guardian*, 7 jan. 2015.
36. Entrevista do autor com Nim Arinaminpathy, ago. 2017.
37. Brauer F., "Mathematical epidemiology: Past, present, and future", *Infectious Disease Modelling*, 2017; Bartlett M.S., "Measles Periodicity and Community Size", *Journal of the Royal Statistical Society. Series A*, 1957.
38. Heesterbeek J.A., "A Brief History of R0 and a Recipe for its Calculation", *Acta Biotheoretica*, 2002.
39. Smith D.L. et al., "Ross, Macdonald, and a Theory for the Dynamics and Control of Mosquito-Transmitted Pathogens", *PLOS Pathogens*, 2012.
40. Nájera J.A. et al., "Some Lessons for the Future from the Global Malaria Eradication Programme (1955-1969)", *PLOS Medicine*, 2011. Uma proposta para erradicar a varíola também foi feita em 1953, mas encontrou limitado entusiasmo.
41. Sobre o número de reprodução: Heesterbeek J.A., "A Brief History of R0 and a Recipe for its Calculation", *Acta Biotheoretica*, 2002.
42. Abbott S et al. "Temporal variation in transmission during the COVID-19 outbreak." Repositório do CMMID sobre o covid-19. Disponível em https://cmmid.github.io/topics/covid19/current-patterns-transmission/global-time-varying-transmission.html
43. Estimativas do número de reprodução: Fraser C. et al., "Pandemic potential of a strain of influenza A (H1N1): early findings", *Science*, 2009; WHO Ebola Response Team, "Ebola Virus Disease in West Africa — The

First 9 Months of the Epidemic and Forward Projections", *NEJM*, 2014; Riley S. et al., "Transmission dynamics of the etiological agent of SARS in Hong Kong", *Science*, 2003; Gani R. and Leach S., "Transmission potential of smallpox in contemporary populations", *Nature*, 2001; Anderson R.M. e May R.M., *Infectious Diseases of Humans: Dynamics and Control* (Oxford University Press, Oxford, 1992); Guerra F.M. et al., "The basic reproduction number (R0) of measles: a systematic review", *The Lancet*, 2017.

44. Centros de Controle e Prevenção de Doenças, "Transmission of Measles", 2017. https://www.cdc.gov/measles/transmission/html.
45. Fine P.E.M. e Clarkson J.A., "Measles in England and Wales — I: An Analysis of Factors Underlying Seasonal Patterns", *International Journal of Epidemiology*, 1982.
46. "How Princess Diana changed attitudes to AIDS", BBC News Online, 5 abr. 2017.
47. May R.M. e Anderson R.M., "Transmission dynamics of HIV infection", *Nature*, 1987.
48. Eakle R. et al., "Pre-exposure prophylaxis (PrEP) in an era of stalled HIV prevention: Can it change the game?", *Retrovirology*, 2018.
49. Anderson R.M. e May R.M., *Infectious Diseases of Humans: Dynamics and Control* (Oxford University Press, Oxford, 1992).
50. Fenner F. et al., "Smallpox and its Eradication", Organização Mundial da Saúde, 1988.
51. Wehrle P.F. et al., "An Airborne Outbreak of Smallpox in a German Hospital and its Significance with Respect to Other Recent Outbreaks in Europe", *Bulletin of the World Health Organization*, 1970.
52. Woolhouse M.E.J. et al., "Heterogeneities in the transmission of infectious agents: Implications for the design of control programs", *PNAS*, 1997. A ideia foi baseada em uma observação anterior feita pelo economista do século XIX Vilfredo Pareto, que demonstrara que 20% dos italianos possuíam 80% das terras.
53. Lloyd-Smith J.O. et al., "Superspreading and the effect of individual variation on disease emergence", *Nature*, 2005.
54. Worobey M. et al., "1970s and 'Patient 0' HIV-1 genomes illuminate early HIV/AIDS history in North America", *Nature*, 2016.

55. Cumming J.G., "An epidemic resulting from the contamination of ice cream by a typhoid carrier", *Journal of the American Medical Association*, 1917.
56. Bollobas B., "To Prove and Conjecture: Paul Erdős and His Mathematics", *American Mathematical Monthly*, 1998.
57. Potterat J.J., et al., "Sexual network structure as an indicator of epidemic phase", *Sexually Transmitted Infections*, 2002.
58. Watts D.J. e Strogatz S.H., "Collective dynamics of 'small-world' networks", *Nature*, 1998.
59. Barabási A.L. e Albert R., "Emergence of Scaling in Random Networks", *Science*, 1999. Uma ideia similar surgira na década de 1970, quando o físico Derek de Solla Price analisara publicações acadêmicas. Ele sugerira que o nodo preferencial podia explicar a extrema variação no número de citações: um artigo tinha mais probabilidade de receber citações se já tivesse sido muito citado. Price D.D.S., "A General Theory of Bibliometric and Other Cumulative Advantage Processes", *Journal of the American Society for Information Science*, 1976.
60. Liljeros F. et al., "The web of human sexual contacts", *Nature*, 2001; de Blasio B. et al., "Preferential attachment in sexual networks", *PNAS*, 2007.
61. Yorke J.A. et al., "Dynamics and control of the transmission of gonorrhea", *Sexually Transmitted Diseases*, 1978.
62. May R.M. e Anderson R.M., "The Transmission Dynamics of Human Immunodeficiency Virus (HIV)", *Philosophical Transactions of the Royal Society B*, 1988.
63. Foy B.D. et al., "Probable Non-Vector-borne Transmission of Zika Virus, Colorado, USA", *Emerging Infectious Diseases*, 2011.
64. Counotte M.J. et al., "Sexual transmission of Zika virus and other flaviviruses: A living systematic review", *PLOS Medicine*, 2018; Folkers K.M., "Zika: The Millennials' S.T.D.?", *New York Times*, 20 ago. 2016.
65. Outros chegaram independentemente à mesma conclusão: Yakob L. et al., "Low risk of a sexually-transmitted Zika virus outbreak", *The Lancet Infectious Diseases*, 2016; Althaus C.L. e Low N., "How Relevant Is Sexual Transmission of Zika Virus?" *PLOS Medicine*, 2016.
66. Sobre a transmissão inicial de HIV/AIDS: Worobey et al. "1970s and 'Patient 0' HIV-1 genomes illuminate early HIV/AIDS history in North America", *Nature*, 2016; McKay R.A., "'Patient Zero': The Absence of a Patient's View

of the Early North American AIDS Epidemic", *Bulletin of the History of Medicine*, 2014.

67. Isso foi antes de o CDC mudar seu nome para Centros de Controle e Prevenção de Doenças, em 1992.
68. McKay R.A. "'Patient Zero': The Absence of a Patient's View of the Early North American AIDS Epidemic". *Bulletin of the History of Medicine*, 2014.
69. Sapatkin D., "AIDS: The truth about Patient Zero", *The Philadelphia Inquirer*, 6 mai. 2013.
70. OMS. Mali case, "Ebola imported from Guinea: Ebola situation assessment", 10 nov. 2014.
71. Robert A. et al., "Determinants of transmission risk during the late stage of the West African Ebola epidemic", *American Journal of Epidemiology*, 2019.
72. Nagel T., "Moral Luck", 1979.
73. Potterat J.J. et al., "Gonorrhoea as a Social Disease", *Sexually Transmitted Diseases*, 1985.
74. Potterat J.J., *Seeking The Positives: A Life Spent on the Cutting Edge of Public Health* (Createspace, 2015).
75. Kilikpo Jarwolo J.L., "The Hurt — and Danger — of Ebola Stigma", ActionAid, 2015.
76. Frith J., "Syphilis — Its Early History and Treatment until Penicillin and the Debate on its Origins", *Journal of Military and Veterans' Health*, 2012.
77. Badcock J., "Pepe's story: How I survived Spanish flu", BBC News Online, 21 mai. 2018.
78. Enserink M., "War Stories", *Science*, 15 mar. 2013.
79. Lee J-W. e McKibbin W.J., "Estimating the global economic costs of SARS", em *Learning from SARS: Preparing for the Next Disease Outbreak: Workshop Summary* (National Academies Press, 2004).
80. Haldane A., "Rethinking the Financial Network", Bank of England, 28 abr. 2009.
81. Crampton T., "Battling the spread of SARS, Asian nations escalate travel restrictions", *New York Times*, 12 abr. 2003. Embora restrições a viagens fossem impostas durante o surto, elas tinham menos probabilidade de afetar a contenção que medidas como a identificação de casos e o rastreamento dos contatos. De fato, a OMS não recomendou restrições durante esse período:

"World Health Organization. Summary of WHO measures related to international travel", WHO, 24 de junho de 2003.

82. Owens R.E. e Schreft S.L., "Identifying Credit Crunches", *Contemporary Economic Policy*, 1995.
83. Informações e citações retiradas da entrevista do autor com Andy Haldane em julho de 2018.
84. Soramäki K. et al., "The topology of interbank payment flows", *Federal Reserve Bank of New York Staff Report*, 2006.
85. Gupta S. et al., "Networks of sexual contacts: implications for the pattern of spread of HIV", *AIDS*, 1989.
86. Haldane A. e May R.M., "The birds and the bees, and the big banks", *Financial Times*, 20 fev. 2011.
87. Haldane A., "Rethinking the Financial Network", Bank of England, 28 abr. 2009.
88. Buffett W., Carta aos acionistas da Berkshire Hathaway Inc., 27 fev. 2009.
89. Keynes J.M., "The Consequences to the Banks of the Collapse of Money Values", 1931 (em *Essays in Persuasion*).
90. Tavakoli J., "Comments on SEC Proposed Rules and Oversight of NRSROs." Carta enviada à Comissão de Títulos e Câmbio em 13 de fevereiro de 2007.
91. Arinaminpathy N. et al., "Size and complexity in model financial systems", *PNAS*, 2012; Caccioli F. et al., "Stability analysis of financial contagion due to overlapping portfolios", *Journal of Banking & Finance*, 2014; Bardoscia M. et al., "Pathways towards instability in financial networks", *Nature Communications*, 2017.
92. Haldane A. e May R.M., "The birds and the bees, and the big banks", *Financial Times*, 20 fev. 2011.
93. Authers J., "In a crisis, sometimes you don't tell the whole story", *Financial Times*, 8 set. 2018.
94. Arinaminpathy N. et al., "Size and complexity in model financial systems", *PNAS*, 2012.
95. Independent Commission on Banking. Final Report Recommendations, set. 2011.
96. Withers I., "EU banks spared ringfencing rules imposed on British lenders", *The Telegraph*, 24 out. 2017.

97. Bank for International Settlements. Statistical release: "OTC derivatives statistics at end-June 2018", 31 out. 2018.
98. Entrevista do autor com Barbara Casu, set. 2018.
99. Jenkins P., "How much of a systemic risk is clearing?" *Financial Times*, 8 jan. 2018.
100. Battiston S. et al., "The price of complexity in financial networks", *PNAS*, 2016.

3. A medida da amizade

1. Shifman M., *ITEP Lectures in Particle Physics*, arXiv, 1995.
2. Pais A. J., *Robert Oppenheimer: A Life* (Oxford University Press, 2007).
3. Goffman W. e Newill V.A., "Generalization of epidemic theory: An application to the transmission of ideas", *Nature*, 1964. Mas há alguns limites à analogia de Goffman. Em particular, ele alegou que o modelo SIR seria apropriado para a disseminação de rumores, mas outros argumentaram que ajustes simples no modelo podem produzir resultados muitos diferentes. Por exemplo, em um modelo epidêmico simples, normalmente presumimos que as pessoas deixarão de ser contagiosas após certo tempo, o que é razoável no caso de muitas doenças. Daryl Daley e David Kendall, dois matemáticos de Cambridge, propuseram que, em um modelo de rumores, os disseminadores não necessariamente se recuperam naturalmente; eles podem só parar de disseminar um rumor ao encontrarem alguém que já o ouviu. Daley D.J. e Kendall D.G., "Epidemics and rumours", *Nature*, 1964.
4. Escala de genialidade de Landau. http://www.eoht.info/page/Landau+genius+scale.
5. Khalatnikov I.M e Sykes J.B. (ed.), *Landau: The Physicist and the Man: Recollections of L.D. Landau* (Pergamon, 2013).
6. Bettencourt L.M.A. et al., "The power of a good idea: Quantitative modeling of the spread of ideas from epidemiological models", *Physica A*, 2006.
7. Azouly P. et al., "Does Science Advance One Funeral at a Time?", documento de trabalho do *National Bureau of Economic Research*, 2015.
8. Catmull E., "How Pixar Fosters Collective Creativity", *Harvard Business Review*, set. 2008.
9. Grove J., "Francis Crick Institute: 'gentle anarchy' will fire research", *THE*, 2 set. 2016.

10. Bernstein E.S. e Turban S., "The impact of the 'open' workspace on human collaboration." *Philosophical Transactions of the Royal Society B*, 2018.
11. Informações e citações retiradas de "History of the National Survey of Sexual Attitudes and Lifestyles". Seminário realizado pelo Centro Wellcome Trust de História da Medicina na University College London em 14 de dezembro de 2009.
12. Mercer C.H. et al., "Changes in sexual attitudes and lifestyles in Britain through the life course and over time: findings from the National Surveys of Sexual Attitudes and Lifestyles (Natsal)", *The Lancet*, 2013.
13. http://www.bbc.co.uk/pandemic.
14. Van Hoang T. et al., "A systematic review of social contact surveys to inform transmission models of close contact infections", *BioRxiv*, 2018.
15. Mossong J. et al., "Social Contacts and Mixing Patterns Relevant to the Spread of Infectious Diseases", *PLOS Medicine*, 2008; Kucharski A.J. et al., "The Contribution of Social Behaviour to the Transmission of Influenza A in a Human Population", *PLOS Pathogens*, 2014.
16. Eames K.T.D. et al., "Measured Dynamic Social Contact Patterns Explain the Spread of H1N1v Influenza", *PLOS Computational Biology*, 2012; Eames K.T.D., "The influence of school holiday timing on epidemic impact", *Epidemiology and Infection*, 2013; Baguelin M. et al., "Vaccination against pandemic influenza A/H1N1v in England: a real-time economic evaluation", *Vaccine*, 2010.
17. Eggo R.M. et al., "Respiratory virus transmission dynamics determine timing of asthma exacerbation peaks: Evidence from a population-level model", *PNAS*, 2016.
18. Kucharski A.J. et al., "The Contribution of Social Behaviour to the Transmission of Influenza A in a Human Population", *PLOS Pathogens*, 2014.
19. Byington C.L. et al., "Community Surveillance of Respiratory Viruses Among Families in the Utah Better Identification of Germs-Longitudinal Viral Epidemiology (BIG-LoVE) Study", *Clinical Infectious Diseases*, 2015.
20. Brockmann D. e Helbing D., "The Hidden Geometry of Complex, Network-Driven Contagion Phenomena", *Science*, 2013.
21. Gog J.R. et al., "Spatial Transmission of 2009 Pandemic Influenza in the US", *PLOS Computational Biology*, 2014.

22. Keeling M.J. et al., "Individual identity and movement networks for disease metapopulations", *PNAS*, 2010.
23. Odlyzko A., "The forgotten discovery of gravity models and the inefficiency of early railway networks", 2015.
24. Christakis N.A. e Fowler J.H., "Social contagion theory: examining dynamic social networks and human behavior", *Statistics in Medicine*, 2012.
25. Cohen-Cole E. e Fletcher J.M., "Detecting implausible social network effects in acne, height, and headaches: longitudinal analysis", *British Medical Journal*, 2008.
26. Lyons R., "The Spread of Evidence-Poor Medicine via Flawed Social-Network Analysis", *Statistics, Politics, and Policy*, 2011.
27. Norscia I. e Palagi E., "Yawn Contagion and Empathy in *Homo sapiens*", *PLOS ONE*, 2011. Note que, embora seja bastante fácil criar experimentos com bocejos, ainda pode haver desafios na interpretação dos resultados. Ver Kapitány R. e Nielsen M., "Are Yawns really Contagious? A Critique and Quantification of Yawn Contagion", *Adaptive Human Behavior and Physiology*, 2017.
28. Norscia I. et al., "She more than he: gender bias supports the empathic nature of yawn contagion in *Homo sapiens*", *Royal Society Open Science*, 2016.
29. Millen A. e Anderson J.R., "Neither infants nor toddlers catch yawns from their mothers", *Royal Society Biology Letters*, 2010.
30. Holle H. et al., "Neural basis of contagious itch and why some people are more prone to it". *PNAS*, 2012; Sy T. et al., "The Contagious Leader: Impact of the Leader's Mood on the Mood of Group Members, Group Affective Tone, and Group Processes", *Journal of Applied Psychology*, 2005; Johnson S.K., "Do you feel what I feel? Mood contagion and leadership outcomes", *The Leadership Quarterly*, 2009; Bono J.E. e Ilies R., "Charisma, positive emotions and mood contagion", *The Leadership Quarterly*, 2006.
31. Sherry D.F. e Galef B.G., "Cultural Transmission Without Imitation: Milk Bottle Opening by Birds", *Animal Behaviour*, 1984.
32. Aplin L.M. et al., "Experimentally induced innovations lead to persistent culture via conformity in wild birds", *Nature*, 2015. Citações retiradas da entrevista do autor com Lucy Aplin, agosto de 2017.
33. Weber M., *Economy and Society* (Bedminster Press Incorporated, Nova York, 1968).

34. Manski C., "Identification of Endogenous Social Effects: The Reflection Problem", *Review of Economic Studies*, 1993.
35. Datar A. e Nicosia N., "Association of Exposure to Communities With Higher Ratios of Obesity With Increased Body Mass Index and Risk of Overweight and Obesity Among Parents and Children", *JAMA Pediatrics*, 2018.
36. Citações retiradas da entrevista do autor com Dean Eckles, ago. 2017.
37. Editorial, "Epidemiology is a science of high importance", *Nature Communications*, 2018.
38. Sobre fumo e cancer: informações retiradas de Howick J. et al., "The evolution of evidence hierarchies: what can Bradford Hill's 'guidelines for causation' contribute?", *Journal of the Royal Society of Medicine*, 2009; Mourant A., "Why Arthur Mourant Decided To Say 'No' To Ronald Fisher", *The Scientist*, 12 dez. 1988.
39. Ross R., Memórias, *With a Full Account of the Great Malaria Problem and its Solution* (Londres, 1923).
40. Racaniello V., "Koch's postulates in the 21st century", *Virology Blog*, 22 jan. 2010.
41. Obituário de Alice Stewart, *The Telegraph*, 16 ago. 2002.
42. Rasmussen S.A. et al., "Zika Virus and Birth Defects — Reviewing the Evidence for Causality", *NEJM*, 2016.
43. Greene G., *The Woman Who Knew Too Much: Alice Stewart and the Secrets of Radiation* (University of Michigan Press, 2001).
44. Informações e citações retiradas da entrevista do autor com Nicholas Christakis, junho de 2018.
45. Snijders T.A.B., "The Spread of Evidence-Poor Medicine via Flawed Social-Network Analysis", *SOCNET Archives*, 17 jun. 2011.
46. Granovetter M.S., "The Strength of Weak Ties", *American Journal of Sociology*, 1973.
47. Dhand A., "Social networks and risk of delayed hospital arrival after acute stroke", *Nature Communications*, 2019.
48. Informações retiradas de Centola D. e Macy M., "Complex Contagions and the Weakness of Long Ties", *American Journal of Sociology*, 2007; Centola D., *How Behavior Spreads: The Science of Complex Contagions* (Princeton University Press, 2018).

49. Darley J.M. e Latane B., "Bystander intervention in emergencies: Diffusion of responsibility", *Journal of Personality and Social Psychology*, 1968.
50. Centola D., *How Behavior Spreads: The Science of Complex Contagions* (Princeton University Press, 2018).
51. Coviello L. et al., "Detecting Emotional Contagion in Massive Social Networks", *PLOS ONE*, 2014; Aral S. e Nicolaides C., "Exercise contagion in a global social network", *Nature Communications*, 2017.
52. Fleischer D., Executive Summary. The Prop 8 Report, 2010. http://prop8report.lgbtmentoring.org/read-the-report/executive-summary.
53. Sobre sondagem profunda: Issenberg S., "How Do You Change Someone's Mind About Abortion? Tell Them You Had One", *Bloomberg*, 6 out. 2014; Resnick B., "These scientists can prove it's possible to reduce prejudice", *Vox*, 8 abr. 2016; Bohannon J., "For real this time: Talking to people about gay and transgender issues can change their prejudices", *Associated Press*, 7 abr. 2016.
54. Mandel D.R., "The psychology of Bayesian reasoning", *Frontiers in Psychology*, 2014.
55. Nyhan B. e Reifler J., "When Corrections Fail: The persistence of political misperceptions", *Political Behavior*, 2010.
56. Wood T. e Porter E., "The elusive backfire effect: mass attitudes' steadfast factual adherence", *Political Behavior*, 2018.
57. LaCour M.H. e Green D.P., "When contact changes minds: An experiment on transmission of support for gay equality", *Science*, 2014.
58. Broockman D. e Kalla J., "Irregularities in LaCour (2014)", documento de trabalho, mai. 2015.
59. Duran L., "How to change views on trans people? Just get personal", Take Two®, 7 abr. 2016.
60. Comentários retirados de Gelman A., "LaCour and Green 1, This American Life 0", 16 dez. 2015. https://statmodeling.stat.columbia.edu/2015/12/16/lacour-and-green-1-this-american-life-0/.
61. Wood T. e Porter E., "The elusive backfire effect: mass attitudes' steadfast factual adherence", *Political Behavior*, 2018.
62. Weiss R. e Fitzgerald M., "Edwards, First Lady at Odds on Stem Cells", *Washington Post*, 10 ago. 2004.
63. Citações retiradas da entrevista do autor com Brendan Nyhan, nov. 2018.

64. Nyhan B. et al., "Taking Fact-checks Literally But Not Seriously? The Effects of Journalistic Fact-checking on Factual Beliefs and Candidate Favorability", *Political Behavior*, 2019.
65. Exemplo: https://twitter.com/brendannyhan/status/859573499333136384.
66. Strudwick P.A., "Former MP Has Made A Heartfelt Apology For Voting Against Same-Sex Marriage", *BuzzFeed*, 28 mar. 2017.
67. Também há evidências de que pessoas que mudaram de opinião sobre um tópico e explicam por que o fizeram são mais persuasivas que uma simples mensagem unilateral. Lyons B.A. et al., "Conversion messages and attitude change: Strong arguments, not costly signals", *Public Understanding of Science*, 2019.
68. Feinberg M. e Willer R., "From Gulf to Bridge: When Do Moral Arguments Facilitate Political Influence?", *Personality and Social Psychology Bulletin*, 2015.
69. Roghanizad M.M. e Bohns V.K., "Ask in person: You're less persuasive than you think over email", *Journal of Experimental Social Psychology*, 2016.
70. How J.J. e De Leeuw E.D., "A comparison of nonresponse in mail, telephone, and face-to-face surveys", *Quality and Quantity*, 1994; Gerber A.S. e Green D.P., "The Effects of Canvassing, Telephone Calls, and Direct Mail on Voter Turnout: A Field Experiment", *American Political Science Review*, 2000; Okdie B.M. et al., "Getting to know you: Face-to-face versus online interactions", *Computers in Human Behavior*, 2011.
71. Swire B. et al., "The role of familiarity in correcting inaccurate information", *Journal of Experimental Psychology Learning Memory and Cognition*, 2017.
72. Citações retiradas da entrevista do autor com Briony Swire-Thompson, julho de 2018.
73. Broockman D. e Kalla J., "Durably reducing transphobia: A field experiment on door-to-door canvassing", *Science*, 2016.

4. Algo no ar

1. Informações e citações retiradas da entrevista do autor com Gary Slutkin, abril de 2018.
2. Estatísticas retiradas de Bentle K. et al., "39,000 homicides: Retracing 60 years of murder in Chicago", *Chicago Tribune*, 9 jan. 2018; Illinois State Fact Sheet. National Injury and Violence Prevention Resource Center, 2015.

3. Slutkin G., "Treatment of violence as an epidemic disease", Em: Fine P. et al. "John Snow's legacy: epidemiology without borders". *The Lancet*, 2013.
4. Informações a respeito do trabalho sobre a cólera de John Snow: retiradas de Snow J., *On the mode of communication of cholera.* (Londres, 1855); Tulodziecki D., "A case study in explanatory power: John Snow's conclusions about the pathology and transmission of cholera", *Studies in History and Philosophy of Biological and Biomedical Sciences*, 2011; Hempel S., "John Snow", *The Lancet*, 2013; Brody H. et al., "Map-making and myth-making in Broad Street: the London cholera epidemic, 1854", *The Lancet*, 2000.
5. Razão para a abstração: Seuphor M., *Piet Mondrian: Life and Work* (Abrams, Nova York, 1956); Tate Modern, "Five ways to look at Malevich's Black Square", https://www.tate.org.uk/art/artists/kazimir-malevich-1561/five-ways-look-malevichs-black-square.
6. Sobre a cólera: Locher W.G., "Max von Pettenkofer (1818-1901) as a Pioneer of Modern Hygiene and Preventive Medicine", *Environmental Health and Preventive Medicine*, 2007; Morabia A., "Epidemiologic Interactions, Complexity, and the Lonesome Death of Max von Pettenkofer," *American Journal of Epidemiology*, 2007.
7. García-Moreno C. et al., "WHO Multi-country Study on Women's Health and Domestic Violence against Women", Organização Mundial da Saúde, 2005.
8. Citações retiradas da entrevista do autor com Charlotte Watts, mai. 2018.
9. Sobre fatores que influenciam o contágio de violência: Patel D.M. et al., *Contagion of Violence: Workshop Summary* (National Academies Press, 2012).
10. Gould M.S. et al., "Suicide Clusters: A Critical Review", *Suicide and Life-Threatening Behavior*, 1989.
11. Cheng Q. et al., "Suicide Contagion: A Systematic Review of Definitions and Research Utility", *PLOS ONE*, 2014.
12. Phillips D.P., "The Influence of Suggestion on Suicide: Substantive and Theoretical Implications of the Werther Effect", *American Sociological Review*, 1974.
13. OMS. "Is responsible and deglamourized media reporting effective in reducing deaths from suicide, suicide attempts and acts of selfharm?", 2015. https://www.who.int.

14. Fink D.S. et al., "Increase in suicides the months after the death of Robin Williams in the US", *PLOS ONE*, 2018.
15. Towers S. et al., "Contagion in Mass Killings and School Shootings", *PLOS ONE*, 2015.
16. Brent D.A. et al., "An Outbreak of Suicide and Suicidal Behavior in a High School", *Journal of the American Academy of Child and Adolescent Psychiatry*, 1989.
17. Aufrichtig A. et al., "Want to fix gun violence in America? Go local", *The Guardian*, 9 jan. 2017.
18. Citações retiradas da entrevista do autor com Charlie Ransford, abr. 2018.
19. Confino J., "Guardian-supported Malawi sex workers' project secures funding from Comic Relief", *The Guardian*, 9 jun. 2010.
20. Bremer S., "10 Shot, 2 Fatally, at Vigil on Chicago's Southwest Side", *NBC Chicago*, 7 mai. 2017.
21. Tracy M. et al., "The Transmission of Gun and Other Weapon-Involved Violence Within Social Networks", *Epidemiologic Reviews*, 2016.
22. Green B. et al., "Modeling Contagion Through Social Networks to Explain and Predict Gunshot Violence in Chicago, 2006 to 2014", *JAMA Internal Medicine*, 2017.
23. Adequando a distribuição binomial negativa à distribuição do tamanho dos agrupamentos encontrada em Green et al., obtive a estimativa de máxima probabilidade para o parâmetro de dispersão, $k = 0{,}096$. (Método retirado de Blumberg S. e Lloyd-Smith J.O., *PLOS Computational Biology*, 2013.) Para contexto, a MERS-CoV tinha $R = 0{,}63$ e $k = 0{,}25$ (Kucharski A.J. e Althaus C.L., "The role of superspreading in Middle East respiratory syndrome coronavirus (MERS-CoV) transmission", *Eurosurveillance*, 2015).
24. Fenner F. et al., *Smallpox and its Eradication* (Organização Mundial da Saúde, Genebra, 1988).
25. Avaliações dos métodos de interrupção da violência: Skogan W.G. et al., "Evaluation of CeaseFire-Chicago", relatório do Departamento de Justiça dos Estados Unidos, mar. 2009; Webster D.W. et al., "Evaluation of Baltimore's Safe Streets Program", relatório Johns Hopkins, jan. 2012; Thomas R. et al., "Investing in Intervention: The Critical Role of State-Level Support in Breaking the Cycle of Urban Gun Violence", relatório do Giffords Law Center, 2017.

26. Exemplos de críticas ao CureViolence: Page C., "The doctor who predicted Chicago's homicide epidemic", *Chicago Tribune*, 30 dez. 2016; "We need answers on anti-violence program", *Chicago Sun Times*, 1º jul. 2014.
27. Patel D.M. et al., *Contagion of Violence: Workshop Summary* (National Academies Press, 2012).
28. Seenan G., "Scotland has second highest murder rate in Europe", *The Guardian*, 26 set. 2005; Henley J., "Karyn McCluskey: the woman who took on Glasgow's gangs", *The Guardian*, 19 dez. 2011; Ross P., "No mean citizens: The success behind Glasgow's VRU", *The Scotsman*, 24 nov. 2014; Geoghegan P., "Glasgow smiles: how the city halved its murders by 'caring people into change'", *The Guardian*, 6 abr. 2015; "10 Year Strategic Plan", Unidade de Redução da Violência da Escócia, 2017.
29. Adam K., "Glasgow was once the 'murder capital of Europe'. Now it's a model for cutting crime", *Washington Post*, 27 out. 2018.
30. Avaliações formais não estão disponíveis para todos os aspectos do programa VRU, mas algumas partes foram avaliadas: Williams D.J. et al., "Addressing gang-related violence in Glasgow: A preliminary pragmatic quasi-experimental evaluation of the Community Initiative to Reduce Violence (CIRV)", *Aggression and Violent Behavior*, 2014; Goodall C. et al., "Navigator: A Tale of Two Cities", relatório de doze meses, 2017.
31. "Mayor launches new public health approach to tackling serious violence", comunicado de imprensa da prefeitura de Londres, 19 set. 2018; Bulman M., "Woman who helped dramatically reduce youth murders in Scotland urges London to treat violence as a 'disease'", *The Independent*, 5 abr. 2018.
32. Sobre o trabalho de Nightingale na Crimeia: Gill C.J. e Gill G.C., "Nightingale in Scutari: Her Legacy Reexamined", *Clinical Infectious Diseases*, 2005; Nightingale F., *Notes on Matters Affecting the Health, Efficiency, and Hospital Administration of the British Army: Founded Chiefly on the Experience of the Late War* (Londres, 1858); Magnello M.E., "Victorian statistical graphics and the iconography of Florence Nightingale's polar area graph", *Journal of the British Society for the History of Mathematics Bulletin*, 2012.
33. Nelson S. e Rafferty A.M., *Notes on Nightingale: The Influence and Legacy of a Nursing Icon* (Cornell University Press, 2012).
34. Sobre Farr: Lilienfeld D.E., "Celebration: William Farr (1807-1883) — an appreciation on the 200th anniversary of his birth", *International Journal of*

Epidemiology, 2007; Humphreys N.A., "Vital statistics: a memorial volume of selections from the reports and writings of William Farr", *The Sanitary Institute of Great Britain*, 1885.

35. Nightingale F., *A Contribution to the Sanitary History of the British Army During the Late War with Russia* (Londres, 1859).
36. Citado em Diamond M. e Stone M., "Nightingale on Quetelet", *Journal of the Royal Statistical Society A*, 1981.
37. Cook E., *The Life of Florence Nightingale* (Londres, 1913).
38. Citado em MacDonald L., *Florence Nightingale on Society and Politics, Philosophy, Science, Education and Literature* (Wilfrid Laurier University Press, 2003).
39. Pearson K., *The Life, Letters and Labours of Francis Galton* (Cambridge University Press, Londres, 1914).
40. Patel D.M. et al., *Contagion of Violence: Workshop Summary* (National Academies Press, 2012).
41. Estatísticas retiradas de Grinshteyn E. e Hemenway D., "Violent Death Rates: The US Compared with Other High-income OECD Countries, 2010", *The American Journal of Medicine*, 2016; Koerth-Baker M., "Mass Shootings Are A Bad Way To Understand Gun Violence", *Five Thirty Eight*, 3 out. 2017.
42. Thompson B., "The Science of Violence", *Washington Post*, 29 mar. 1998; Wilkinson F., "Gunning for Guns", *Rolling Stone*, 9 dez. 1993.
43. Cillizza C., "President Obama's amazingly emotional speech on gun control", *Washington Post*, 5 jan. 2016.
44. Borger J., "The Guardian profile: Ralph Nader", *The Guardian*, 22 out. 2004.
45. Jensen C., "50 Years Ago, 'Unsafe at Any Speed' Shook the Auto World", *New York Times*, 26 nov. 2015.
46. Kelly K., "Car Safety Initially Considered 'Undesirable' by Manufacturers, the Government and Consumers", *Huffington Post*, 4 dez. 2012.
47. Frankel T.C., "Their 1996 clash shaped the gun debate for years. Now they want to reshape it", *Washington Post*, 30 dez. 2015.
48. Kates D.B. et al., "Public Health Pot Shots", *Reason*, abr. 1997.
49. Turvill J.L. et al., "Change in occurrence of paracetamol overdose in UK after introduction of blister packs", *The Lancet*, 2000; Hawton K. et al., "Long term effect of reduced pack sizes of paracetamol on poisoning deaths

and liver transplant activity in England and Wales: interrupted time series analyses", *British Medical Journal*, 2013.

50. Dickey J. e Rosenberg M., "We won't know the cause of gun violence until we look for it", *Washington Post*, 27 jul. 2012.
51. Informações e citações retiradas da entrevista do autor com Toby Davies, agosto de 2017.
52. Davies T.P. et al., "A mathematical model of the London riots and their policing", *Scientific Reports*, 2013.
53. Exemplo: Myers P., "Staying streetwise", *Reuters*, 8 set. 2011.
54. Citado em De Castella T. e McClatchey C., "UK riots: What turns people into looters?", BBC News Online, 9 ago. 2011.
55. Granovetter M., "Threshold Models of Collective Behavior", *American Journal of Sociology*, 1978.
56. Johnson N.F. et al., "New online ecology of adversarial aggregates: ISIS and beyond", *Science*, 2016; Wolchover N., "A Physicist Who Models ISIS and the Alt-Right", *Quanta Magazine*, 23 ago. 2017.
57. Bohorquez J.C. et al., "Common ecology quantifies human insurgency", *Nature*, 2009.
58. Belluck P., "Fighting ISIS With an Algorithm, Physicists Try to Predict Attacks", *New York Times*, 16 jun. 2016.
59. Timeline: "How The Anthrax Terror Unfolded", National Public Radio (NPR), 15 fev. 2011.
60. Cooper B., "Poxy models and rash decisions", *PNAS*, 2006; Meltzer M.I. et al., "Modeling Potential Responses to Smallpox as a Bioterrorist Weapon", *Emerging Infectious Diseases*, 2001.
61. Vi o exemplo do trem de brinquedo sendo usado em alguns campos (por exemplo, por Emanuel Derman para falar de finanças), mas o crédito particular vai para meu colega Ken Eames, que o usou muito efetivamente em palestras sobre modelos para doenças.
62. Meltzer M.I. et al., "Estimating the Future Number of Cases in the Ebola Epidemic-Liberia and Sierra Leone, 2014-2015", *Morbidity and Mortality Weekly Report*, 2014.
63. O modelo exponencial do CDC estimou um crescimento de mais ou menos três vezes por mês. Assim, uma previsão adicional feita três meses depois teria estimado 27 vezes mais casos que o valor de janeiro. (A

população combinada de Serra Leoa, Libéria e Guiné era de cerca de 24 milhões de pessoas.)

64. "Expert reaction to CDC estimates of numbers of future Ebola cases", *Science Media Centre*, 24 set. 2014.
65. Hughes M., "Developers wish people would remember what a big deal Y2K bug was", *The Next Web*, 26 out. 2017; Schofield J., "Money we spent", *The Guardian*, 5 jan. 2000.
66. https://twitter.com/JoanneLiu_MSF/status/952834207667097600.
67. Na análise do CDC, os casos foram aumentados 2,5 vezes para compensar o sub-registro. Se aplicamos a mesma escala aos casos registrados, isso sugere que havia cerca de 75 mil infecções na realidade, uma diferença de 1,33 milhão em relação à previsão do CDC. A sugestão de que o modelo com intervenções do CDC poderia explicar os surtos vem de Frieden T.R. e Damon I.K., "Ebola in West Africa — CDC's Role in Epidemic Detection, Control, and Prevention", *Emerging Infectious Diseases*, 2015.
68. Onishi N., "Empty Ebola Clinics in Liberia Are Seen as Misstep in U.S. Relief Effort", *New York Times*, 2015.
69. Kucharski A.J. et al., "Measuring the impact of Ebola control measures in Sierra Leone", *PNAS*, 2015.
70. Camacho A. et al., "Potential for large outbreaks of Ebola virus disease", *Epidemics*, 2014.
71. Heymann D.L., "Ebola: transforming fear into appropriate action", *The Lancet*, 2017.
72. Atribuído a muitas fontes, sem nenhuma fonte primária clara.
73. No início de dezembro, a demora média para reportar os casos era de 2-3 dias. Finger F. et al., "Real-time analysis of the diphtheria outbreak in forcibly displaced Myanmar nationals in Bangladesh", *BMC Medicine*, 2019.
74. Estatísticas retiradas de Katz J. e Sanger-Katz M., "'The Numbers Are So Staggering.' Overdose Deaths Set a Record Last Year", *New York Times*, 29 nov. 2018; Ahmad F.B. et al., "Provisional drug overdose death counts", Centro Nacional de Estatísticas de Saúde, 2018; Felter C., "The U.S. Opioid Epidemic", Council on Foreign Relations, 26 dez. 2017; "Opioid painkillers 'must carry prominent warnings'". BBC News Online, 28 abr. 2019.
75. Goodnough A., Katz J. e Sanger-Katz M., "Drug Overdose Deaths Drop in U.S. for First Time Since 1990", *New York Times*, 17 jul. 2019.

76. Informações e citações sobre a análise da crise opioide retiradas da entrevista do autor com Rosalie Liccardo Pacula, mai. 2018. Para detalhes adicionais, ver Pacula R.L., Depoimento ao Comitê de Apropriações do Congresso, Subcomitê de Trabalho, Saúde e Serviços Humanos, Educação e Agências Relacionadas, 5 abr. 2017.
77. Crescimento exponencial da taxa de mortalidade de 11 a cada 100 mil em 1979 para 137 a cada 100 mil em 2015, implicando que o tempo para dobrar era de 10 anos: 36/log2(137/11) = 10.
78. Jalal H., "Changing dynamics of the drug overdose epidemic in the United States from 1979 through 2016", *Science*, 2018.
79. Mars S.G. "'Every 'never' I ever said came true': transitions from opioid pills to heroin injecting", *International Journal of Drug Policy*, 2014.
80. TCR Staff, "America 'Can't Arrest Its Way Out of the Opioid Epidemic'", *The Crime Report*, 16 fev. 2018.
81. Lum K. e Isaac W., "To predict and serve?" *Significance*, 7 out. 2016.
82. Citações retiradas da entrevista do autor com Kristian Lum, jan. 2018.
83. Perry W.L. et al., "Predictive Policing", relatório da RAND Corporation, 2013.
84. Whitty C.J.M., "What makes an academic paper useful for health policy?", *BMC Medicine*, 2015.
85. Dumke M. e Main F., "A look inside the watch list Chicago police fought to keep secret", *Associated Press*, 18 jun. 2017.
86. Sobre o algoritmo SSL: Posadas B., "How strategic is Chicago's 'Strategic Subjects List'? Upturn investigates", *Medium*, 22 jun. 2017; Asher J. e Arthur R., "Inside the Algorithm That Tries to Predict Gun Violence in Chicago", *New York Times*, 13 jun. 2017; Kunichoff Y. e Sier P., "The Contradictions of Chicago Police's Secretive List", *Chicago Magazine*, 21 ago. 2017.
87. De acordo com Posadas (*Medium*, 2017), a proporção de alto risco é igual a 287.404/398.684 = 0,72. Desses, 88.592 (31%) jamais foram presos ou vítimas de crime.
88. Hemenway D., *While We Were Sleeping: Success Stories in Injury and Violence Prevention* (University of California Press, 2009).
89. Sobre a abordagem da janela quebrada: Kelling G.L. e Wilson J.Q., "Broken Windows", *The Atlantic*, mar. 1982; Harcourt B.E. e Ludwig J., "Broken Windows: New Evidence from New York City and a Five-City Social Experiment", *University of Chicago Law Review*, 2005.

90. Childress S., "The Problem with 'Broken Windows' Policing", Public Broadcasting Service, 28 jun. 2016.
91. Keizer K. et al., "The Spreading of Disorder", *Science*, 2008.
92. Keizer K. et al., "The Importance of Demonstratively Restoring Order", *PLOS ONE*, 2013.
93. Tcherni-Buzzeo M., "The 'Great American Crime Decline': Possible explanations". Em: Krohn M.D. et al., *Handbook on Crime and Deviance*, 2ª edição (Springer, Nova York, 2019).
94. Hipóteses alternativas para o declínio e respectivas críticas: Levitt S.D., "Understanding Why Crime Fell in the 1990s: Four Factors that Explain the Decline and Six that Do Not", *Journal of Economic Perspectives*, 2004; Nevin R., "How Lead Exposure Relates to Temporal Changes in IQ, Violent Crime, and Unwed Pregnancy", *Environmental Research Section A*, 2000; Foote C.L. e Goetz C.F., "The Impact of Legalized Abortion on Crime: Comment", *Quarterly Journal of Economics*, 2008; Casciani D., "Did removing lead from petrol spark a decline in crime?", BBC News Online, 21 abr. 2014.
95. Entrevista do autor com Melissa Tracy, ago. 2018.
96. Lowrey A., "True Crime Costs", *Slate*, 21 out. 2010.

5. Viralizando

1. Sobre o BuzzFeed: Peretti J., "My Nike Media Adventure", *The Nation*, 9 abr. 2001; correspondência por e-mail com representantes do serviço ao consumidor do Nike iD, http://www.yorku.ca/dzwick/niked.html, acessado em jan. 2018; Salmon F., "BuzzFeed's Jonah Peretti Goes Long", *Fusion*, 11 jun. 2014; Lagorio-Chafkin C., "The Humble Origins of Buzzfeed", *Inc.*, 3 mar. 2014; Rice A., "Does BuzzFeed Know the Secret?", *New York Magazine*, 7 abr. 2013.
2. Peretti J., "My Nike Media Adventure", *The Nation*, 9 abr. 2001.
3. Informações e citações retiradas da entrevista do autor com Duncan Watts, fevereiro de 2018. Há também uma discussão mais detalhada sobre essa pesquisa em Watts D., *Everything is Obvious: Why Common Sense is Nonsense* (Atlantic Books, 2011).
4. Milgram S., "The small-world problem", *Psychology Today*, 1967.
5. Dodds P.S. et al., "An Experimental Study of Search in Global Social Networks", *Science*, 2003.

6. Bakshy E. et al., "Everyone's an Influencer: Quantifying Influence on Twitter", *Proceedings of the Fourth ACM International Conference on Web Search and Data Mining (WSDM'11)*, 2011.
7. Aral S. e Walker D., "Identifying Influential and Susceptible Members of Social Networks", *Science*, 2012.
8. Aral S. e Dillon P., "Social influence maximization under empirical influence models", *Nature Human Behaviour*, 2018.
9. Dados retirados de Ugander J. et al., "The Anatomy of the Facebook Social Graph", *arXiv*, 2011; Kim D.A. et al., "Social network targeting to maximise population behaviour change: a cluster randomised controlled trial", *The Lancet*, 2015; Newman M.E., "Assortative mixing in networks", *Physical Review Letters*, 2002; Apicella C.L. et al., "Social networks and cooperation in hunter-gatherers", *Nature*, 2012.
10. Conclusão apoiada por Aral S. e Dillon P., *Nature Human Behaviour*, 2018; Bakshy E. et al., *WSDM*, 2011; Kim D.A. et al., *The Lancet*, 2015.
11. Buckee C.O.F. et al., "The effects of host contact network structure on pathogen diversity and strain structure", *PNAS*, 2004; Kucharski A., "Study epidemiology of fake news", *Nature*, 2016.
12. Bessi A. et al., "Science vs Conspiracy: Collective Narratives in the Age of Misinformation", *PLOS ONE*, 2015; Garimella K. et al., "Political Discourse on Social Media: Echo Chambers, Gatekeepers, and the Price of Bipartisanship", *Proceedings of the World Wide Web Conference 2018*, 2018.
13. Goldacre B., *Bad Science* (Fourth Estate, 2008); Editores do *The Lancet*, "Retraction — Ileal-lymphoid-nodular hyperplasia, non-specific colitis, and pervasive developmental disorder in children", *The Lancet*, 2010.
14. Finnegan G., "Rise in vaccine hesitancy related to pursuit of purity", *Horizon Magazine*, 26 abr. 2018; Larson H.J., "Maternal immunization: The new 'normal' (or it should be)", *Vaccine*, 2015; Larson H.J. et al., "Tracking the global spread of vaccine sentiments: The global response to Japan's suspension of its HPV vaccine recommendation", *Human Vaccines & Immunotherapeutics*, 2014.
15. Sobre variolação: "Variolation — an overview", *ScienceDirect Topics*, 2018.
16. Voltaire, "Carta XI" de *Cartas filosóficas* (1734).
17. Sobre a obra de Bernoulli: Dietz K. e Heesterbeek J.A.P., "Daniel Bernoulli's epidemiological model revisited", *Mathematical Biosciences*, 2002; Colombo

C. e Diamanti M., "The smallpox vaccine: the dispute between Bernoulli and d'Alembert and the calculus of probabilities", *Lettera Matematica International*, 2015.

18. Há extensa literatura sobre a segurança e a eficácia das vacinas SCR e contra sarampo, como Smeeth L. et al., "MMR vaccination and pervasive developmental disorders: a case-control study", *The Lancet*, 2004; A. Hviid, J.V. Hansen, M. Frisch, et al., "Measles, Mumps, Rubella Vaccination and Autism: A Nationwide Cohort Study", *Annals of Internal Medicine*, 2019; LeBaron C.W. et al., "Persistence of Measles Antibodies After 2 Doses of Measles Vaccine in a Postelimination Environment", *JAMA Pediatrics*, 2007.
19. Wellcome Global Monitor 2018, 19 jun. 2019.
20. Finnegan G., "Rise in vaccine hesitancy related to pursuit of purity", *Horizon Magazine*, 26 abr. 2018.
21. Funk S. et al., "Combining serological and contact data to derive target immunity levels for achieving and maintaining measles elimination", *BioRxiv*, 2019.
22. "Measles: Europe sees record number of cases and 37 deaths so far this year", *British Medical Journal*, 2018.
23. Bakshy E. et al., "Exposure to ideologically diverse news and opinion on Facebook", *Science*, 2015; Tufekci Z., "How Facebook's Algorithm Suppresses Content Diversity (Modestly) and How the Newsfeed Rules Your Clicks", *Medium*, 7 mai. 2015.
24. Flaxman S. et al., "Filter bubbles, echo chambers and online news consumption", *Public Opinion Quarterly*, 2016.
25. Bail C.A. et al., "Exposure to opposing views on social media can increase political polarization", *PNAS*, 2018.
26. Duggan M. e Smith A., "The Political Environment on Social Media", Pew Research Center, 2016.
27. boyd dm., "Taken Out of Context: American Teen Sociality in Networked Publics", dissertação de PhD na Universidade de Berkeley, Califórnia, 2008.
28. Exemplo inicial: "Dead pet UL?" Postado em alt.folklore.urban, 10 jul. 1992.
29. Carta a Étienne Noël Damilaville, 16 mai. 1767.
30. Suler J., "The Online Disinhibition Effect", *Cyberpsychology and Behavior*, 2004.
31. Cheng J. et al., "Antisocial Behavior in Online Discussion Communities", *Association for the Advancement of Artificial Intelligence*, 2015; Cheng J. et

al., "Anyone Can Become a Troll: Causes of Trolling Behavior in Online Discussions", obra cooperativa apoiada por computadores, 2017.

32. Sobre o estudo do Facebook: Kramer A.D.I. et al., "Experimental evidence of massive-scale emotional contagion through social networks", *PNAS*, 2014; D'Onfro J., "Facebook Researcher Responds To Backlash Against 'Creepy' Mood Manipulation Study", *Insider*, 29 jun. 2014.
33. Griffin A., "Facebook manipulated users' moods in secret experiment", *The Independent*, 29 jun. 2014; Arthur C., "Facebook emotion study breached ethical guidelines, researchers say", *The Guardian*, 30 jun. 2014.
34. Exemplos: Raine R. et al., "A national cluster-randomised controlled trial to examine the effect of enhanced reminders on the socioeconomic gradient in uptake in bowel cancer screening", *British Journal of Cancer*, 2016; Kitchener H.C. et al., "A cluster randomised trial of strategies to increase cervical screening uptake at first invitation (STRATEGIC)", *Health Technology Assessment*, 2016. Vale notar que, a despeito de seu uso disseminado, o conceito de experimentos aleatórios (frequentemente chamados de "testes A/B") parece deixar muitas pessoas desconfortáveis, mesmo que as opções individuais sejam inócuas e o estudo tenha sido projetado de maneira ética. Um estudo de 2019 descobriu que "as pessoas frequentemente consideram inapropriados testes A/B projetados para estabelecer a efetividade comparativa de duas políticas ou tratamentos, mesmo quando implementar A ou B, sem testes, é visto como apropriado". Meyer M.N. et al., "Objecting to experiments that compare two unobjectionable policies or treatments", *PNAS*, 2019.
35. Berger J. e Milkman K.L., "What Makes online Content Viral?", *Journal of Marketing Research*, 2011.
36. Heath C. et al., "Emotional selection in memes: the case of urban legends", *Journal of Personality and Social Psychology*, 2001.
37. Tufekci Z., "YouTube, the Great Radicalizer", *New York Times*, 10 mar. 2018.
38. Baquero F. et al., "Ecology and evolution of antibiotic resistance", *Environmental Microbiology Reports*, 2009.
39. De Domenico M. et al., "The Anatomy of a Scientific Rumor", *Scientific Reports*, 2013.
40. Goel S. et al., "The Structural Virality of Online Diffusion", *Management Science*, 2016.

41. Goel S. et al., “The Structure of Online Diffusion Networks”, *EC’12 Proceedings of the 13th ACM Conference on Electronic Commerce,* 2012; Tatar A. et al., “A survey on predicting the popularity of web content”, *Journal of Internet Services and Applications*, 2014.
42. Watts D.J. et al., “Viral Marketing for the Real World”, *Harvard Business Review*, 2007.
43. Método retirado de Blumberg S. e Lloyd-Smith J.O., *PLOS Computational Biology*, 2013. Esse cálculo funciona mesmo que haja potencial para eventos superdisseminadores.
44. Chowell G. et al., “Transmission potential of influenza A/H7N9, February to May 2013, China”, *BMC Medicine*, 2013.
45. Watts D.J. et al., “Viral Marketing for the Real World”, *Harvard Business Review*, 2007. Note que, em certa extensão, as questões técnicas com a campanha de e-mails podem ter reduzido artificialmente o número de reproduções durante a campanha do Tide.
46. Breban R. et al., “Interhuman transmissibility of Middle East respiratory syndrome coronavirus: estimation of pandemic risk”, *The Lancet*, 2013.
47. Geoghegan J.L. et al., “Virological factors that increase the transmissibility of emerging human viruses”, *PNAS*, 2016.
48. García-Sastre A., “Influenza Virus Receptor Specificity”, *American Journal of Pathology*, 2010.
49. Adamic L.A. et al., “Information Evolution in Social Networks”, *Proceedings of the Ninth ACM International Conference on Web Search and Data Mining (WSDM’16)*, 2016.
50. Cheng J. et al., “Do Diffusion Protocols Govern Cascade Growth?”, *AAAI Publications*, 2018.
51. Sobre a transmissão inicial do BuzzFeed: Rice A., “Does BuzzFeed Know the Secret?”, *New York Magazine*, 7 abr. 2013.
52. Watts D.J. et al., “Viral Marketing for the Real World”, *Harvard Business Review*, 2007. Para facilitar a leitura, o sinal de “<” foi substituído por “menor que” no texto.
53. Guardian Datablog, “Who are the most social publishers on the web?”, *The Guardian Online*, 3 out. 2013.
54. Salmon F., “BuzzFeed’s Jonah Peretti Goes Long”, *Fusion*, 11 jun. 2014.

55. Martin T. et al., "Exploring Limits to Prediction in Complex Social Systems", *Proceedings of the 25th International Conference on World Wide Web*, 2016.
56. Shulman B. et al., "Predictability of Popularity: Gaps between Prediction and Understanding", *International Conference on Web and Social Media*, 2016.
57. Cheng J. et al., "Can cascades be predicted?", *Proceedings of the 23rd International Conference on World Wide Web*, 2014.
58. Yucesoy B. et al., "Success in books: a big data approach to bestsellers", *EPJ Data Science*, 2018.
59. McMahon V., "#Neknominate girl's shame: I'm sorry for drinking a goldfish", *Irish Mirror*, 5 fev. 2014.
60. Muitos vídeos de *neknomination* podem ser vistos no YouTube; Fricker M., "RSPCA hunt yob who downed NekNomination cocktail containing cider, eggs, battery fluid, urine and THREE goldfish", *Mirror*, 5 fev. 2014.
61. Exemplo de cobertura: Fishwick C., "NekNominate: should Facebook ban the controversial drinking game?", *The Guardian*, 11 fev. 2014; "'Neknomination': Facebook ignores calls for ban after two deaths", *Evening Standard*, 3 fev. 2014.
62. More or Less, "Neknomination Outbreak", BBC World Service Online, 22 fev. 2014.
63. Kucharski A.J., "Modelling the transmission dynamics of online social contagion", *arXiv*, 2016.
64. Pesquisadores da Universidade de Warwick encontraram um nível similar de previsibilidade. Com base nas dinâmicas do *neknomination*, eles previram corretamente uma duração de quatro semanas para o desafio do balde de gelo, quando ele surgiu alguns meses depois. Sprague D.A. e House T., "Evidence for complex contagion models of social contagion from observational data", *PLOS ONE*, 2017.
65. Cheng J. et al., "Do Cascades Recur?", *Proceedings of the 25th International Conference on World Wide Web*, 2016.
66. Crane R. e Sornette D., "Robust dynamic classes revealed by measuring the response function of a social system", *PNAS*, 2008.
67. Tan C. et al., "Lost in Propagation? Unfolding News Cycles from the Source", *Association for the Advancement of Artificial Intelligence*, 2016; Tatar A. et al., "A survey on predicting the popularity of web content", *Journal of Internet Services and Applications*, 2014.

68. Vosoughi S. et al., "The spread of true and false news online", *Science*, 2018.
69. Exemplos retirados de Romero D.M., "Differences in the Mechanics of Information Diffusion Across Topics: Idioms, Political Hashtags, and Complex Contagion on Twitter", *Proceedings of the 20th International Conference on World Wide Web*, 2011; State B. e Adamic L.A., "The Diffusion of Support in an Online Social Movement: Evidence from the Adoption of Equal-Sign Profile Pictures", *Proceedings of the 18th ACM Conference on Computer Supported Cooperative Work & Social Computing*, 2015; Guilbeault D. et al., "Complex Contagions: A Decade in Review". Em: Lehmann S. e Ahn Y. (ed.), *Spreading Dynamics in Social Systems* (Springer Nature, 2018).
70. Weng L. et al., "Virality Prediction and Community Structure in Social Networks", *Scientific Reports*, 2013.
71. Centola D., *How Behavior Spreads: The Science of Complex Contagions* (Princeton University Press, 2018).
72. Anderson C., "The End of Theory: The Data Deluge Makes the Scientific Method Obsolete", *Wired*, 23 jun. 2008.
73. "Big Data, for better or worse: 90 per cent of world's data generated over last two years", *Science Daily*, 22 mai. 2013.
74. Amplamente atribuído a Goodhart dessa forma. Declaração original: "Qualquer regularidade estatística observada tenderá a entrar em colapso quando pressão for colocada sobre ela, para propósito de controle." Goodhart C., "Problems of Monetary Management: The U.K. Experience". Em: Courakis, A. S. (ed.), *Inflation, Depression, and Economic Policy in the West* (Springer, 1981).
75. Small J.P., *Wax Tablets of the Mind: Cognitive Studies of Memory and Literacy in Classical Antiquity* (Routledge, 1997).
76. Lewis K. et al., "The Structure of Online Activism", *Sociological Science*, 2014.
77. Gabielkov M. et al., "Social Clicks: What and Who Gets Read on Twitter?", ACM SIGMETRICS, 2016.
78. Citações retiradas da entrevista do autor com Dean Eckles, ago. 2017.
79. Atribuído a muitas fontes, mas sem fonte primária clara.
80. Um exemplo comum de *ad tracking* é o Facebook Pixel. "Conversion Tracking", Facebook for developers, 2019. https://developers.facebook.com/docs/facebook-pixel.

81. Cronologia retirada de Lederer B., "200 Milliseconds: The Life of a Programmatic RTB Ad Impression", Shelly Palmer, 9 jun. 2014.
82. Nsubuga J., "Conservative MP Gavin Barwell in 'date Arab girls' Twitter gaffe", *Metro*, 18 mar. 2013.
83. Albright J., "Who Hacked the Election? Ad Tech did. Through 'Fake News', Identify Resolution and Hyper-Personalization", *Medium*, 30 jul. 2017.
84. A receita publicitária por usuário do Facebook nos EUA e no Canadá foi de 30 dólares no primeiro trimestre de 2019, sugerindo 120 dólares por ano. Se os usuários valem 60% menos sem dados de navegação, isso implica que seus dados têm um valor médio de (ao menos) 120 x 0.6 = 72 dólares. Estimativas dos resultados do Facebook no primeiro trimestre de 2019: http://investor.fb.com; Johnson G.A. et al., "Consumer Privacy Choice in Online Advertising: Who Opts Out and at What Cost to Industry?", documento de trabalho da *Simon Business School*, 2017; Leswing K., "Apple makes billions from Google's dominance in search — and it's a bigger business than iCloud or Apple Music", *Business Insider*, 29 set. 2018; Bell K., "iPhone's user base to surpass 1 billion units by 2019", *Cult of Mac*, 8 fev. 2017.
85. Pandey E. e Parker S., "Facebook was designed to exploit human 'vulnerability'", *Axios*, 9 nov. 2017.
86. Kafka P., "Amazon? HBO? Netflix thinks its real competitor is... sleep", *Vox*, 17 abr. 2017.
87. Sobre design: Harris T., "How Technology is Hijacking Your Mind — from a Magician and Google Design Ethicist", *Medium*, 18 mai. 2016.
88. Bajarin B., "Apple's Penchant for Consumer Security", *Tech.pinions*, 18 abr. 2016.
89. Pandey E. e Parker S., "Facebook was designed to exploit human 'vulnerability'", *Axios*, 9 nov. 2017.
90. Embora agora seja uma característica central das mídias sociais, o botão de "like" se originou em uma era online muito diferente. Locke M., "How Likes Went Bad", *Medium*, 25 abr. 2018.
91. Lewis P. "'Our minds can be hijacked': the tech insiders who fear a smartphone dystopia", *Guardian*, 6 out. 2017.
92. "Who can see the comments on my Moments posts?", WeChat Help Center, out. 2018.

93. Sobre censura: King G. et al., "Reverse-engineering censorship in China: Randomized experimentation and participant observation", *Science*, 2014; Tucker J., "This explains how social media can both weaken — and strengthen — democracy", *Washington Post*, 6 dez. 2017.
94. Das S. e Kramer A., *Self-Censorship on Facebook*, *AAAI*, 2013.
95. Davidsen C., "You Are Not a Target", 7 jun. 2015. Íntegra: https://www.youtube.com/watch?v=LGiiQUMaShw&feature=youtu.be
96. Issenberg S., "How Obama's Team Used Big Data to Rally Voters", *MIT Technology Review*, 19 dez. 2012.
97. Informações e citações retiradas de Rodrigues Fowler Y. e Goodman C., "How Tinder Could Take Back the White House", *New York Times*, 22 jun. 2017.
98. Solon O. e Siddiqui S., "Russia-backed Facebook posts 'reached 126m Americans' during US election", *The Guardian*, 31 out. 2017; Statt N., "Twitter says it exposed nearly 700,000 people to Russian propaganda during US election", *The Verge*, 19 jan. 2018.
99. Watts D.J. e Rothschild D.M., "Don't blame the election on fake news. Blame it on the media", *Columbia Journalism Review*, 2017. Ver também Persily N. e Stamos A., "Regulating Online Political Advertising by Foreign Governments and Nationals". Em: McFaul M. (ed.), "Securing American Elections", Stanford University, jun. 2019.
100. Confessore N. e Yourish K., "$2 Billion Worth of Free Media for Donald Trump", *New York Times*, 16 mar. 2016.
101. Guess A. et al., "Selective Exposure to Misinformation: Evidence from the consumption of fake news during the 2016 U.S. presidential campaign", 2018; Guess A. et al., "Fake news, Facebook ads, and misperceptions: Assessing information quality in the 2018 U.S. midterm election campaign", 2019; Narayanan V. et al., "Russian Involvement and Junk News during Brexit", *Oxford Comprop Data Memo*, 2017.
102. Pareene A., "How We Fooled Donald Trump Into Retweeting Benito Mussolini", *Gawker*, 28 fev. 2016.
103. Hessdec A., "On Twitter, a Battle Among Political Bots", *New York Times*, 14 dez. 2016.
104. Shao C. et al., "The spread of low-credibility content by social bots", *Nature Communications*, 2018.

105. Musgrave S., "ABC, AP and others ran with false information on shooter's ties to extremist groups", *Politico*, 16 fev. 2018.
106. O'Sullivan D., "American media keeps falling for Russian trolls", *CNN*, 21 jun. 2018.
107. Phillips W., "How journalists should not cover an online conspiracy theory", *The Guardian*, 6 ago. 2018.
108. Sobre manipulação da mídia: Phillips W., "The Oxygen of Amplification", *Data & Society Report*, 2018.
109. Weiss M., "Revealed: The Secret KGB Manual for Recruiting Spies", *The Daily Beast*, 27 dez. 2017.
110. DiResta R., "There are bots. Look around", *Ribbon Farm*, 23 mai. 2017.
111. "Over 9000 Penises", *Know Your Meme*, 2008.
112. Zannettou S. et al., "On the Origins of Memes by Means of Fringe Web Communities", *arXiv*, 2018.
113. Feinberg A., "This is the Daily Stormer's playbook", *Huffington Post*, 13 dez. 2017.
114. Collins K. e Roose K., "Tracing a Meme From the Internet's Fringe to a Republican Slogan", *New York Times*, 4 nov. 2018.
115. Sobre propagação para a vida real: O'Sullivan D., "Russian trolls created Facebook events seen by more than 300,000 users", *CNN*, 26 jan. 2018; Taub A. e Fisher M., "Where Countries Are Tinderboxes and Facebook Is a Match", *New York Times*, 21 abr. 2018. Análises do movimento online #BlackLivesMatter também revelaram que contas russas contribuíam para ambos os lados do debate: Stewart L.G. et al., "Examining Trolls and Polarization with a Retweet Network", *MIS2*, 2018.
116. Broniatowski D.A. et al., "Weaponized Health Communication: Twitter Bots and Russian Trolls Amplify the Vaccine Debate", *American Journal of Public Health*, 2018; Wellcome Global Monitor 2018, 19 jun. 2019.
117. Google Ngram.
118. Takayasu M. et al., "Rumor Diffusion and Convergence during the 3.11 Earthquake: A Twitter Case Study", *PLOS ONE*, 2015.
119. Friggeri A. et al., "Rumor Cascades". *AAAI Publications*, 2014.
120. "WhatsApp suggests a cure for virality", *The Economist*, 26 jul. 2018.
121. McMillan R. e Hernandez D., "Pinterest Blocks Vaccination Searches in Move to Control the Conversation", *Wall Street Journal*, 20 fev. 2019.

122. Citações retiradas da entrevista do autor com Whitney Phillips, out. 2018.
123. Baumgartner J. et al., "What we learned from analyzing thousands of stories on the Christchurch shooting", *Columbia Journalism Review*, 2019.
124. Citações retiradas da entrevista do autor com Brendan Nyhan, nov. 2018.
125. Web of Science. Método de busca: (<platform> AND (contagio* OR diffus* OR transmi*). Foram excluídos estudos que só mencionavam a plataforma como exemplo ilustrativo ou comparativo ou focavam na adoção da plataforma em si, em vez de na difusão através dela. No total, 391 estudos do Twitter e 85 estudos do Facebook durante 2016-2018. 330 milhões de usuários do Twitter em 2019 *versus* 2,4 bilhões de usuários do Facebook. Fonte para os dados sobre usuários: https://www.statista.com/.
126. Nelson A. et al., "The Social Science Research Council Announces the First Recipients of the Social Media and Democracy Research Grants", *Social Sciences Research Council Items*, 29 abr. 2019; Alba D., "Ahead of 2020, Facebook Falls Short on Plan to Share Data on Disinformation", *New York Times*, 29 set. 2019.
127. "Quase toda a comunicação social e ciência digital do Vote Leave era invisível, mesmo que você lesse cada matéria ou coluna produzida durante a campanha ou qualquer um dos livros publicados até agora." Citação retirada de Cummings D., "On the referendum #20", Dominic Cummings's Blog, 29 out. 2016. Em outubro de 2018, o Facebook criou um arquivo público de propaganda política — uma mudança importante, embora só capture o primeiro passo dos processos de transmissão de informações. Cellan-Jones R., "Facebook tool makes UK political ads 'transparent'", BBC News Online, 16 out. 2018.
128. Ginsberg D. e Burke M., "Hard Questions: Is Spending Time on Social Media Bad for Us?" Facebook newsroom, 15 dez. 2017; Burke M. et al., "Social Network Activity and Social Well-Being", *Proceedings of the 28th International Conference on Human Factors in Computing Systems*, 2010; Burke M. e Kraut R.E., "The Relationship Between Facebook Use and Well-Being Depends on Communication Type and Tie Strength", *Journal of Computer-Mediated Communication*, 2016.
129. Routledge I. et al., "Estimating spatiotemporally varying malaria reproduction numbers in a near elimination setting", *Nature Communications*, 2018.

6. Como dominar a internet

1. Sobre o Mirai: Antonakakis M. et al., "Understanding the Mirai Botnet", *Proceedings of the 26th USENIX Security Symposium*, 2017; Solomon B. e Fox-Brewster T., "Hacked Cameras Were Behind Friday's Massive Web Outage", *Forbes*, 21 out. 2016; Bours B., "How a Dorm Room Minecraft Scam Brought Down the Internet", *Wired*, 13 dez. 2017.
2. Citado em Bours B., "How a Dorm Room Minecraft Scam Brought Down the Internet", *Wired*, 13 dez. 2017.
3. Sobre o WannaCry: "What you need to know about the WannaCry Ransomware", *Symantec Blogs*, 23 out. 2017; Field M., "WannaCry cyber attack cost the NHS £92m as 19,000 appointments cancelled", *The Telegraph*, 11 out. 2018; Wiedeman R., "The British hacker Marcus Hutchins and the FBI", *The Times*, 7 abr. 2018.
4. Moore D. et al., "The Spread of the Sapphire/Slammer Worm", *Center for Applied Internet Data Analysis (*CAIDA), 2003.
5. Sobre o Elk Cloner: Leyden J., "The 30-year-old prank that became the first computer virus", *The Register*, 14 dez. 2012.
6. Citações retiradas da entrevista do autor com Alex Vespignani, mai. 2018.
7. Cohen F., "Computer Viruses — Theory and Experiments", 1984.
8. Sobre o *worm* Morris: Seltzer L., "The Morris Worm: Internet malware turns 25", *Zero Day*, 2 nov. 2013; Estados Unidos da América, apelado, *versus* Robert Tappan Morris, apelante. 928 F.2D 504, 1990.
9. Graham P., "The Submarine", abr. 2005. http://www.paulgraham.com.
10. Moon M., "'Minecraft' success helps its creator buy a $70 million mansion", *Engadget*, 18 dez. 2014.
11. Sobre o DDoS: "Who is Anna-Senpai, the Mirai Worm Author?", *Krebs on Security*, 18 jan. 2017; "Spreading the DDoS Disease and Selling the Cure", 19 out. 2016.
12. "Computer Hacker Who Launched Attacks On Rutgers University Ordered To Pay $8.6m", Gabinete do Promotor-Geral dos Estados Unidos da América, distrito de Nova Jersey, 26 out. 2018.
13. @MalwareTechBlog, 13 mai. 2017.
14. Staniford S. et al., "How to 0wn the Internet in Your Spare Time", *ICIR*, 2002.
15. Assumindo-se que R = 20 e contagioso por oito dias, equivalendo a 0,1 infecções por hora.

16. Moore D. et al., "The Spread of the Sapphire/Slammer Worm", *Center for Applied Internet Data Analysis (*CAIDA), 2003.
17. "Kaspersky Lab Research Reveals the Cost and Profitability of Arranging a DDoS Attack", Kaspersky Lab, 23 mar. 2017.
18. Palmer D., "Ransomware is now big business on the dark web and malware developers are cashing in", *ZDNet*, 11 out. 2017.
19. Nakashima E. e Timberg C., "NSA officials worried about the day its potent hacking tool would get loose. Then it did", *Washington Post*, 16 mai. 2017.
20. Orr A., "Zerodium Offers $2 Million for Remote iOS Exploits", *Mac Observer*, 10 jan. 2019.
21. Sobre o estudante: Kushner D., "The Real Story of Stuxnet", *IEEE Spectrum*, 26 fev. 2013; Kopfstein J., "Stuxnet virus was planted by Israeli agents using USB sticks, according to new report", *The Verge*, 12 abr. 2012.
22. Kaplan F., *Dark Territory: The Secret History of Cyber War* (Simon & Schuster, 2016).
23. Dark Trace. Global Threat Report 2017. http://www.darktrace.com.
24. Informações e citações retiradas de Lomas A., "Screwdriving. Locating and exploiting smart adult toys", *Pen Test Partners Blog*, 29 set. 2017; Franceschi--Bicchierai L., "Hackers Can Easily Hijack This Dildo Camera and Livestream the Inside of Your Vagina (Or Butt)", *Motherboard*, 3 abr. 2017.
25. DeMarinis N. et al., "Scanning the Internet for ROS: A View of Security in Robotics Research", *arXiv*, 2018.
26. Sobre a falha da AWS: Hindi R., "Thanks for breaking our connected homes, Amazon", *Medium*, 28 fev. 2017; Hern A., "How did an Amazon glitch leave people literally in the dark?", *The Guardian*, 1º mar. 2017.
27. Sobre o desempenho da AWS: Amazon Compute Service Level Agreement. https://aws.amazon.com, 12 fev. 2018; Poletti T., "The engine for Amazon earnings growth has nothing to do with e-commerce", *Market Watch*, 29 abr. 2018.
28. Swift D., "'Mega Outage' Wreaks Havoc on Internet, is AWS too Big to Fail?", *Digit*, 2017; Bobeldijk Y., "Is Amazon's cloud service too big to fail?", *Financial News*, 1º ago. 2017.
29. Barrett B. e Newman L.H., "The Facebook Security Meltdown Exposes Way More Sites Than Facebook", *Wired*, 28 set. 2018.

30. Sobre o ILOVEYOU: Meek J., "Love bug virus creates worldwide chaos", *The Guardian*, 5 mai. 2000; Barabási A.L., *Linked: the New Science of Networks* (Perseus Books, 2003).
31. White S.R., "Open Problems in Computer Virus Research", *Virus Bulletin Conference*, 1998.
32. Barabási A.L. e Albert R., "Emergence of Scaling in Random Networks", *Science*, 1999.
33. Pastor-Satorras R. e Vespignani A., "Epidemic Spreading in Scale-Free Networks", *Physical Review Letters*, 2 abr. 2001.
34. Goel S. et al., "The Structural Virality of Online Diffusion", *Management Science*, 2016.
35. Sobre o left-pad: Williams C., "How one developer just broke Node, Babel and thousands of projects in 11 lines of JavaScript", *The Register*, 23 mar. 2016; Tung L., "A row that led a developer to delete a 17-line JavaScript module has stopped countless applications working", *ZDNet*, 23 mar. 2016; Roberts M., "A discussion about the breaking of the Internet", *Medium*, 23 mar. 2016.
36. Haney D., "NPM & left-pad: Have We Forgotten How To Program?" 23 mar. 2016, https://www.davidhaney.io.
37. Rotabi R. et al., "Tracing the Use of Practices through Networks of Collaboration", *AAAI*, 2017.
38. Fox-Brewster T., "Hackers Sell $7,500 IoT Cannon To Bring Down The Web Again", *Forbes*, 23 out. 2016.
39. Gallagher S., "New variants of Mirai botnet detected, targeting more IoT devices", *Ars Technica*, 9 abr. 2019.
40. Cohen F., "Computer Viruses — Theory and Experiments", 1984.
41. Cloonan J., "Advanced Malware Detection — Signatures vs. Behavior Analysis", *Infosecurity Magazine*, 11 abr. 2017.
42. Oldstone M.B.A., *Viruses, Plagues, and History* (Oxford University Press, 2010).
43. Sobre o Beebone: Goodin D., "US, European police take down highly elusive botnet known as Beebone", *Ars Technica*, 9 abr. 2015; Samani R., "Update on the Beebone Botnet Takedown", *McAfee Blogs*, 20 abr. 2015.
44. Thompson C.P. et al., "A naturally protective epitope of limited variability as an influenza vaccine target", *Nature Communications*, 2018.

45. "McAfee Labs 2019 Threats Predictions Report", McAfee Labs, 29 nov. 2018; Seymour J. and Tully P., "Weaponizing data science for social engineering: Automated E2E spear phishing on Twitter", documento de trabalho, 2016.

7. Rastreando surtos

1. Sobre o caso Schmidt: Tribunal de Apelação da Louisiana, Terceiro Circuito, Estado da Louisiana *versus* Richard J. Schmidt. N. 99—1.412, 2000; Miller M., "A Deadly Attraction", *Newsweek*, 18 de agosto de 1996.
2. Darwin C., *Journal of researches into the natural history and geology of the countries visited during the voyage of H.M.S. Beagle round the world, under the command of Capt. Fitz Roy, R.N.* (John Murray, 1860).
3. Hon C.C. et al., "Evidence of the Recombinant Origin of a Bat Severe Acute Respiratory Syndrome (SARS)-Like Coronavirus and Its Implications on the Direct Ancestor of SARS Coronavirus", *Journal of Virology*, 2008.
4. "Forensic File Update on Janice Trahan Case", CNN, 14 mar. 2016.
5. González-Candelas F. et al., "Molecular evolution in court: analysis of a large hepatitis c virus outbreak from an evolving source", *BMC Biology*, 2013; Fuchs D., "Virus doctor jailed for 1,933 years", *The Guardian*, 16 mai. 2007.
6. Oliveira T. et al., "HIV-1 and HCV sequences from Libyan outbreak", *Nature*, 2006; "HIV medics released to Bulgaria", BBC News Online, 24 jul. 2007.
7. Köser C.U. et al., "Rapid Whole-Genome Sequencing for Investigation of a Neonatal MRSA Outbreak", *NEJM*, 2012; Fraser C. et al., "Pandemic Potential of a Strain of Influenza A (H1N1): Early Findings", *Science*, 2009.
8. Kama M. et al., "Sustained low-level transmission of Zika and chikungunya viruses following emergence in the Fiji Islands, Pacific", *Emerging Infectious Diseases*, 2019.
9. Diallo B. et al., "Resurgence of Ebola virus disease in Guinea linked to a survivor with virus persistence in seminal fluid for more than 500 days", *Clinical Infectious Diseases*, 2016.
10. Racaniello V., "Zika virus, like all other viruses, is mutating", *Virology Blog*, 14 abr. 2016.
11. Beaty B.M. e Lee B., "Constraints on the Genetic and Antigenic Variability of Measles Virus", *Viruses*, 2016.

12. Sobre disponibilidade das sequências genéticas: Gire S.K. et al., "Genomic surveillance elucidates Ebola virus origin and transmission during the 2014 outbreak", *Science*, 2014; Yozwiak N.L., "Data sharing: Make outbreak research open access", *Nature*, 2015; Gytis Dudas, https://twitter.com/evogytis/status/1065157012261126145.
13. Sample I., "Thousands of lives put at risk by clinical trials system that is 'not fit for purpose'", *The Guardian*, 31 mar. 2014.
14. Callaway E., "Zika-microcephaly paper sparks data-sharing confusion", *Nature*, 12 fev. 2016; Maxmen, A., "Two Ebola drugs show promise amid ongoing outbreak," *Nature*, 12 ago. 2019; Johansson M.A. et al., "Preprints: An underutilized mechanism to accelerate outbreak science", *PLOS Medicine*, 2018; https://nextstrain.org/community/inrb-drc/ebola-nord-kivu.
15. Sabeti P., "How we'll fight the next deadly virus", *TEDWomen* 2015.
16. Hadfield J. et al., "Nextstrain: real-time tracking of pathogen evolution", *Bioinformatics*, 2018.
17. Owlcation, "The History Behind the Story of Goldilocks", 22 fev. 2018, https://owlcation.com/humanities/goldilocks-and-three-bears.
18. Informações e citações retiradas da entrevista do autor com Jamie Tehrani, out. 2017.
19. Tehrani J.J., "The Phylogeny of Little Red Riding Hood", *PLOS ONE*, 2013.
20. Van Wyhe J., "The descent of words: evolutionary thinking 1780-1880", *Endeavour*, 2005.
21. Luu C., "The Fairytale Language of the Brothers Grimm", *JSTOR Daily*, 2 mai. 2018.
22. Da Silva S.G. e Tehrani J.J., "Comparative phylogenetic analyses uncover the ancient roots of Indo-European folktales", *Royal Society Open Science*, 2015.
23. Smith D. et al., "Cooperation and the evolution of hunter-gatherer storytelling", *Nature Communications*, 2017.
24. Stubbersfield J.M. et al., "Serial killers, spiders and cybersex: social and survival information bias in the transmission of urban legends", *British Journal of Psychology*, 2015. Um padrão similar de resultados foi encontrado em outros estudos de telefone sem fio, com as informações sociais aparentemente tendo uma vantagem quando se trata de transmissão.
25. Sobre elementos contraintuitivos: Mesoudi A. e Whiten A., "The multiple roles of cultural transmission experiments in understanding human

cultural evolution", *Philosophical Transactions of the Royal Society B*, 2008; Stubbersfield J. e Tehrani J., "Expect the Unexpected? Testing for Minimally Counterintuitive (MCI) Bias in the Transmission of Contemporary Legends: A Computational Phylogenetic Approach", *Social Science Computer Review*, 2013.

26. Dlugan A., "How to Use the Rule of Three in Your Speeches", 27 mai. 2009. http://sixminutes.dlugan.com/rule-of-three-speechespublic-speaking
27. A regra de três também é comum na comédia, quando um terceiro e inesperado item cria a conclusão.
28. Newberry M.G. et al., "Detecting evolutionary forces in language change", *Nature*, 2017.
29. Valverde S. e Sole R.V., "Punctuated equilibrium in the largescale evolution of programming languages", *Journal of the Royal Society Interface*, 2015.
30. Svinti V. et al., "New approaches for unravelling reassortment pathways", *BMC Evolutionary Biology*, 2013.
31. Sample I., "Evolution: Charles Darwin was wrong about the tree of life", *The Guardian*, 21 jan. 2009.
32. Sobre as esponjas: Krützen M. et al., "Cultural transmission of tool use in bottlenose dolphins", *PNAS*, 2005; Morell V., "Why Dolphins Wear Sponges", *Science*, 20 jul. 2011.
33. Informações e citações retiradas da entrevista do autor com Lucy Aplin, ago. 2017.
34. Baker K.S. et al., "Horizontal antimicrobial resistance transfer drives epidemics of multiple Shigella species", *Nature Communications*, 2018; McCarthy A.J. et al., "Extensive Horizontal Gene Transfer during Staphylococcus aureus Co-colonization In Vivo", *Genome Biology and Evolution*, 2014; Alirol E. et al., "Multidrug-resistant gonorrhea: A research and development roadmap to discover new medicines", *PLOS Medicine*, 2017.
35. Gallagher J., "Man has 'world's worst' super-gonorrhoea", BBC News Online, 28 mar. 2018; Gallagher J., "Super-gonorrhoea spread causes 'deep concern'", BBC News Online, 9 jan. 2019.
36. Visão da Sociedade contra o Alzheimer sobre os testes genéticos. Abril de 2015. https://www.alzheimers.org.uk/about-us/policy-and-influencing/what-we-think/genetic-testing; testes genéticos para identificar risco de câncer: Cancer Research UK. https://www.cancerresearchuk.org/about-cancer/

causes-of-cancer/inherited-cancer-genes-and-increased-cancer-risk/genetic-testing-for-cancer-risk.

37. Middleton A., "Attention The Times: Prince William's DNA is not a toy", *The Conversation*, 14 jun. 2013. Os pesquisadores também criticaram as análises científicas por trás da matéria. Kennett D.A, "The Rise and Fall of Britain's DNA: A Tale of Misleading Claims, Media Manipulation and Threats to Academic Freedom", *Genealogy*, 2018.
38. Ash L., "The Christmas present that could tear your family apart", BBC News Online, 20 dez. 2018.
39. Clark K., "Scoop: 23andMe is raising up to $300M", *PitchBook*, 24 jul. 2018; Rutherford A., "DNA ancestry tests may look cheap. But your data is the price", *The Guardian*, 10 ago. 2018.
40. Cox N., "UK Biobank shares the promise of big data", *Nature*, 10 out. 2018.
41. Com base nos dados do censo de 1990, Sweeney estimou que 87% das pessoas podiam ser identificadas. Estudos subsequentes diminuíram esse número para entre 61% e 63%, com base nos dados de 1990 e 2000. Informações retiradas de: Sweeney L., "Simple Demographics Often Identify People Uniquely", Universidade Carnegie Mellon, documento de trabalho sobre privacidade de dados, 2000; Ohm P., "Broken Promises of Privacy: Responding to the Surprising Failure of Anonymization", *UCLA Law Review*, 2010; Sweeney L., "Only You, Your Doctor, and Many Others May Know", *Technology Science*, 2015.
42. Sweeney L., "Only You, Your Doctor, and Many Others May Know", *Technology Science*, 2015.
43. Smith S., "Data and privacy", *Significance*, 3 out. 2014.
44. Sobre os táxis: Whong C., "FOILing NYC's Taxi Trip Data", 18 mar. 2014. https://chriswhong.com; Pandurangan V., "On Taxis and Rainbows", 21 jun. 2014. https://tech.vijayp.ca.
45. Informações e citações retiradas de Tockar A., "Riding with the Stars: Passenger Privacy in the NYC Taxicab Dataset", 15 set. 2014. https://research.neustar.biz.
46. De Montjoye Y.A., "Unique in the Crowd: The privacy bounds of human mobility", *Scientific Reports*, 2013.
47. Shahani A., "Smartphones Are Used To Stalk, Control Domestic Abuse Victims", National Public Radio, 15 set. 2014.

48. Hern A., "Fitness tracking app Strava gives away location of secret US army bases", *The Guardian*, 28 jan. 2014.
49. Watts A.G. et al., "Potential Zika virus spread within and beyond India", *Journal of Travel Medicine*, 2018; Bengtsson L. et al., "Improved Response to Disasters and Outbreaks by Tracking Population Movements with Mobile Phone Network Data: A Post-Earthquake Geospatial Study in Haiti", *PLOS Medicine*, 2011; Santi P. et al., "Quantifying the benefits of vehicle pooling with shareability networks", *PNAS*, 2014.
50. Chen M.K. e Rohla R., "The effect of partisanship and political advertising on close family ties", *Science*, 2018; Silm S. et al., "Are younger age groups less segregated? Measuring ethnic segregation in activity spaces using mobile phone data", *Journal of Ethnic and Migration Studies*, 2017; Xiao Y. et al., "Exploring the disparities in park access through mobile phone data: Evidence from Shanghai, China", *Landscape and Urban Planning*, 2019; Atlas da Desigualdade, https://inequality.media.mit.edu.
51. Conlan A.J.K. et al., "Measuring social networks in British primary schools through scientific engagement", *Proceedings of the Royal Society B*, 2010.
52. Sobre corretores de GPS: Harris R., "Your Apps Know Where You Were Last Night, and They're Not Keeping It Secret", *New York Times*, 10 dez. 2018; Signoret P., Teemo, "la start-up qui traque 10 millions de Français en continu", *L'Express L'Expansion*, 25 ago. 2018; "Is Geospatial Data a $100 Billion Business for SafeGraph?" *Nanalyze*, 22 abr. 2017.
53. É importante notar que o alvo deu permissão para que seu telefone fosse rastreado. Cox J., "I Gave a Bounty Hunter $300. Then He Located Our Phone", *Motherboard*, 8 jan. 2019.
54. "Scam alert: Speeding ticket email scam." Departamento de Polícia de Tredyffrin, 23 mar. 2016.
55. Sobre a introdução da SARS: "SARS Commission Final Report", Governo de Ontário, 2005; Tsang K.W. et al., "A Cluster of Cases of Severe Acute Respiratory Syndrome in Hong Kong", *The NEJM*, 2003.
56. Donnelly C.A. et al., "Epidemiological determinants of spread of causal agent of severe acute respiratory syndrome in Hong Kong", *The Lancet*, 2003.
57. WHO Ebola Response Team, "Ebola Virus Disease in West Africa — The First 9 Months of the Epidemic and Forward Projections", *NEJM*, 2014; Assiri A. et al., "Hospital Outbreak of Middle East Respiratory

Syndrome Coronavirus", *NEJM*, 2013; WHO Consultation on Clinical Aspects of Pandemic (H1N1) 2009 Influenza, "Clinical Aspects of Pandemic 2009 Influenza A (H1N1) Virus Infection", *NEJM*, 2010; Lauer SA et al. "The Incubation Period of Coronavirus Disease 2019 (COVID-19) From Publicly Reported Confirmed Cases: Estimation and Application". *Annals of Internal Medicine*, https://annals.org/aim/fullarticle/2762808/incubation-period-coronavirus-disease-2019-covid-19-from-publicly-reported.

58. Sobre Willowbrook: Rothman D.J., *The Willowbrook Wars: Bringing the Mentally Disabled into the Community* (Aldine Transaction, 2005); Fansiwala K., "The Duality of Medicine: The Willowbrook State School Experiments", *Medical Dialogue Review*, 20 fev. 2016; Watts G., "Robert Wayne McCollum", *The Lancet*, 2010.
59. Citado em Offit P., *Vaccinated: One Man's Quest to Defeat the World's Deadliest Diseases* (Harper Perennial, 2008).
60. Goldby S., "Experiments at the Willowbrook state school", *The Lancet*, 1971.
61. Gordon R.M., *The Infamous Burke and Hare: Serial Killers and Resurrectionists of Nineteenth Century Edinburgh* (McFarland, 2009).
62. Transcrito de NMT 1: prontuário médico, 9 jan. 1947. Projeto Julgamentos de Nuremberg da Biblioteca da Escola de Direito de Harvard.
63. Waddington C.S. et al., "Advancing the management and control of typhoid fever: A review of the historical role of human challenge studies", *Journal of Infection*, 2014.
64. Sobre estudos modernos: Cohen J., "Studies that intentionally infect people with disease-causing bugs are on the rise", *Science*, 18 mai. 2016; https://clinicaltrials.gov; Nordling L., "The Ethical Quandary of Human Infection Studies", *Undark*, 19 nov. 2018.

8. Um ponto problemático

1. Peterson Hill N., *A Very Private Public Citizen: The Life of Grenville Clark* (University of Missouri, 2016).
2. Ham P., "As Hiroshima Smouldered, Our Atom Bomb Scientists Suffered Remorse", *Newsweek*, 5 ago. 2015.
3. Ito S., "Einstein's pacifist dilemma revealed", *The Guardian*, 5 jul. 2005; "The Einstein Letter That Started It All; A message to President Roosevelt

25 Years ago launched the atom bomb and the Atomic Age", *New York Times*, 2 ago. 1964.

4. Clark G., Letters to the Times, *New York Times*, 22 abr. 1955.
5. Harris E.D. et al., "Governance of Dual-Use Technologies: Theory and Practice", *American Academy of Arts & Sciences*, 2016.
6. Santi P. et al., "Quantifying the benefits of vehicle pooling with shareability networks", *PNAS*, 2014; outras referências citadas em capítulos anteriores.
7. Cadwalladr C. et al., "Revealed: 50 million Facebook profiles harvested for Cambridge Analytica in major data breach", *The Guardian*, 17 mar. 2018.
8. Sumpter S., *Outnumbered: From Facebook and Google to Fake News and Filter-bubbles — The Algorithms That Control Our Lives* (Bloomsbury Sigma, 2018); Chen A. et al., "Cambridge Analytica's Facebook data abuse shouldn't get credit for Trump", *The Verge*, 20 mar. 2018.
9. Zunger Y., "Computer science faces an ethics crisis. The Cambridge Analytica scandal proves it", *Boston Globe*, 22 mar. 2018.
10. Harkin J., "'Big Data", 'Who Owns the Future?' and 'To Save Everything, Click Here'", *Financial Times*, 1º mar. 2013; Harford T., "Big data: A big mistake?", *Significance*, 1º dez. 2014; McAfee A. et al., "Big Data: The Management Revolution", *Harvard Business Review*, out. 2012.
11. Ginsberg J. et al., "Detecting influenza epidemics using search engine query data", *Nature*, 2009.
12. Olson D.R. et al., "Reassessing Google Flu Trends Data for Detection of Seasonal and Pandemic Influenza: A Comparative Epidemiological Study at Three Geographic Scales", *PLOS Computational Biology*, 2013.
13. Lazer D. et al., "The Parable of Google Flu: Traps in Big Data Analysis," *Science*, 2014.
14. World Health Organization, "Pandemic influenza vaccine manufacturing process and timeline", *WHO Briefing Note*, 2009.
15. Petrova V.N. et al., "The evolution of seasonal influenza viruses", *Nature Reviews Microbiology*, 2017; Chakraborty P. et al., "What to know before forecasting the flu", *PLOS Computational Biology*, 2018.
16. Buckee C., "Sorry, Silicon Valley, but 'disruption' isn't a cure-all", *Boston Globe*, 22 jan. 2017.
17. Farrar J., "The key to fighting the next 'Ebola' outbreak is in your pocket", *Wired*, 4 dez. 2016; outras referências foram citadas em capítulos anteriores.

18. Organização Mundial da Saúde, “Ebola outbreak in the Democratic Republic of the Congo declared a Public Health Emergency of International Concern”, WHO newsroom, 17 jul. 2019; Silberner J., “Congo’s fight against Ebola stalls after epidemiologist is shot dead”, *British Medical Journal*, 2019.
19. Ginsberg M. et al., “Swine Influenza A (H1N1) Infection in Two Children — Southern California, March—April 2009, *Morbidity and Mortality Weekly Report*, 2009.
20. Cohen J., “As massive Zika vaccine trial struggles, researchers revive plan to intentionally infect humans”, *Science*, 12 set. 2018; Koopmans M. et al., “Familiar barriers still unresolved — a perspective on the Zika virus outbreak research response”, *The Lancet Infectious Diseases*, 2018.
21. Gordon A. et al., “Prior dengue virus infection and risk of Zika: A pediatric cohort in Nicaragua”, *PLOS Medicine*, 2019.
22. Grinberg N. et al., “Fake news on Twitter during the 2016 U.S. presidential election”, *Science*, 2019; Guess A. et al., “Less than you think: Prevalence and predictors of fake news dissemination on Facebook”, *Science Advances*, 2019; Lazer D.M.J. et al., “The science of fake news”, *Science*, 2018; Wagner K., “Inside Twitter’s ambitious plan to change the way we tweet”, *Recode*, 8 mar. 2019; McCarthy K., “Facebook, Twitter slammed for deleting evidence of Russia’s US election mischief “, *The Register*, 13 out. 2017.
23. Haldane A.G., “Rethinking the Financial Network”, discurso no Banco da Inglaterra, 28 abr. 2009; Conselho editorial, “A fractured reporting system stymies public-safety research”, *Bloomberg*, 25 out. 2018.
24. Greene G., *The Woman Who Knew Too Much: Alice Stewart and the Secrets of Radiation* (University of Michigan Press, 2001).
25. Apresentação durante a conferência Epidemics[6], 2017.
26. Kosinski M. et al., “Private traits and attributes are predictable from digital records of human behavior”, *PNAS*, 2013.
27. Cadwalladr C. et al., “Revealed: 50 million Facebook profiles harvested for Cambridge Analytica in major data breach”, *The Guardian*, 17 mar. 2018. Note que, a despeito da aparente similaridade de métodos, a Cambridge Analytica não trabalhou com Kosinki.
28. Alaimo K., “Twitter’s Misguided Barriers for Researchers”, *Bloomberg*, 16 out. 2018.

29. Godlee F., "What can we salvage from care.data?", *British Medical Journal*, 2016.
30. Kucharski A.J. et al., "School's out: seasonal variation in the movement patterns of school children", *PLOS ONE*, 2015; Kucharski A.J. et al., "Structure and consistency of self-reported social contact networks in British secondary schools", *PLOS ONE*, 2018.
31. http://www.bbc.co.uk/pandemic.
32. Gabinete do Comissário da Informação, "Investigation into the use of data analytics in political campaigns", *ICO report*, 11 jul. 2018.
33. Rifkind H., TV review, *The Times*, 24 mar. 2018.
34. Assumindo um tempo de leitura de seis horas (ou seja, 225 palavras por minuto do original em inglês). Dados da Organização Mundial da Saúde. http://www.who.int, 2018; Dance D.A. et al., "Global Burden and Challenges of Melioidosis", *Tropical Medicine and Infectious Disease*, 2018.
35. Declínio de 291 a cada 100 mil em 1990 para 154 a cada 100 mil em 2016. Ritchie H. et al., "Causes of Death", *Our World in Data*, 2018.
36. Governo do Reino Unido, *Health profile for England: 2017*. https://www.gov.uk.
37. Harper-Jemison D.M. et al., "Leading causes of death in Chicago", Departamento de Saúde Pública de Chicago, Gabinete de Epidemiologia, 2006; "Illinois State Fact Sheet", Centro Nacional de Recursos para Prevenção de Ferimentos e Violência, 2015.
38. Gabinete do Comissário de Informação, "Investigation into the use of data analytics in political campaigns", *ICO report*, 11 jul. 2018; DiResta R. et al., "The Tactics & Tropes of the Internet Research Agency", *New Knowledge*, 2018.

Leituras complementares

Se você quer saber mais sobre os tópicos abordados neste livro, sugestões adicionais de matérias, artigos e livros são fornecidas a seguir. Para assegurar a reprodutibilidade, todos os dados e códigos necessários para gerar os gráficos do livro estão disponíveis em https://github.com/adamkucharski/rules-of-contagion/.

Capítulo 1

Três artigos de Paul Fine trazem mais informações sobre a teoria dos modelos mecanicistas e conceitos resultantes, como imunidade de grupo: "Ross's A Priori Pathometry — A Perspective" (*Proceedings of the Royal Society of Medicine*, 1975); "John Brownlee and the measurement of infectiousness: an historical study in epidemic theory" (*Journal of the Royal Statistical Society: Series A*, 1979); "Herd Immunity: History, Theory, Practice" (*Epidemiological Reviews*, 1993). Para uma descrição mais técnica da análise e do legado de Ross, ver o artigo de David Smith e colegas: "Ross, Macdonald, and a Theory for the Dynamics and Control of Mosquito-Transmitted Pathogens" (*PLOS Pathogens*, 2012).

Capítulo 2

O artigo de Donald MacKenzie e Taylor Spears, "'The Formula That Killed Wall Street'?: The Gaussian Copula and the Material Cultures of Modelling" (2012), fornece uma útil história oral dos modelos por trás dos CDOs. *Liar's Poker: Rising Through the Wreckage on Wall Street* (W. W. Norton & Company, 1989) e *A jogada do século: The Big Short — Os bastidores do colapso financeiro de 2008* (BestBusiness,

2011), de Michael Lewis, escritos com vinte anos de diferença, explicam como começaram as transações com hipotecas e o caos que elas causariam mais tarde. *Quando os gênios falham: a ascensão e a queda da Long-Term Capital Management (LTCM)*, de Roger Lowenstein (Gente, 2009), cobre o colapso dos fundos hedge.

Seeking the Positives: A Life Spent on the Cutting Edge of Public Health, de John Potterat (CreateSpace, 2015), fornece mais detalhes de seu trabalho sobre como as redes sociais modelam surtos de gonorreia e outras ISTs. Para uma visão geral técnica dos modelos de doenças, *Modelling Infectious Diseases in Humans and Animals* (Princeton University Press, 2007), de Matt Keeling e Pej Rohani, tem sido um livro essencial para mim desde que o li pela primeira vez, como estudante universitário.

O discurso de Andy Haldane "Repensando a rede financeira" (transcrição do Banco da Inglaterra, 2009) é uma discussão atemporal das ligações entre ecologia, epidemiologia e mercados financeiros. Seu artigo posterior com Robert May, "Systemic risk in banking ecosystems" (*Nature*, 2011), expande essas ideias com mais detalhes técnicos.

Capítulo 3

Connected: The Amazing Power of Social Networks and How They Shape Our Lives, de Nicholas Christakis e James Fowler (HarperPress, 2011), descreve a pesquisa sobre as dinâmicas das redes sociais, incluindo seus estudos sobre a disseminação da obesidade e outras características. Seu artigo subsequente, "Social contagion theory: examining dynamic social networks and human behavior" (*Statistics in Medicine*, 2013), discute as críticas a sua pesquisa e os desafios técnicos envolvidos nas estimativas de contágio social. O livro de Damon Centola, *How Behavior Spreads: The Science of Complex Contagions* (Princeton University Press, 2018), cobre seu trabalho sobre contágio complexo, assim como outros insights dos estudos em grande escala do comportamento. "Randomized experiments to detect and estimate social influence in networks", de Sean Taylor e Dean Eckles (*Complex Spreading Phenomena in Social Systems*, 2018), é uma útil revisão técnica das abordagens para estudar contágio social.

Perspectivas adicionais sobre os estudos NATSAL podem ser encontradas no livro de David Spiegelhalter, *Sex by Numbers: What Statistics Can Tell Us About Sexual Behaviour* (Wellcome Collection, 2015). "Culture and cultural evolution in birds: a review of the evidence", de Lucy Aplin (*Animal Behaviour*, 2019), fornece uma visão geral do desenvolvimento cultural em animais, com foco em pássaros.

Capítulo 4

Para mais discussão e estudos de caso sobre a disseminação da violência, incluindo contribuições de Carl Bell, Gary Slutkin e Charlotte Watts, ver os artigos publicados em *Contagion of Violence: Workshop Summary*, parte do Fórum sobre Prevenção Global da Violência (The National Academies Collection, 2013).

Smallpox: The Death of a Disease — The Inside Story of Eradicating a Worldwide Killer, de D. A. Henderson (Prometheus, 2009), traz um relato em primeira mão de como o rastreamento dos contatos e a vacinação em anel foi empregada para erradicar a varíola. O artigo de Neil Ferguson e colegas "Planning for smallpox outbreaks" (*Nature*, 2003) cobre maneiras de empregar modelos sobre varíola e outras infecções emergentes, assim como suas limitações. "Avoidable errors in the modelling of outbreaks of emerging pathogens, with special reference to Ebola", de Aaron King e colegas (*Proceedings of the Royal Society B*, 2015), fornece uma descrição técnica de possíveis armadilhas na previsão de surtos de doenças infecciosas.

Weapons of Math Destruction: How Big Data Increases Inequality and Threatens Democracy, de Cathy O'Neil (Penguin, 2016), enfatiza os preconceitos e vieses inerentes a muitos algoritmos comumente usados, incluindo os da polícia. *Hello World: How to be Human in the Age of the Machine*, de Hannah Fry (Penguin, 2019), fala mais sobre o papel — e os riscos — dos algoritmos na vida moderna.

Capítulo 5

O livro de Duncan Watts, *Tudo é óbvio — desde que você saiba a resposta: como o senso comum nos engana (Paz & Terra, 2012)*, tem insights úteis sobre os desafios de entender e prever comportamentos sociais online. Seu artigo subsequente com Jake Hofman e Amit Sharma, "Prediction and explanation in social systems" (*Science*, 2017), elabora os aspectos técnicos de sua pesquisa. O artigo de Justin Cheng e colegas, "Do Diffusion Protocols Govern Cascade Growth?" (AAAI, 2018), fornece uma análise detalhada e baseada em dados dos componentes do número de reprodução do conteúdo online. Os arquivos do Facebook Research (https://research.fb.com/publications) têm muito mais artigos examinando a disseminação de comportamentos e conteúdos online.

O relatório de Whitney Phillips, *The Oxygen of Amplification: Better Practices for Reporting on Extremists* (Data & Society, 2018), fornece um resumo valioso dos esforços de manipulação da mídia e maneiras potenciais de superá-los. *Zucked: Waking Up to the Facebook Catastrophe* (HarperCollins, 2019), de Roger

McNamee, discute as desvantagens das plataformas de mídia social, incluindo mais detalhes sobre a obra de Tristan Harris e Renée DiResta. "Protecting elections from social media manipulation", de Sinan Aral e Dean Eckles (*Science*, 2019), sugere maneiras de mensurar rigorosamente a manipulação online e as potenciais implicações para as eleições.

Capítulo 6

Para mais sobre as origens e o legado do ataque Mirai, ver dois artigos de Garrett Graff para a *Wired*: "How a Dorm Room Minecraft Scam Brought Down the Internet" (2017) e "The Mirai Botnet Architects Are Now Fighting Crime With the FBI" (2018). Artigos de referência, como "Computer Viruses — Theory and Experiments", de Fred Cohen (1984), e "How to 0wn the Internet in Your Spare Time", de Stuart Staniford e colegas (*Proceedings of the 11th USENIX Security Symposium*, 2002), trazem mais detalhes técnicos sobre a história dos vírus e *worms*. *Linked: a nova ciência dos networks*, de Albert-László Barabási (Leopardo, 2009), descreve a história da teoria das redes, incluindo a maneira como elas modelam surtos de *malware*.

Capítulo 7

"Towards a genomics-informed, real-time, global pathogen surveillance system", de Jennifer Gardy e Nick Loman (*Nature Reviews Genetics*, 2018), revisa como ferramentas de sequenciamento podem ser usadas para diagnosticar e rastrear doenças. "Outbreak analytics: a developing data science for informing the response to emerging pathogens" (*Philosophical Transactions of the Royal Society B*, 2019) explora os usos dos dados científicos durante surtos, assim como áreas que necessitam de melhoria.

Os dois posts originais de Anthony Tockar no blog da Neustar, "Differential Privacy: The Basics" e "Riding with the Stars: Passenger Privacy in the NYC Taxicab Dataset", merecem leitura para uma descrição mais detalhada da análise do caso dos táxis de Nova York e suas implicações (https://research.neustar.biz). *Bit By Bit: Social Research in the Digital Age*, de Matthew Salganik (Princeton University Press, 2018), apresenta um resumo meticuloso das questões éticas e lógicas envolvidas na pesquisa moderna do comportamento social.

Capítulo 8

O livro de David Sumpter *Dominados pelos números: do Facebook e Google às fake news — Os algoritmos que controlam nossa vida* (Bertrand Brasil, 2019) analisa a plausibilidade estatística das alegações sobre algoritmos online, com foco particular no escândalo da Cambridge Analytica. *Getting to Zero: A Doctor and a Diplomat on the Ebola Frontline*, de Sinead Walsh e Oliver Johnson (Zed Books, 2018), fornece um relato em primeira mão da política, da logística e dos custos humanos envolvidos na resposta à epidemia de ebola na África Ocidental.

Agradecimentos

Eu gostaria de agradecer a todos que partilharam comigo sua perícia e sua experiência enquanto eu fazia pesquisas para este livro: Lucy Aplin, Nim Arinaminpathy, Wendy Barclay, Barbara Casu, Nicholas Christakis, Toby Davies, Dean Eckles, Paul Fine, Jemma Geoghegan, Andy Haldane, Heidi Larson, Rosalie Liccardo Pacula, Kristian Lum, Brendan Nyhan, Andrew Odlyzko, Whitney Phillips, John Potterat, Charlie Romford, Gary Slutkin, Briony Swire-Thompson, Jamie Tehrani, Melissa Tracy, Alex Vespignani, Charlotte Watts e Duncan Watts. Obrigado aos que me ajudaram com dados e documentos históricos: Victoria Cranna e Alison Forsey, da Biblioteca e Serviço de Arquivos da Escola de Higiene e Medicina Tropical de Londres; Liina Hultgren, da Royal Institution; e Peter Vinten-Johansen, do John Snow Archive and Research Companion. Se há erros no texto final, eles são somente meus.

Tive a sorte de ter grandes mentores durante minha carreira, que me encorajaram a me engajar com públicos mais amplos e ajudaram meu desenvolvimento como pesquisador: Julia Gog, da Universidade de Cambridge; Steven Riley, do Imperial College London; e John Edmunds, da Escola de Higiene e Medicina Tropical de Londres. Obrigado também aos muitos outros colaboradores e colegas com quem trabalhei a aprendi ao longo dos anos. Em particular, as ideias deste livro se beneficiaram direta e indiretamente de discussões com meus brilhantes colegas no Centro de

Modelos Matemáticos para Doenças Infecciosas na Escola de Higiene e Medicina Tropical de Londres. Como sabe qualquer escritor científico de temas populares, enfrentei o obstáculo de haver muito mais boas pesquisas do que eu poderia incluir neste livro. Inevitavelmente, deixei de fora muitas pessoas e projetos nos estágios de escrita e edição, e isso, claro, não reflete minhas visões sobre sua qualidade científica.

Também gostaria de agradecer a todos envolvidos no processo de escrita. Minhas excelentes editoras Cecily Gayford, na Profile, e Fran Barrie, na Wellcome Collection, forneceram ideias e sugestões valiosas. Obrigado a Joe Staines, por seu trabalho de copidesque no manuscrito final. E a meu agente Peter Tallack, por seu apoio e seus conselhos nos últimos anos. Sou grato a meus pais pelos comentários sobre o esboço inicial, assim como a Clare Fraser, Rachel Humby, Munir Jahangir, Stephen Rice e Graham Wheeler, pelo feedback sobre os primeiros capítulos. Finalmente, gostaria de agradecer a minha maravilhosa e inspiradora esposa Emily, que tive a sorte de conhecer enquanto escrevia meu último livro e com quem tive a sorte de me casar enquanto escrevia este.

Índice

Este livro foi composto na tipografia Adobe
Garamond Pro, em corpo 11,5/16, e impresso
em papel off-white no Sistema Cameron da
Divisão Gráfica da Distribuidora Record.